로또 당첨의
이론과 실제

KB191692

로또 당첨의 이론과 실제

발행일	2023년 6월 12일		
지은이	양운		
펴낸이	손형국		
펴낸곳	(주)북랩		
편집인	선일영	편집	정두철, 배진용, 윤용민, 김가람, 김부경
디자인	이현수, 김민하, 김영주, 안유경	제작	박기성, 황동현, 구성우, 배상진
마케팅	김회란, 박진관		
출판등록	2004. 12. 1(제2012-000051호)		
주소	서울특별시 금천구 가산디지털 1로 168, 우림라이온스밸리 B동 B113~114호, C동 B101호		
홈페이지	www.book.co.kr		
전화번호	(02)2026-5777	팩스	(02)3159-9637

ISBN   979-11-6836-919-1 13410 (종이책)

(주)북랩 성공출판의 파트너

북랩 홈페이지와 패밀리 사이트에서 다양한 출판 솔루션을 만나 보세요!

홈페이지 book.co.kr • **블로그** blog.naver.com/essaybook • **출판문의** book@book.co.kr

---

작가 연락처 문의 ▸ ask.book.co.kr

작가 연락처는 개인정보이므로 북랩에서 알려드릴 수 없습니다.

번호 하나하나에 정성을 들여 꼼꼼하게 기술한
독창적 신개념으로 당첨 번호를 분석한 로또 안내서

로또 당첨의
이론과 실제

양운 지음

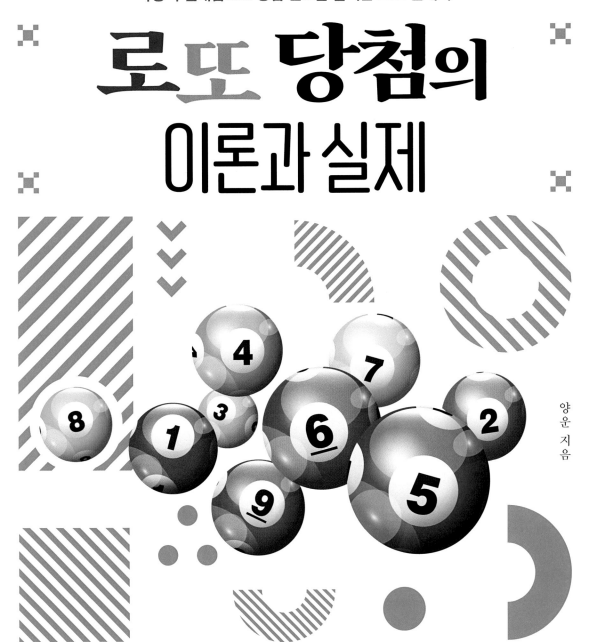

🌀 북랩

작가의 말

"열심히 일하면서 살아야지, 쓸데없이 허황된 꿈을 꾸고 말이야."

한 번쯤 들어봤던 말일 것이다. 이 글을 쓰기 전에 고민했다. 필자의 책이 '사행심'을 조장하지 않을까 해서다. 하지만 어떤 사항에 대해 특정 시각으로 '옳은 것이다, 나쁜 것이다'로 단정할 수는 없다고 본다. 특히 경기침체, 가계부채 등 어려운 여건 속에서 생활하고 있는 많은 독자에게, 필자는 꿈과 용기를 주고 싶다.

이런 면들을 고려하고서, 집필하는 것으로 결정했음을 독자들에게 밝혀둔다.

나는 이 글을 쓰기 시작하면서, 이른바 필자의 길로 들어섰다. 형식상으론 필자이지만 내용상으론 로또에 관심을 가지고 생활하는 보통 사람이다. 태어나서 처음으로 출간하는 책이다. 필자 자신만 보는 것이라면 편하게, 그야말로 부담 없이 쓸 수도 있을 것이다. 하지만 독자들이 읽고 이해할 수 있도록 글을 만들어야 한다는 생각으로, 정성을 들여 펜을 움직이려한다.

한번 물어보겠다. "독자 여러분, 꿈이 있습니까?"라고. 물론 많은 꿈이 있을 것이다. 이 가운데엔, 아마 '로또 1등 당첨'도 포함돼 있을 것이라고 본다. 독자 여러분도 잘 알다시피, 1등 확률은 '814만 5,060분의 1'이다. 6개 번호가 1개 조합(세트)으로 이뤄지는데, 45개 번호가 대략 814만 세트를 만들어 낸다. 즉 814만 세트 중에서, 한 개 세트만 '1등 당첨'에 해당하는 것이다.

따라서 1등 당첨 확률은 '당첨 가능성이 거의 없다는 것'을 보여준다. 정도는 다르지만 2, 3, 4, 5등의 각 당첨 확률도 낮다. 순위가 가장 낮은 5등의 당첨금이 5,000원인데, 당첨을 원한다면 5등 확률이 '45분의 1'임을 알아야 할 것이다. 로또 당첨은 이렇게 어려운 것이다.

이때 어디서 들려오는 격려의 목소리가 있다. "독자 여러분 힘내세요."

바로 필자가 힘차게 말하는 것이다. 이제 독자들을 '로또의 세계'로 자세히, 그리고 편안하게 안내하고자 한다.

육지에서 줄곧 살아온 독자들이 직접 선박을 운전하면서, 세계 각지에 산재해 있는 45개 도시를 쉬지 않고 계속 방문할 수 있을까? 각 도시로 가는 뱃길과 해당 지역의 기후 등도 알아야 한다. 더욱이 '선원자격증'조차 없는데 말이다. 이런 상황이라면 세계 일주가 독자들에겐 막막할 것이다. (즉, 로또 번호를 선택하기가 쉽지 않을 것이다)

국내에 있을 땐 외국의 도시 형태, 음식, 인심 등을 잘 알 수가 없다. 외국으로 나가봐야 한다. 그러나 걱정하지 말라. 필자는 '로또 여객선'의 선장으로서 승객인 독자들을 안전하고도 친절하게 '로또 바다'로 안내하고자 한다. 이러한 마음으로, 독자들이 쉽고 재미있는 세계 일주를 경험하길 필자는 기대해본다.

오늘도, "이번엔 당첨됐으면 좋겠는데" 하는 마음으로 사람들은 자동, 반자동, 수동으로 복권을 구매한다. 복권구매자들이 '어떤 생각하는 과정'을 거친 후 복권을 구매하는지 필자는 궁금하다.

앞에서 당첨 확률을 언급했다. 쉽지가 않다. 이렇게 어려운 당첨을 향하여 독자들이 좀 더 쉽게 다가갈 수 있도록 필자는 최선을 다하겠다.

로또 승객을 태운 여객선이 당첨을 꿈꾸며 바다로 서서히 출항하고 있다.

들어가기에 앞서 살펴볼 것

이 책의 구성에 관해 잠깐 언급하려고 한다. 일반적으로, 글씨와 숫자로 이뤄진 내용에 도표를 곁들이면 이해하기가 더 쉬울 것이다. 필자는 이점을 염두에 두면서 필자만의 창의적 시각과 쉬운 해설로써 독자들에게 다가서고자 한다.

이 책은 총 4장으로, 다음과 같이 구성돼 있다.

1장에선 기본개념에 대해 언급하고,

2장에선 응용개념에 관해 다루고,

3장에선 이미 시행된 추첨에서 나온 1등 번호를 이용해 어떻게 번호를 구할 수 있는지 살펴보고,

4장에선 3,000원씩으로 구매한 '자동복권'을 참조해서 1등 번호를 찾아가는 방법을 소개한다.

이제 각 장의 내용에 대해 간략히 알아보겠다.

제1장의 명칭을 '필자 수첩'으로 정했다. 필자의 기술을 바탕으로, 로또의 기본개념에 대해 자세히 설명하려고 한다.

1절은 타입에 대해 언급한다. 타입은 '번호표시 용지'에 해당 번호를 표시(마킹)했을 때, 특정 형태로 나타나는 것을 의미한다. 종류로는 일반, 중복, 그림자 타입이 있고, 어떤 회차에선 똑같은 일반타입이 두 개 나오는 쌍둥이 타입도 있다. 독자들은 이 타입들을 반드시 알아야 한다.

2절은 당첨번호의 끝수를 알아보는 과정이다. 6개 번호의 끝수를 나열해보면, 특정 패턴이 나타나는 것을 알 수 있다. 번호 선택 시, 이 끝수 패턴을 활용하여 좀 더 수월하게 작업할 수도 있을 것이다.

3절은 3회 이상 연속으로 당첨된 번호(핫넘버)와 주기를 가진 번호(주기넘버), 그리고 일정 기간 이상 나타나지 않은 번호(콜드번호)에 대해 다룬다. 따라서, 특정 번호들의 출현 여부를 어느 정도 예상할 수 있는 감을 키운다면, 선택작업 하기가 편할 수 있다.

4절은 3전 회차 이내에 당첨된 번호들을 3, 4개씩 뽑아내어, 이것을 추첨 예상번호로 이용하는 것을 안내하고 있다. 즉 기존 당첨번호를 잘 선택할 수 있다면, 어떤 번호를 선택해야 할지 고민하는 독자들에게 하나의 길잡이가 되어 줄 것이다.

5절은 보너스, 대체, 가상번호들을 소개하고 있다. 이 세 가지 번호를 각각 활용해, 어떻게 당첨번호를 찾아가는지 알아볼 것이다. 특히 대체번호와 가상번호에 대해 독특한 설명을 하고 있다.
이렇게 해서 1장에서 언급할 내용을 개략적으로 기술했다.

제2장의 명칭을 '45-인싸이트'로 정했다. 당첨된 번호들을 활용해서 어떻게 효과적으로 번호를 찾아갈 수 있는지 보여준다.
아마도 독자들이 처음으로 접해보는 내용들일 것이다.

1절은 번호이동에 관해 설명한다. 당첨된 번호 3개 이상이 하나의 그룹으로서 일정한 방향으로 움직이는데, 우리는 이러한 특성을 공부할 것이다. 여기에 더해, RO 법칙과 타방 법칙이 무엇인지도 탐구할 계획이다.

　2절은 1-2-3 법칙에 관해 다룬다. 간단히 OTT(One-Two-Three) 법칙이라고도 한다. 특정 회차의 번호들을 선택해서 이들을 좌 또는 우로 1칸에서 3칸까지 움직여서 예상번호를 만들려고 한다. 우리는 이러한 과정도 흥미롭게 알아볼 것이다.

　3절은 '타입결합'을 소개한다. 일종의 '모양 맞추기'에 대해 설명한다. 일반적으로, 4전 회차까지의 일반 타입(GT)을 선택하고 이용해, 어떻게 1등 당첨번호를 만들 수 있는지 살펴보려 한다. 직관적 방법으로 어떻게 타입을 사용하는지 학습할 것이다.

　4절은 '대칭 번호'에 대한 내용이다. 기존 당첨번호를 용지의 해당란에 표시해보면 어떤 타입이 나타나는 것을 알 수 있는데, 이 타입에 대칭 형태를 만들기 위해 추가하는 번호가 있다. 이 특정 번호가 바로 대칭 번호가 되는 것이다.

　이 대칭 번호는 앞으로 시행될 추첨의 당첨번호가 된다.
　독자들은 어떤 식으로 대칭 번호가 만들어지는지 살펴보게 될 것이다.
　한마디로, 중복타입에 관한 것이다.

5절은 '번호를 좌/우 1칸 그리고 상/하 1칸 옮기기'를 보여준다. 특정 번호를 선택한 후, 이것을 좌 또는 우로 1칸 옮기면서 동시에 위 또는 아래로 1칸 이동시키는 것이다. 따라서, 이미 당첨되었던 1개 번호를 놓고 작업한다고 보면, 결국엔 2개의 예상번호를 만들어 가는 과정이다.

제3장의 명칭을 '추적 45회'로 정했다.

앞선 회차들의 당첨번호를 활용해, 이후의 특정 회차에서 어떻게 예상번호를 구할 수 있는지 자세히 설명한다. 필자만의 다양한 시각과 방법을 통해서 번호들을 어떤 식으로 추출할 수 있는지, 독자들은 흥미롭게 알게 될 것이다. 특정 각 회차에 대한 설명이 연속적으로 3장 전체에 걸쳐서 다뤄지는데 45회 분량이다.

제4장의 명칭을 '복권이 알고 싶다'로 정했다. 2017년 8월 10일 구매한 3,000원어치 자동복권부터 설명이 이루어지는데, 복권번호를 활용해 어떻게 1등 당첨번호를 만들어내는지 분석하는 것이다.

'확률상으로 내가 구매한 복권은 5등 당첨되기도 힘들 것이다'를 전제로, 해당 복권에서 당첨번호를 찾아가는 과정을 다룬다.

독자들에게 새로운 안목을 가져다줄 것으로 믿는다. 20회 분량이다.

차 례

1장   필자수첩   21

2장   45—인싸이트   85

용어 설명

용지에 1부터 45까지의 숫자가 인쇄돼 있어 복권구매자가 원하는 번호를 해당 란에 표시할 수 있게끔 되어 있는데, 이것을 보통 '번호표시 용지'라고 불린다. 이 책에선 간단히 '용지'로도 표기가 된다.

칸 복권 구매자가 해당 번호로 정하기 위해, 확인을 위한 표시란이다. 이 책에선 '칸'이라는 용어를 사용한다. 예를 들어, 10에서 13으로 번호를 옮기는 작업이 있을 때 이 책에선 10을 '우로(오른쪽으로) 3칸 이동'처럼 글을 작성했다.

타입 아래의 각 타입에 대해선 뒤에서 자세히 설명한다.

GT 'General Type'으로 용지의 번호란에 표시해보면, 번호들이 결합해서 일정한 타입으로 나타나는 것을 알 수 있다. 3개의 번호로 이뤄져 있다.

OT 'Overlapped Type'으로 중복타입을 의미한다. 일반적으로 4개의 번호로 이뤄져 있다. 같은 모양의 GT 2개가 결합해 있는 형태로, 이 가운데 일부가 양쪽 2개 타입에 걸쳐져 있다.

ST 'Shadow Type'으로 그림자 타입을 말한다. 용지에 표시해보면 뚜렷하게 보이지 않고, 안으로 숨겨져 있는 형태로 나타난다.

TT 'Twin Type'으로 쌍둥이 타입이다. 특정 회차에서 같은 타입이 두 개 나타난다.

1L 복권에 표시된 첫 번째 행으로서, 6개의 번호로 이뤄져 있다. 이 한 행의 복권구입액은 천원이다. 실제 복권에선 A로 인쇄되어 나온다.

5L 복권에서, 마지막 다섯 번째 행을 의미한다. (참고로, L은 'Lottery'와 'Line'이라는 단어들을 의미하는 글자의 첫 알파벳을 뜻한다.)

올리고(위로) 번호를 위쪽으로, 그러니까 번호가 작은 쪽으로 이동시키는 것을 말한다. 예를 들어 39를 위로 두 칸 올리면 25가 되는 것이다. 간단히 '상2'로 표시할 수도 있다. 즉 39를 '상2'라고 하면 '25'가 된다는 것이다.

내리고(아래로) 위의 설명과 반대이다. 참고로 '4'를 '하2'로 하면 '18'이 된다.

좌로(왼쪽으로) 특정 번호를 왼쪽으로 옮기는 것을 말한다.

우로(오른쪽으로) 특정 번호를 오른쪽으로 옮기는 것을 말한다.

끝수 번호의 '끝자리' 숫자를 의미한다. 예를 들면, 37의 끝수는 7이고 24의 끝수는 4다.

핫넘버 Hot Number를 뜻하며, 말 그대로 뜨겁게 활성화된 번호다. 이 책에선 핫넘버의 범위를 좁혀서 3회 이상에 걸쳐 연속으로 당첨된 번호를 말한다.

주기넘버 Periodic Number를 뜻하며, 당첨번호가 어떤 주기를 갖고 나타난다. 관점에 따라서 이 주기넘버가 자주 출현하는 경우에는 넓은 의미로 볼 때 이것을 핫넘버로 생각해도 무난할 것이라고 본다.

콜드넘버 핫넘버와 반대로 일정 기간 이상 동안에 계속해서 낙첨 즉 당첨되지 않은 번호다.

대체 번호 특정 번호를 사용하지 않고 대신 다른 번호를 사용할 때, 이때 선택되는 그 다른 번호를 말한다. 예를 들면, 43을 이용하지 않고 대체번호인 1을 선택한다는 것이다.

가상 번호 Virtual Number로서, 한국 복권시스템엔 없는 번호다. 용지에 45까지 인쇄돼 있지만, 46부터 49까지의 번호가 하단에 각각 지정되어있다고 생각하자는 것이다. 즉 46, 47, 48, 49가 가상번호다.

미세조정 번호를 왼쪽이나 오른쪽으로 보통 1칸이나 2칸 정도로 옮기는 작업을 말한다. 실제로 이런 작업을 하기가 쉽지는 않다.

방향성 타입 같은 크기와 방향을 유지하면서, 어느 한 번호로부터 출발해서 두 번째를 거쳐 세 번째 번호에 도착한다. 아래의 예는 일반타입이면서 방향성 타입(방타)임을 보여준다.

예) 1, 4, 7

1, 11, 21

3, 10, 17

5, 13, 21

6, 11, 16

10, 23, 36

일반 이동의 법칙 책에서 언급하는 '이동'이라는 것이 이 일반 이동을 말한다. 3개 이상의 번호들이 하나의 방향성을 가지고 이동한다. 예를 들면 2, 3, 5가 아래로 1칸, 이어서 오른쪽으로 1칸 이동한다면 결국, 10, 11, 13으로 각각 나타나게 되는 것이다.

특수 이동의 법칙 일반 이동의 법칙과는 달리, 이 법칙은 두 개의 번호를 임의의 방향으로 이동시키는 것을 말한다. 목적은 구하고자 하는 번호를 제대로 선택했는지 확인하기 위해서이다. 좀 더 자세한 내용은, 나중에 이와 관련해서 설명할 때 언급하겠다.

RO 법칙 한마디로 로켓 법칙으로 생각하면 되겠다. 로켓 우주선이 본체 밑으로 연소 화염을 내뿜으며 하늘로 솟아오를 때, 이른바 반작용의 법칙이 발생한다는 것을 알 수 있다. 마찬가지로, 로또 번호들이 이동할 때 RO(ROCKET) 법칙이 나타난다는 것이다. 즉, 이동 시에 어떤 번호를 옆으로 두 칸 밀어내면서 몇 개의 번호들이 이동하는 것으로 생각하면 된다는 것이다. 예를 들면 5, 7, 9라는 임의의 한 그룹이 아래로 두 칸 움직인다면, 이동 방향의 반대쪽으로 '5'를 두 칸 이동시켜 '3'으로 생성하게 하고, 위의 세 번호는 각각 19, 21, 23으로 만들어진다는 것이다. 그런데, 번호들이 일반 이동을 할 때 이동하려는 소스 당첨번호로부터 두 칸 떨어져 있는 번호를 생성한다고 하면, 이 책에선 포괄적으로 RO 법칙이 일어난 것으로 간주하려고 한다.

타방 법칙 3개 이상의 번호들이 하나의 그룹을 이루어 '특정 방향'으로 이동할 때, 이동그룹 내외의 어떤 번호가 앞의 방향과는 다르게, 즉 타방향으로 움직이는 현상을 말한다. 여기서 중요한 조건이 있다. 바로, 그룹이 이동한 행의 수와 특정 번호가 이동한 행의 수가 같아야만 한다는 점이다. 또, 열 역시 마찬가지다.

1-2-3(일이삼) 법칙 이것을 일명 OTT(One-Two-Three) 법칙이라고도 한다. 어떤 특정 회차에서, 당첨된 번호들을 왼쪽 또는 오른쪽으로 1칸에서 3칸까지 임의로 이동시켜서, 향후 추첨에서 나올 번호들을 예상해볼 수 있다.

타생 번호 타입을 생성할 수 있는 번호라는 의미이다.
　　예) 3, 11 두 개의 번호가 있을 때, 번호 하나를 추가해서 하나의 타입을 만들 수 있는 타생 번호로는 1, 2, 4, 5, 9, 18 등이 있다. 따라서 1, 3, 11 또는 3, 5, 11 등이 각각 하나의 타입으로 될 수 있다는 것이다.

대칭 번호 3개의 번호에 1개를 추가해, 전체적으로 대칭 형태를 만들 수도 있다. 이때 추가되는 번호를 대칭 번호라고 한다.
　　예) 4, 6, 18이라는 세 번호가 있을 때, 대칭 번호가 될 수 있는 것엔 16, 34 등

이 있다.

여기서, 대칭 형태라고 언급했는데 중복타입으로 생각하면 되겠다.

미차 운동 미세한 차이를 발생시키면서, 번호가 도착지로 이동해 나온다. 보통, 4개 이상의 번호들이 이동할 때 한두 개 번호가 정확하게 움직이지 않고, 도착 예정 칸을 기준으로 한 칸 더 가거나 한 칸 덜 간다는 것이다.

㉠ 8, 16, 21, 27 네 번호를 아래로 1칸 내리면, 15, 23, 28, 34가 되는데, 미차 운동으로 15, 23, 28, 33 또는 15, 24, 28, 34 등으로 나타난다.

연결 타입 일반적으로 한 회차에서 여러 개의 일반타입을 만들 수가 있다. 그런데, 특정 번호 3개씩 묶어서 GT를 생성한다면 2개의 GT를 구할 수가 있다. 이 두 개의 GT를 결합하는 타입이 연결 타입이라는 것이다. 역시 3개의 번호로 이루어진다.

번호표시 용지

이번에 언급할 내용은 용지(번호표시 용지)에 관한 것이다. "용지에 대해 말할 게 뭐가 있다고 그래"라고 생각하는 독자들이 있는지 모르겠다. 쉽게 생각할 것이 아니다. 이 책에서 핵심적이고, 특히 독자들이 반드시 알아야 할 요소다. 책 속의 일반 내용이 금, 은, 동 등으로 평가된다면, 용지에 대한 설명은 '다이아몬드'라고 말할 수 있다. 그 정도로 중요한 사항으로, 이 내용을 알아야 책에서 설명하는 것들을 이해할 수 있다.

자, 그럼 시작해보겠다. 독자들에게 한번 물어보겠다. 13의 바로 위 칸이 6이라는 것을 우리는 알고 있는데, 그럼 6의 한 칸 위는? 여기서, 초등학생과 대학생의 수준 차이가 나타난다. 초등학생은 "용지의 맨 위 칸에 6이 표시돼 있고, 그 위에는 아무 번호도 없는데요"라고 말할 것이다. 반면에, 대학생은 역시 노련하다. "6의 위 칸은 41입니다"라고 대답할 것이다.

그렇다. 41이 필자가 원하는 답이다. "로또에 진리라는 게 존재하지는 않지만, 어떤 흐름이나 특성들이 있다"라고 필자는 이 책에서 여러 번 언급할 것이다. '용지' 역시 마찬가지다. 과학적인 방법으로 입증할 순 없지만, 필자의 경험을 바탕으로 위와 같은 식으로 설명을 했다.

굳이 증명해본다면, 세 번호 6, 12, 13을 동시에 1칸씩 위로 올리면 41, 5, 6이 된다. 이어서 1칸씩 다시 위로 이동시켜 보면 34, 40, 41이 나온다. 이제 이동 전과 후의 번호들을 보면, 서로 같은 타입임을 알 수 있다. 타입은 뒷부분에서 설명될 예정이다.

이렇게 같은 타입임을 확인함으로써, '6'의 한 칸 위 번호가 '41'임을 알 수 있게 되었다. 반대로 '41'의 한 칸 아래는 '6'임을 생각해 낼 수 있을 것이다. 이렇게 해서 용지에서 번호들의 상하관계를 '나름의 증명'을 통해 살펴봤다.

앞에서, '위아래' 관계를 설명할 때 같은 열을 이용했는데, '좌, 우 관계도 마찬가지로 같은 행을 사용하는 게 아닌가' 하고 생각하는지도 모르겠다. 하지만 이건 아니다. 즉 22의 왼쪽 1칸이 28이 아니고, 보통 생각하듯이 21이라는 것이다. 하나하나에 대해 원리원칙대로 따지지 말고, '설명이 이런 식으로 이뤄져 있구나' 정도로 생각하면 될 것 같다.

이제 예를 더 들어보면, 2의 왼쪽 1칸은 1이 된다. 그럼 1의 왼쪽 1칸은? 갑자기 이런 질문을 던져, 독자들이 당혹스러웠는지 모르겠다. 이 질문에 대한 답은, 바로 42다. 반대로, 42의 오른쪽 1칸은? 용지의 특성으로, 상황에 따라 1이 될 수도 있고 43이 될 수도 있다. 여기선 이 정도로 알아두자.

다음은 대체번호에 대해 언급해보겠다. 말 그대로, 특정 번호를 대체할 수 있는 번호를 일컫는다. 즉, 43 대신에 1을 사용하였을 경우, 1이 대체번호가 되는 것이다. 대체번호는 1과 43, 2와 44 그리고 3과 45 사이에서 각각 존재한다.

여기에 대해 좀 더 살펴보자. 물리적으로 보면, 36, 37, 38로부터 1칸 아래로 각각 43, 44, 45가 존재한다. 반면에 39, 40, 41, 42 아래 칸엔 번호들이 없다. 독자들도 잘 알고 있는 내용이다. 36부터 42까지가 마지막 행의 번호들이라고 가정하면, 39에서 아래로 1칸 내려서 4로 만드는 것처럼, 36에서 1로 이동시킬 수도 있을 것이다.

그런데, 용지를 보면 43, 44, 45라는 번호들이 있다. 따라서 36에서 보면,
상황에 따라서 아래로 1칸 내려서 1을 만들 수도 있고 43을 생성할 수도 있다.
정리하면, 43은 1로, 44는 2로, 45는 3으로 각각 대체될 수 있으며, 또한 이와는 반대로도 각각 대체될 수가 있다.

마지막으로 가상번호에 대해 말하고자 한다. 글자 그대로 실제로 존재하는 것이 아닌, 상상 속의 번호다. 바로 46, 47, 48, 49 들이다. 독자들도 예상하다시피, 이 번호들을 직접 사용할 순 없는 것이고, 중간매개체로 사용하려는 것이다. 즉 어떤 타입을 만들 때나 번호들을 이동시킬 때, 상황에 따라선 이 가상번호들을 활용하자는 것인데, 여기에 대해선 나중에 이 책 여

러 곳에서 설명이 이루어질 것이다.

　이렇게 해서 용지(번호표시 용지)엔 어떤 특성들이 있는지 개략적으로 살펴봤다.

1 장

필자수첩

1.
일반, 중복, 그림자 타입이란 무엇인가

지금까지 1,000여 회의 추첨이 시행되었다. 시작한 지 엊그제인 것 같은데, 어느덧 약 20여 년이라는 시간이 흘러왔다. 독자들도 알다시피, 45개 번호 가운데 6개를 맞추면 1등 당첨의 행운을 거머쥐는데, 일반적으론 최하위인 5등 당첨도 되기가 어렵다. 그런데 번호를 공략하는 데, 타입을 활용하면 많은 도움을 받을 수가 있다는 것이다.

지금부터 타입에 대해 좀 더 알아보자. 우선 개념적으론 일반타입(GT), 그림자 타입(ST), 중복타입(OT)이 있다.

1.1.1 일반타입(GT)

이 책에서 다뤄질 일반타입은 세 개의 번호를 묶은 형태로 이루어져 있다. 용지의 해당 번호란에 표기(마킹)를 해보면, 특정 형태가 나타남을 알 수 있다. 바로, 이것을 타입으로 부르자는 것이다. 그리고 이런 일반타입들이 대략 120개 정도 되는데, 추첨 시 나오는 당첨번호들의 타입을 보면 각 타입이 서로 연결돼 있음을 알 수가 있다. 독자들이 이러한 타입들을 학습한다면, 복권 구매 시 번호를 예상하고 선택할 때 많은 도움을 얻을 것으로 예상한다.

일반타입은 용지에서 뚜렷이 나타나는데, 세 개의 번호로 이루어져 있다. 약 120개의 일반타입이 있다고 앞서 언급했는데, 이 가운데에는 그림자 타입으로도 될 수 있는 겹치는 타입들도 있다는 점을 밝혀둔다. 한마디로, 명시적 기준으로 일반타입을 분류했다는 것이다.

예를 들어보겠다. 2, 8, 36과 18, 26, 32는 실제론 같은 타입이지만, 이곳 설명에선 다른 타입으로 다루었고, 다음에 나오는 도표에서도 각각 따로따로 표시했다.

GT 타입에 대해선, 뒤이어 나오는 GT 도표를 보면 이해하기가 수월할 것이다.

〈120개의 일반타입(GENERAL TYPE)〉

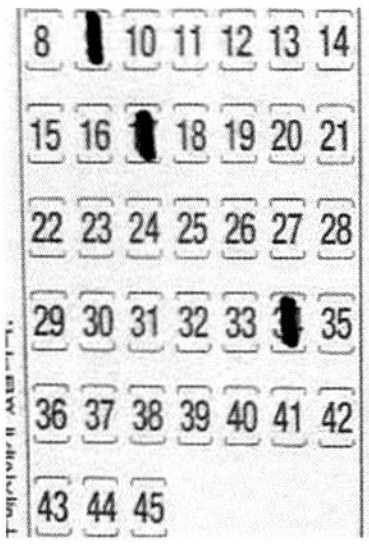
11

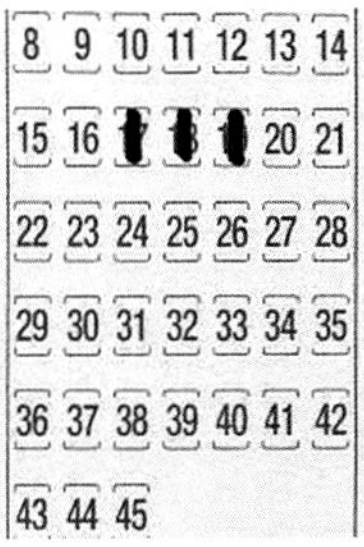
12

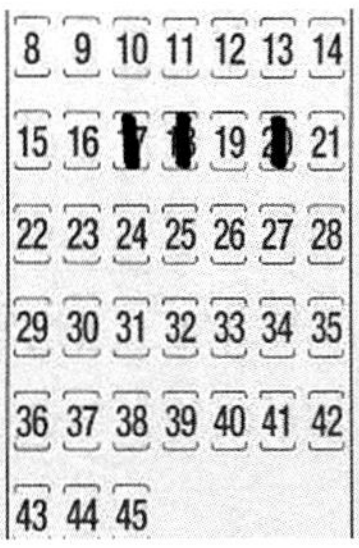
13

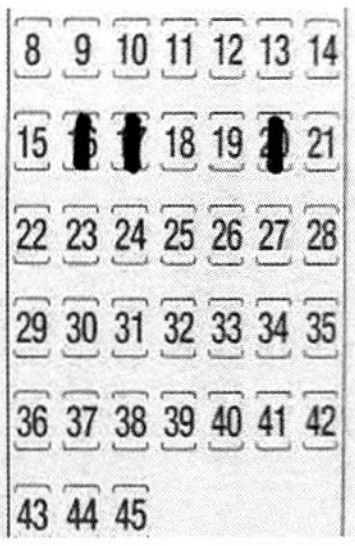
14

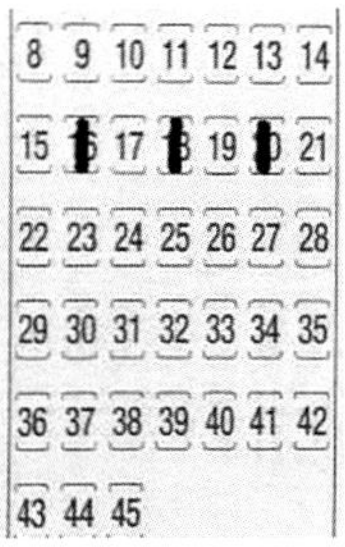
15

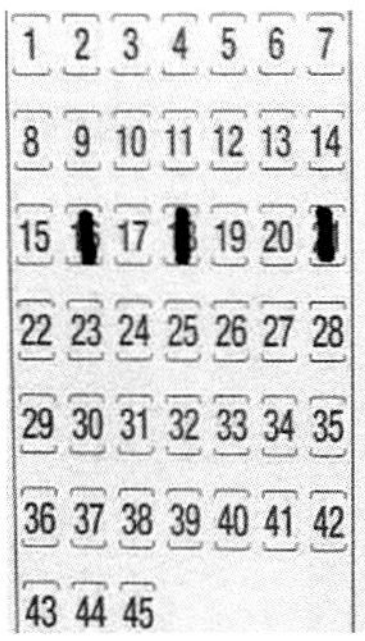
16

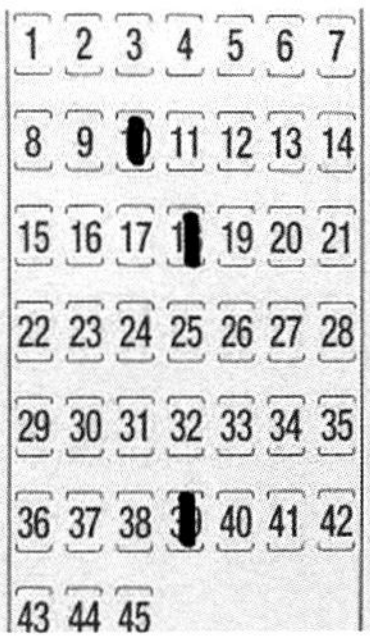
17

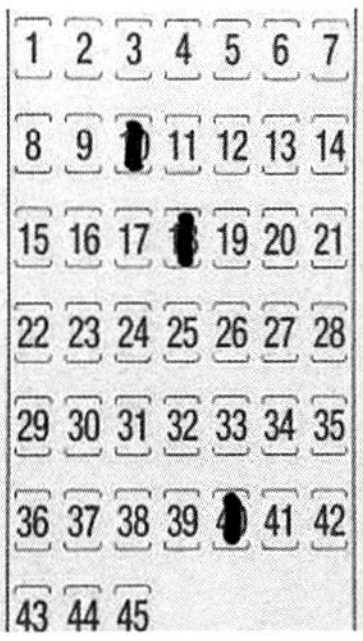
18

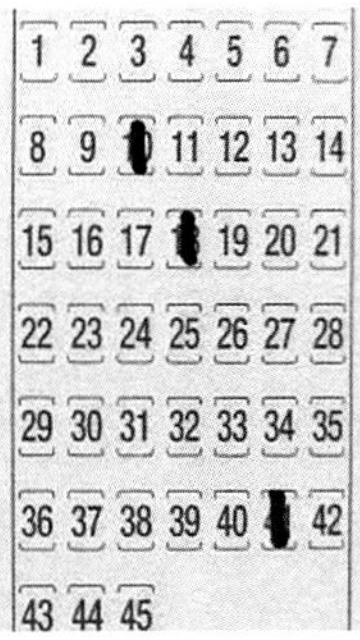
19

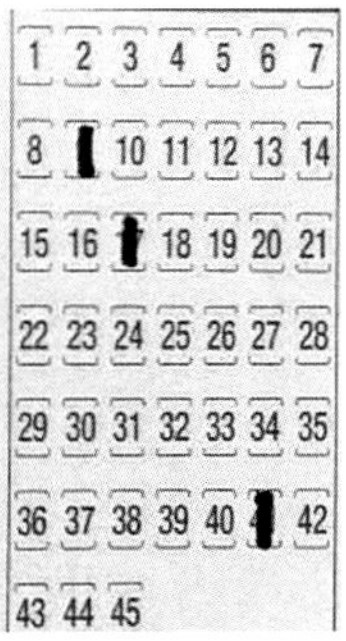
20

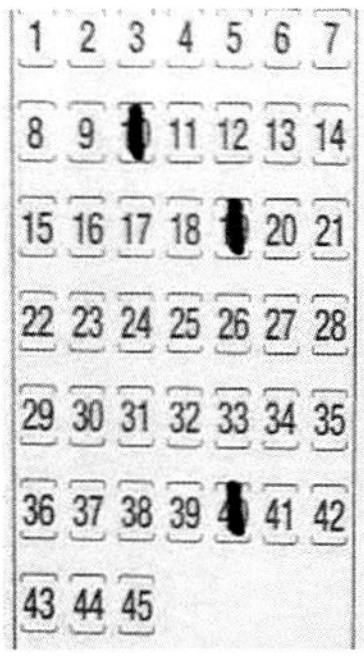
21

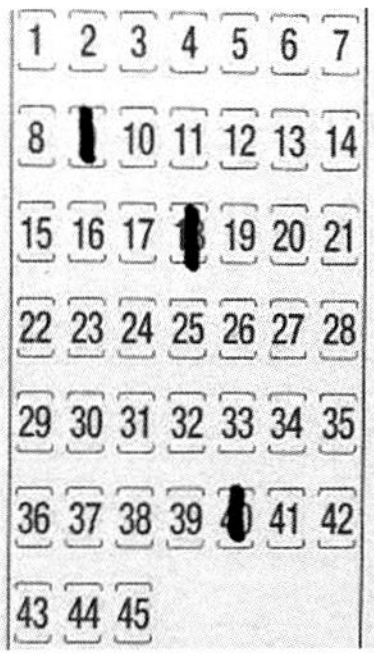
22

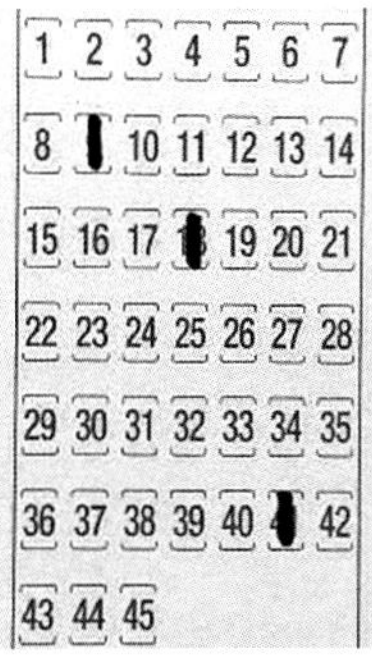
23

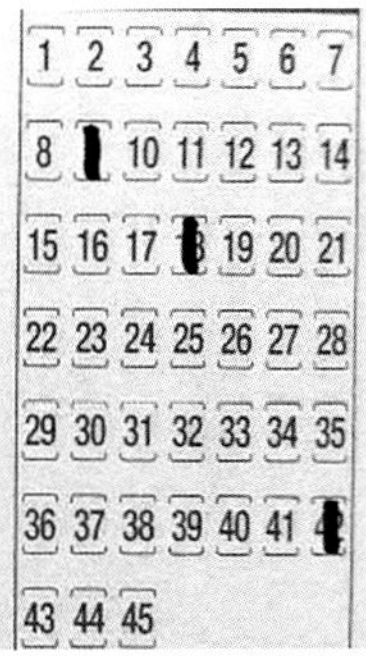
24

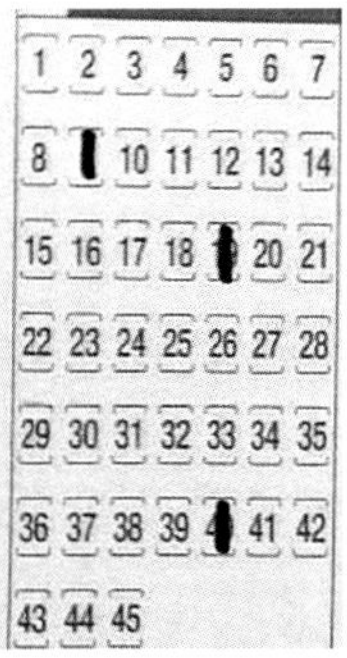
25

26   로또 당첨의 이론과 실제

41　　42　　43　　44　　45

46　　47　　48　　49　　50

51　　52　　53　　54　　55

56 57 58 59 60

61 62 63 64 65

66 67 68 69 70

1 2 3 4 5 6 7
8 9 10 11 12 13 14
15 16 17 18 19 20 21
22 23 24 25 26 27 28
29 30 31 32 33 34 35
36 37 38 39 40 41 42
43 44 45

71

1 2 3 4 5 6 7
8 9 10 11 12 13 14
15 16 17 18 19 20 21
22 23 24 25 26 27 28
29 30 31 32 33 34 35
36 37 38 39 40 41 42
43 44 45

72

1 2 3 4 5 6 7
8 9 10 11 12 13 14
15 16 17 18 19 20 21
22 23 24 25 26 27 28
29 30 31 32 33 34 35
36 37 38 39 40 41 42
43 44 45

73

1 2 3 4 5 6 7
8 9 10 11 12 13 14
15 16 17 18 19 20 21
22 23 24 25 26 27 28
29 30 31 32 33 34 35
36 37 38 39 40 41 42
43 44 45

74

1 2 3 4 5 6 7
8 9 10 11 12 13 14
15 16 17 18 19 20 21
22 23 24 25 26 27 28
29 30 31 32 33 34 35
36 37 38 39 40 41 42
43 44 45

75

1 2 3 4 5 6 7
8 9 10 11 12 13 14
15 16 17 18 19 20 21
22 23 24 25 26 27 28
29 30 31 32 33 34 35
36 37 38 39 40 41 42
43 44 45

76

1 2 3 4 5 6 7
8 9 10 11 12 13 14
15 16 17 18 19 20 21
22 23 24 25 26 27 28
29 30 31 32 33 34 35
36 37 38 39 40 41 42
43 44 45

77

1 2 3 4 5 6 7
8 9 10 11 12 13 14
15 16 17 18 19 20 21
22 23 24 25 26 27 28
29 30 31 32 33 34 35
36 37 38 39 40 41 42
43 44 45

78

1 2 3 4 5 6 7
8 9 10 11 12 13 14
15 16 17 18 19 20 21
22 23 24 25 26 27 28
29 30 31 32 33 34 35
36 37 38 39 40 41 42
43 44 45

79

1 2 3 4 5 6 7
8 9 10 11 12 13 14
15 16 17 18 19 20 21
22 23 24 25 26 27 28
29 30 31 32 33 34 35
36 37 38 39 40 41 42
43 44 45

80

1 2 3 4 5 6 7
8 9 10 11 12 13 14
15 16 17 18 19 20 21
22 23 24 25 26 27 28
29 30 31 32 33 34 35
36 37 38 39 40 41 42
43 44 45

81

1 2 3 4 5 6 7
8 9 10 11 12 13 14
15 16 17 18 19 20 21
22 23 24 25 26 27 28
29 30 31 32 33 34 35
36 37 38 39 40 41 42
43 44 45

82

1 2 3 4 5 6 7
8 9 10 11 12 13 14
15 16 17 18 19 20 21
22 23 24 25 26 27 28
29 30 31 32 33 34 35
36 37 38 39 40 41 42
43 44 45

83

1 2 3 4 5 6 7
8 9 10 11 12 13 14
15 16 17 18 19 20 21
22 23 24 25 26 27 28
29 30 31 32 33 34 35
36 37 38 39 40 41 42
43 44 45

84

1 2 3 4 5 6 7
8 9 10 11 12 13 14
15 16 17 18 19 20 21
22 23 24 25 26 27 28
29 30 31 32 33 34 35
36 37 38 39 40 41 42
43 44 45

85

86   87   88   89   90

91   92   93   94   95

96   97   98   99   100

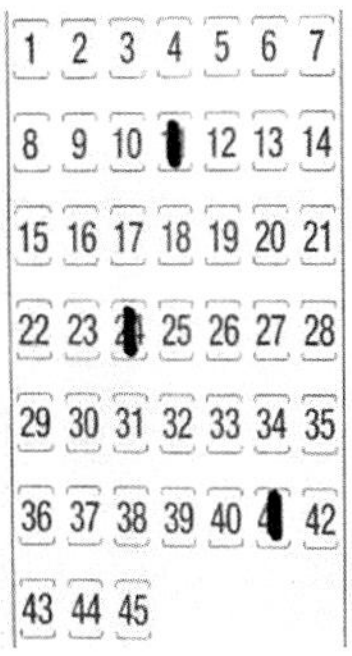
101

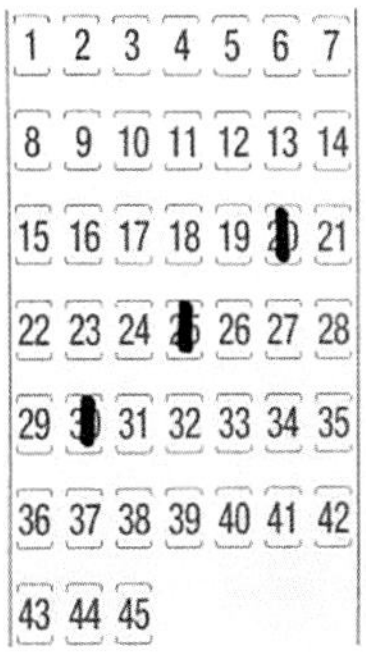
102

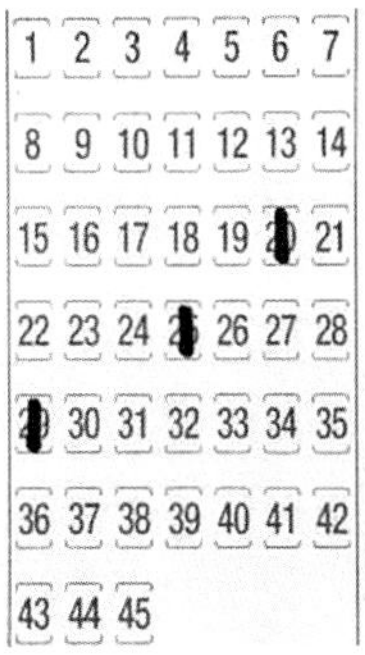
103

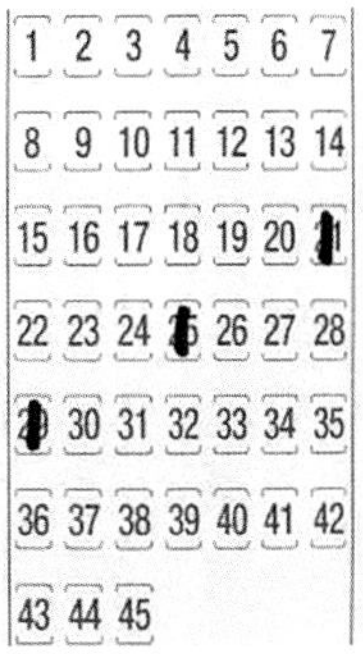
104

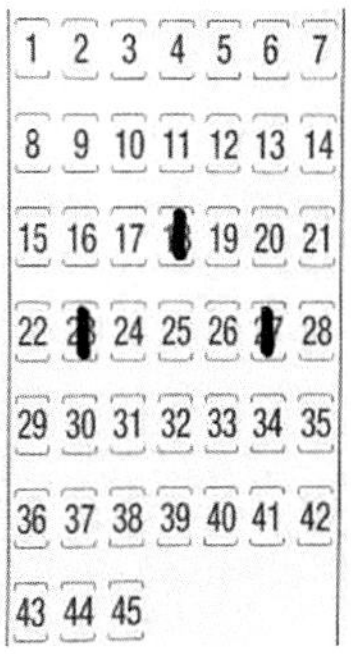
105

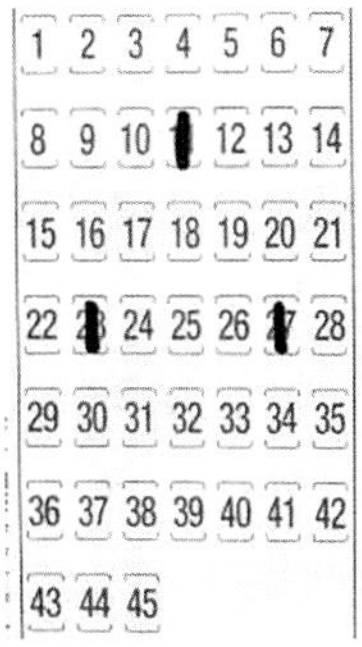
106

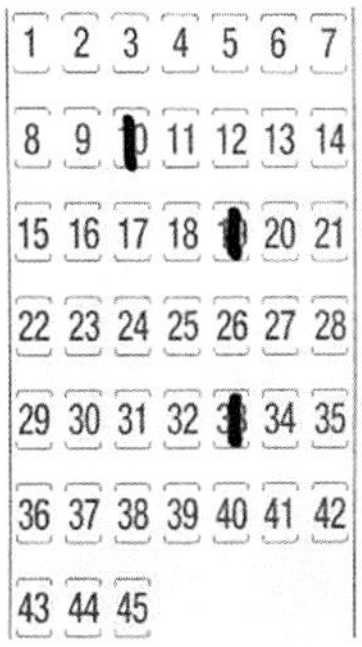
107

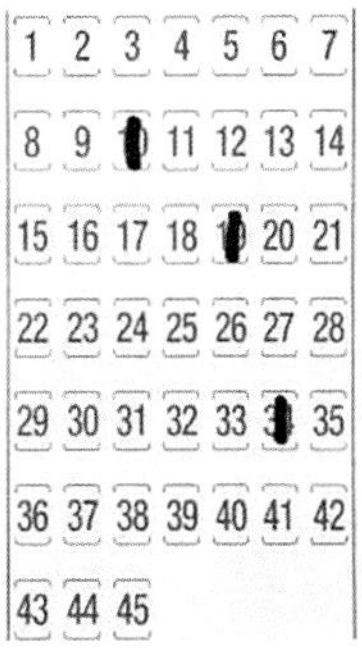
108

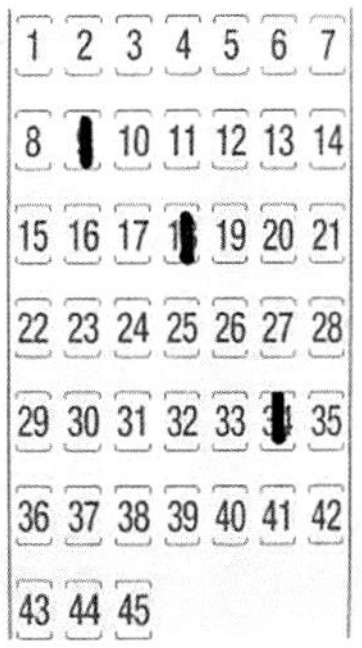
109

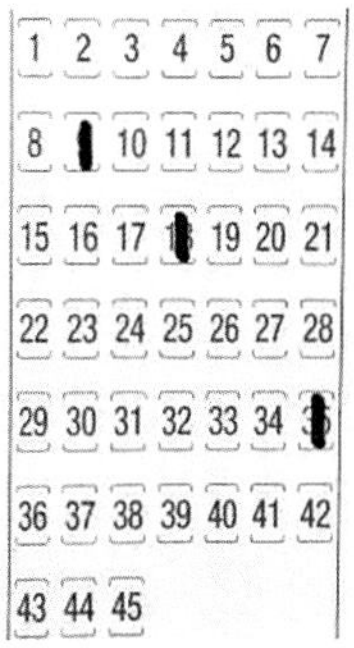
110

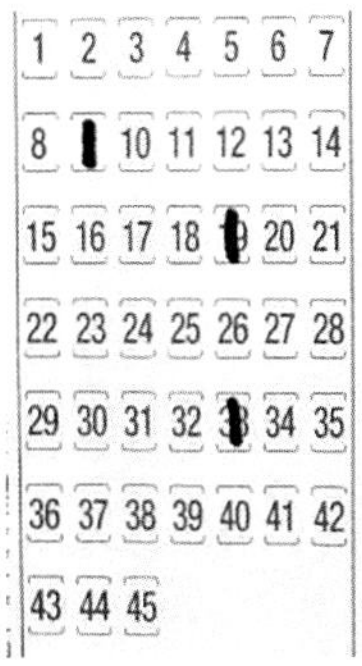
111

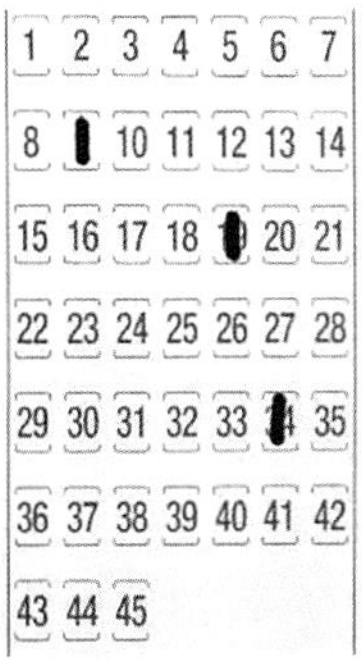
112

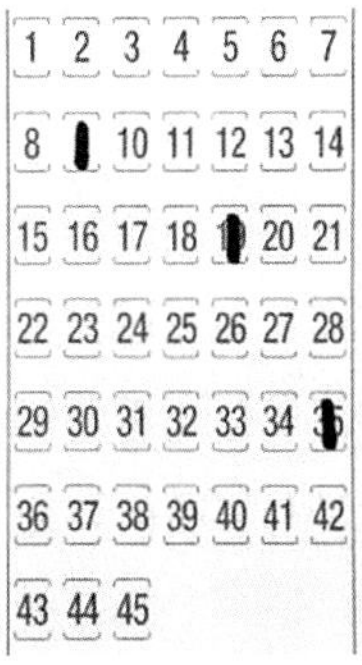
113

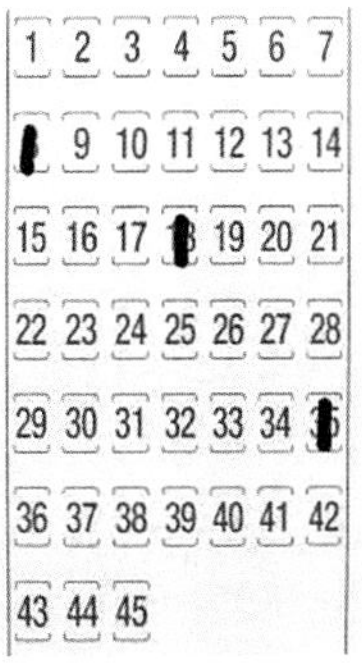
114

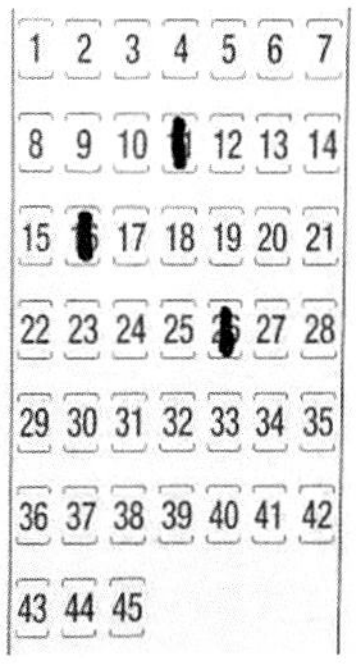
115

116　　　　　117　　　　　118　　　　　119　　　　　120

　　참고로, 모양과 크기가 같은 타입을 아래의 도표처럼 작성했는데, 이런 것을 동형 타입이라고 일컫는다. 다음은 동형 타입들의 예를 보여주고 있다.

〈동형 타입〉

1	2	3	4	5	6	7
8	9	10	11	12	13	14
15	16	17	18	19	20	21
22	23	24	25	26	27	28
29	30	31	32	33	34	35
36	37	38	39	40	41	42
43	44	45				

1	2	3	4	5	6	7
8	9	10	11	12	13	14
15	16	17	18	19	20	21
22	23	24	25	26	27	28
29	30	31	32	33	34	35
36	37	38	39	40	41	42
43	44	45				

1	2	3	4	5	6	7
8	9	10	11	12	13	14
15	16	17	18	19	20	21
22	23	24	25	26	27	28
29	30	31	32	33	34	35
36	37	38	39	40	41	42
43	44	45				

1	2	3	4	5	6	7
8	9	10	11	12	13	14
15	16	17	18	19	20	21
22	23	24	25	26	27	28
29	30	31	32	33	34	35
36	37	38	39	40	41	42
43	44	45				

1.1.2 그림자 타입(ST)

이번엔 그림자 타입에 관해 설명하겠다. 그림자라는 명칭을 사용했는데 뚜렷이 나타나는 일반타입과 달리 글자의 의미에서도 알 수 있듯이 그림자 타입은 불명확하게, 즉 한 번에 알아볼 수 없는 형태로 나타난다는 것이다.

즉, 세 번호로 이뤄진 타입에서 번호들의 상호위치 관계가 같다면, 일반타입과 그림자 타입은 물리적으로 보면 같은 타입이라고 말할 수 있다. 단지, 용지상에서 타입이 뚜렷이 나타나면 즉 명시적이면 일반타입으로, 반대로 타입이 암시적이면 그림자 타입으로 분류했을 뿐이라는 점을 유의하길 바란다.

용지에서 번호표시란이 상/하와 좌/우로 분리되는데, 이로 인해 일반타입이 불명확하게 나타난다.

이제 그림자 타입에 대한 예를 몇 가지 들어보겠다. (위아래 도표가 쌍이다)

| 16회 | 34회 | 36회 | 41회 | 134회 |

16회에서 6, 7, 40을 보자. 이것의 일반타입은 17, 25, 26 등과 같은 것이다. 타입을 자세히 들여다보자. 16회에서 7의 왼쪽 1칸이 6이고, 6의 위 1칸이 41이고 이 41의 왼쪽 1칸이 40이다. 즉, 그림자 타입이다.

GT에서 26의 왼쪽 1칸이 25이고, 25의 위 1칸이 18이고 이 18의 왼쪽 1칸이 17이다. 즉, 일반타입이다. 도표를 보면, 6, 7, 40은 17, 25, 26이라는 일반타입(GT)과 같은 모양이지만, 여기서 말하고자 하는 그림자(섀도우) 타입임을 알 수가 있다.

아래 도표는 그림자 타입과 일반타입을 위아래 쌍으로 묶어서 보여주고 있다.

다음은, 회차별 그림자 타입의 번호들이다.

16 - 6, 7, 40	34 - 9, 37, 40	36 - 1, 10, 40
41 - 35, 38 , 43	134 - 3, 23, 31	225 - 5, 31, 36
256 - 21, 23 , 43	263 - 1, 32, 37	280 - 10, 11, 37
281 - 1, 3, 41	287 - 6, 12, 37	288 - 1, 28, 35
290 - 8, 39, 45	295 - 4, 18, 38	298 - 9, 29, 37
302 - 13, 20, 42	311 - 4, 12, 32	322 - 15, 36, 42
328 - 1, 6, 28	346 - 5, 44, 45	350 - 1, 8, 29
378 - 5, 22, 34	380 - 1, 26, 37	383 - 15, 28, 37
385 - 7, 29, 32	390 - 28, 37, 39	392 - 1, 18, 42
394 - 1, 13, 20	398 - 10, 20, 42	399 - 9, 19, 42

401 - 6, 12, 43   447 - 7, 17, 33   515 - 2, 23, 37
534 - 10, 29, 37   563 - 5, 10, 32   565 - 4, 40, 45
567 - 15, 32, 41   568 - 1, 3, 44   571 - 11, 26, 38
572 - 13, 37, 45   575 - 2, 8, 30   579 - 5, 22, 37
588 - 2, 8, 41   591 - 14, 30, 39   592 - 2, 5, 44
594 - 8, 25, 37   595 - 28, 35, 38   600 - 5, 11, 27
607 - 14, 36, 39   614 - 8, 21, 44   618 - 8, 16, 42
620 - 2, 39, 45   624 - 1, 27, 35   625 - 3, 20, 39
628 - 1, 23, 42   629 - 28, 43, 44   633 - 9, 12, 39
648 - 28, 37, 43   662 - 5, 6, 37   663 - 8, 38, 42
677 - 12, 24, 41   679 - 3, 7, 14   681 - 21, 27, 43
689 - 7, 19, 36   697 - 8, 11, 39   698 - 13, 21, 37
703 - 28, 41, 44   710 - 3, 9, 24   712 - 17, 30, 45
713 - 2, 15, 23   716 - 2, 16, 29   717 - 2, 25, 32
729 - 26, 36, 45   767 - 15, 31, 42   774 - 15, 34, 42
775 - 11, 12, 38   778 - 36, 37, 41   779 - 5, 12, 41
790 - 3, 8, 30   791 - 10, 33, 42   793 - 10, 15, 38
794 - 19, 30, 38   795 - 3, 13, 38   797 - 5, 31, 32

1.1.3 중복타입(OT)

마지막으로 중복타입에 대해 살펴보겠다. 중복타입(OT)은 번호 4개로 구성된 것으로, 동형 일반타입이 서로 겹쳐져 나오는 것이다. 로또 추첨에서, 이런 형태도 꾸준히 나타나고 있다. 역시 뒤이어 나오는 도표를 본다면 이해하기가 쉬울 것이다.

이제 각 회차에서 어떤 종류의 중복타입들이 나타나고 있는지 알아보자. 20회 10, 18, 20의 타입과 14, 18, 20의 타입은 같은 것이다. 10, 18, 20이라는 세 번호 전체를 하나의 고정체로 생각하고서 오른쪽으로 뉘어보면 14, 18, 20의 타입과 정확히 겹쳐짐을 알 수가 있다. 이때,

18과 20이 20회의 두 타입에 걸쳐져 나타났는데, 이들 네 번호가 이 책에서 언급하고 있는 중복타입을 이루고 있다.

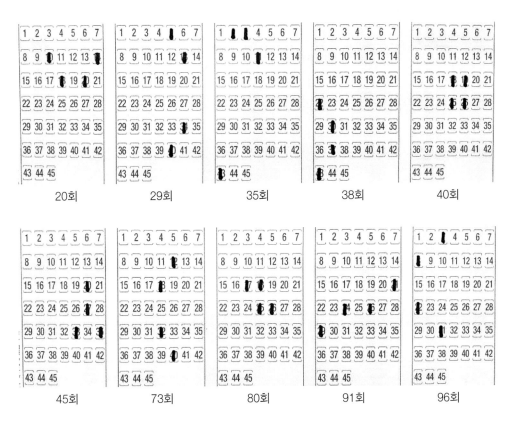

다음은 중복타입으로 이뤄진 앞 도표의 번호들이다.

29 - 5, 13, 34	13, 34, 40	35 - 2, 3, 11	2, 3, 43
38 - 22, 30, 37	30, 37, 43	40 - 18, 19, 26	18, 25, 26
45 - 20, 27, 33	20, 27, 35	73 - 12, 18, 32	18, 32, 40
80 - 17, 18, 26	17, 25, 26	91 - 21, 24, 26	24, 26, 29
96 - 3, 8, 22	8, 22, 31		

중복된 타입들의 번호들을 하나의 그룹(4개 번호)으로 묶은 것이 다음과 같은 것들이다. (도표는 생략함)

회차		번호	회차		번호	회차		번호
20	-	10, 14, 18, 20(설명)	29	-	5, 13, 34, 40	35	-	2, 3, 11, 43
38	-	22, 30, 37, 43	40	-	18, 19, 25, 26	45	-	20, 27, 33, 35
73	-	12, 18, 32, 40	80	-	17, 18, 25, 26	91	-	21, 24, 26, 29
96	-	3, 8, 22, 31	100	-	7, 11, 23, 37	101	-	17, 32, 35, 45
109	-	34, 36, 42, 44	115	-	6, 9, 25, 28	126	-	7, 20, 27, 40
131	-	8, 14, 15, 21	133	-	4, 7, 15, 18	136	-	2, 16, 30, 36
142	-	12, 16, 30, 40	144	-	4, 17, 26, 37	147	-	4, 6, 40, 42
151	-	10, 13, 18, 19	152	-	5, 13, 26, 34	155	-	19, 20, 32, 33
161	-	34, 36, 40, 42	165	-	5, 13, 18, 42	166	-	9, 12, 27, 36
169	-	16, 37, 43, 45	172	-	19, 21, 24, 26	177	-	10, 16, 37, 43
179	-	5, 17, 25, 39	182	-	13, 15, 27, 29	183	-	18, 24, 34, 40
195	-	7, 10, 19, 22	205	-	1, 3, 35, 37	208	-	25, 31, 34, 40
212	-	11, 18, 31, 38	215	-	2, 3, 43, 44	218	-	1, 8, 14, 44
223	-	1, 3, 18, 20	227	-	4, 5, 15, 16	230	-	11, 14, 29, 32
231	-	5, 10, 19, 45	234	-	13, 24, 26, 37	243	-	2, 17, 19, 42
250	-	30, 37, 43, 45	256	-	4, 11, 14, 21	262	-	9, 12, 24, 25
270	-	12, 20, 21, 26	276	-	15, 21, 33, 39	277	-	10, 12, 13, 15
280	-	10, 11, 23, 24	288	-	1, 28, 35, 41	291	-	3, 7, 18, 20
293	-	17, 21, 29, 33	297	-	11, 19, 20, 28	302	-	13, 19, 32, 38
306	-	4, 18, 23, 41	310	-	5, 28, 34, 41	311	-	4, 12, 24, 32
315	-	33, 35, 43, 45	319	-	8, 22, 28, 42	322	-	18, 29, 32, 43
333	-	14, 27, 30, 43	339	-	14, 21, 30, 37	346	-	5, 13, 14, 22
347	-	3, 8, 27, 32	350	-	1, 8, 18, 33			

위의 내용을 보면 알 수 있듯이, 네 번호로 이뤄진 중복타입이 자주 출현함을 확인할 수 있을 것이다. 지금까지 필자가 회차별로 중복타입들의 번호들을 작성했는데, 351회 이후부턴 추

첨 회차만 표기하려고 한다. 왜냐하면, 독자들이 타입을 직접 살펴보는 것도 로또에 적응할 수 있는 하나의 방법이라고 생각하기 때문이다.

　필자가 안내하는 회차를 독자들이 찾아가서, 중복타입 번호들을 확인한 후 괄호 안에 해당 번호들을 작성해보길 바란다.

다음은 중복타입이 나타난 회차들이다.

351 - ( )	352 - ( )	358 - ( )
361 - ( )	364 - ( )	366 - ( )
368 - ( )	370 - ( )	380 - ( )
381 - ( )	386 - ( )	390 - ( )
391 - ( )	395 - ( )	399 - ( )
406 - ( )	415 - ( )	418 - ( )
423 - ( )	429 - ( )	431 - ( )
432 - ( )	435 - ( )	436 - ( )
438 - ( )	442 - ( )	443 - ( )
448 - ( )	453 - ( )	454 - ( )
462 - ( )	474 - ( )	475 - ( )
481 - ( )	484 - ( )	490 - ( )
492 - ( )	497 - ( )	507 - ( )
511 - ( )	522 - ( )	523 - ( )
527 - ( )	530 - ( )	531 - ( )
534 - ( )	535 - ( )	536 - ( )
538 - ( )	541 - ( )	542 - ( )
543 - ( )	544 - ( )	549 - ( )
552 - ( )	554 - ( )	558 - ( )
559 - ( )	560 - ( )	564 - ( )
567 - ( )	568 - ( )	570 - ( )
571 - ( )	578 - ( )	579 - ( )
580 - ( )	583 - ( )	584 - ( )
586 - ( )	588 - ( )	591 - ( )
593 - ( )	594 - ( )	596 - ( )
597 - ( )	598 - ( )	599 - ( )
601 - ( )	603 - ( )	604 - ( )
605 - ( )	606 - ( )	610 - ( )
615 - ( )	616 - ( )	618 - ( )
621 - ( )	622 - ( )	623 - ( )

624 - (   )   625 - (   )   626 - (   )
627 - (   )   628 - (   )   629 - (   )
630 - (   )   631 - (   )   636 - (   )
637 - (   )   641 - (   )   642 - (   )
643 - (   )   644 - (   )   647 - (   )
654 - (   )   655 - (   )   656 - (   )
657 - (   )   662 - (   )   663 - (   )
664 - (   )   665 - (   )   666 - (   )
671 - (   )   673 - (   )   674 - (   )
676 - (   )   679 - (   )   682 - (   )
683 - (   )   684 - (   )   688 - (   )
690 - (   )   691 - (   )   692 - (   )
693 - (   )   694 - (   )   695 - (   )
697 - (   )   698 - (   )   699 - (   )
701 - (   )   705 - (   )   706 - (   )
707 - (   )   709 - (   )   712 - (   )
713 - (   )   714 - (   )   716 - (   )
717 - (   )   718 - (   )   721 - (   )
723 - (   )   725 - (   )   727 - (   )
728 - (   )   732 - (   )   733 - (   )
735 - (   )   736 - (   )   737 - (   )
738 - (   )   740 - (   )   746 - (   )
748 - (   )   749 - (   )   750 - (   )
751 - (   )   753 - (   )   754 - (   )
757 - (   )   759 - (   )   760 - (   )
761 - (   )   762 - (   )   772 - (   )
775 - (   )   779 - (   )   780 - (   )
781 - (   )   782 - (   )   783 - (   )
784 - (   )   786 - (   )   787 - (   )
788 - (   )   789 - (   )   793 - (   )
794 - (   )   795 - (   )   796 - (   )
798 - (   )   799 - (   )   800 - (   )
803 - (   )   805 - (   )   809 - (   )
810 - (   )   812 - (   )   814 - (   )
815 - (   )   816 - (   )   818 - (   )
819 - (   )   820 - (   )   821 - (   )
823 - (   )   825 - (   )   831 - (   )
833 - (   )   836 - (   )   837 - (   )
840 - (   )   842 - (   )   847 - (   )
848 - (   )   850 - (   )   852 - (   )

854 - ( )	856 - ( )	858 - ( )
859 - ( )	860 - ( )	861 - ( )
864 - ( )	865 - ( )	866 - ( )
867 - ( )	870 - ( )	871 - ( )
872 - ( )	874 - ( )	877 - ( )
878 - ( )	879 - ( )	881 - ( )
882 - ( )	883 - ( )	887 - ( )
890 - ( )	892 - ( )	893 - ( )
897 - ( )	898 - ( )	899 - ( )
900 - ( )	902 - ( )	903 - ( )
905 - ( )	906 - ( )	907 - ( )
909 - ( )	910 - ( )	911 - ( )
912 - ( )	913 - ( )	915 - ( )
916 - ( )	917 - ( )	918 - ( )
919 - ( )	920 - ( )	921 - ( )
923 - ( )	924 - ( )	925 - ( )
926 - ( )	927 - ( )	928 - ( )
929 - ( )	930 - ( )	933 - ( )
934 - ( )	935 - ( )	936 - ( )
939 - ( )	940 - ( )	941 - ( )
942 - ( )	943 - ( )	944 - ( )
945 - ( )	946 - ( )	947 - ( )
950 - ( )	952 - ( )	953 - ( )
954 - ( )	955 - ( )	956 - ( )
958 - ( )	959 - ( )	960 - ( )
961 - ( )	964 - ( )	968 - ( )
970 - ( )	971 - ( )	972 - ( )
973 - ( )	974 - ( )	975 - ( )
976 - ( )	977 - ( )	978 - ( )
979 - ( )	981 - ( )	982 - ( )
984 - ( )	985 - ( )	987 - ( )
988 - ( )	989 - ( )	990 - ( )
991 - ( )	993 - ( )	994 - ( )
995 - ( )	996 - ( )	997 - ( )
998 - ( )	999 - ( )	1000 - ( )
1001 - ( )	1003 - ( )	1004 - ( )
1005 - ( )	1006 - ( )	1007 - ( )
1009 - ( )	1012 - ( )	1013 - ( )
1014 - ( )	1015 - ( )	1016 - ( )
1017 - ( )	1018 - ( )	1019 - ( )

1021 - (	)	1022 - (	)	1023 - (	)
1025 - (	)	1026 - (	)	1027 - (	)
1028 - (	)	1029 - (	)	1031 - (	)
1032 - (	)	1033 - (	)	1034 - (	)
1035 - (	)	1036 - (	)	1037 - (	)
1038 - (	)	1039 - (	)	1041 - (	)
1042 - (	)	1043 - (	)	1044 - (	)
1045 - (	)	1046 - (	)	1047 - (	)
1048 - (	)	1049 - (	)	1051 - (	)
1052 - (	)	1053 - (	)	1055 - (	)
1056 - (	)	1057 - (	)	1058 - (	)
1059 - (	)	1060 - (	)	1061 - (	)
1062 - (	)	1064 - (	)	23년 4월 23일 현재	

이렇게 해서 일반, 그림자, 중복타입들의 형태와 특성에 대한 소개를 마치겠다.

2.
끝수 패턴에는 어떤 것들이 있는가

이번에 다룰 주제는 끝수에 관한 것이다. 이것은 각 번호의 끝자리 숫자를 의미한다. 추첨에서 나오는 6개의 1등 당첨번호를 끝수 순서로 나열해보면, 어떤 패턴이 나타나는 것을 알 수 있다. 독자들이 번호를 예상할 때, 이 끝수 패턴을 참조해서 작업해 볼 수도 있을 것이다.

주요 끝수 패턴의 수는 약 20개 정도 되는데, 각각을 예로 들면서 설명하겠다.

1.2.1 ○ ○ ○ ○ ○ ○ (끝수가 연속으로 나타남)

22회 - 4, 5, 6, 7, 8, 9

끝수가 연속해서 이어진다. 22회에서 끝수가 4부터 9까지 연속해 나타났다는 것을 의미한다. 실제 1등 당첨번호를 끝수 순서로 나열하면, 4, 5, 6, 17, 8, 39가 된다.

당첨회차   84, 92, 133, 138, 144, 151, 168, 181, 203, 251, 324, 346, 358,

390, 391, 407, 414, 423, 442, 507, 527, 540, 566, 569, 582

584, 596, 605, 631, 633, 643, 649, 653, 679, 688, 689, 692,

718, 722, 727, 733, 748, 771, 776, 783, 785, 791, 794, 826,

830, 833, 843

앞에서 소개한 끝수 패턴이, 위의 각 당첨 회차에서 나타난다는 것을 의미한다.

1.2.2 O X O O O O X O (X에 해당하는 끝수는 나타나지 않음)

2회 - 9 X 1 2 2 3 X 5

끝수가 9로 시작되어, 0이 나오지 않고 1, 2, 2, 3으로 이어진다. 뒤이어 4가 나타나지 않고 마지막으로 5가 출현하였다. 2회 번호들을 위의 표기대로 열거하면, 9, 21, 32, 42, 13, 25가 된다. 참고로, 32와 42를 보면 끝수가 '2'로 같지만 중복된다는 의미의 특정 기호를 사용하지 않았다. 왜냐하면, 그렇게 중복표시를 하려고 하면 분류방식이 좀 더 복잡해지기 때문이다.

따라서 32, 42를 'O O'로 표시했다.

당첨회차 16, 67, 123, 132, 163, 343, 366, 370, 374, 393, 394, 418, 462, 486, 508, 522, 547, 802

1.2.3 O O X O O O O

8회 - 4 5 X 7 8 9 9

8회에선, 끝수로 6이 나오지 않았음을 확인할 수 있는데 34, 25, 37, 8, 19, 39가 당첨번호다.

당첨회차 75, 141, 143, 227, 255, 256, 265, 268, 373, 398, 413, 436, 464, 642, 644, 647, 652, 677, 687, 770, 775, 838, 839, 840, 876

지금까지, 끝수 패턴과 1등 당첨번호 그리고 관련 회차들에 대해 알아보았는데, 이제부턴 각 끝수 패턴과 이와 연관된 회차들에 대해서만 표기하겠다.

1.2.4 O O O O X O O

당첨회차 51, 54, 57, 66, 83, 113, 180, 187, 206, 234, 242, 286, 327, 388, 479, 504, 511, 585, 700, 746, 816, 854, 865

1.2.5 O O X X O O O O

당첨회차 58, 77, 173, 174, 194, 208, 212, 219, 270, 275, 292, 392, 426, 429, 439, 465, 482, 497, 521, 549, 609, 705, 714, 723, 824, 879

1.2.6 O O O O X X O O

당첨회차 35, 184, 198, 254, 289, 294, 322, 352, 368, 379, 380, 381, 420, 447, 567, 591, 636, 657, 690, 715, 766, 804, 868

1.2.7 O O O X O O O

당첨회차 10, 29, 42, 94, 199, 245, 263, 302, 375, 404, 405, 446, 461, 481, 488, 559, 560, 578, 637, 639, 670, 726, 767, 784, 801, 813, 853, 855, 856

1.2.8 O O O X X O O O

당첨회차 21, 53, 61, 69, 108, 122, 154, 186, 231, 243, 257, 355, 415, 455,
456, 514, 563, 593, 606, 611, 719, 736, 747, 772, 858, 878

1.2.9 O O X O O X O O

당첨회차 15, 49, 262, 277, 280, 304, 330, 337, 378, 428, 490, 523, 526,
565, 656, 667, 732, 764, 811, 834, 844

1.2.10 O X O O X O O O

당첨회차 28, 39, 62, 110, 118, 161, 220, 276, 298, 306, 323, 385, 399, 441,
517, 556, 575, 601, 612, 750, 757, 841, 848, 860, 862

1.2.11 O O O X O O X O

당첨회차 26, 27, 34, 43, 76, 101, 111, 125, 185, 223, 253, 308, 345, 383,
387, 435, 496, 532, 586, 622, 664, 680, 699, 731, 754, 758, 810,
869, 880

1.2.12 O X O O O O O

당첨회차 40, 106, 148, 159, 167, 169, 191, 204, 213, 230, 241, 244, 259, 266, 287, 297, 316, 332, 342, 408, 410, 417, 419, 466, 498, 500, 534, 539, 573, 581, 646, 678, 740, 745, 749, 787, 821, 822, 827, 829, 872

1.2.13 O O O O O X O

당첨회차 25, 30, 48, 74, 80, 87, 134, 147, 149, 170, 215, 228, 300, 328, 351, 427, 512, 545, 548, 564, 592, 686, 790, 808, 812

1.2.14 O X X O O O O

당첨회차 24, 33, 47, 65, 96, 112, 124, 155, 196, 200, 211, 336, 349, 360, 367, 409, 470, 477, 491, 516, 524, 544, 655, 665, 704, 760, 765, 768, 805

1.2.15 O O O O O X X O

당첨회차 14, 32, 82, 97, 104, 171, 207, 271, 274, 279, 317, 338, 354, 359, 361, 478, 495, 552, 553, 554, 574, 598, 615, 659, 669, 762, 788, 820, 870

1.2.16 O X O O X X O O O

당첨회차 38, 95, 107, 157, 160, 182, 236, 239, 288, 333, 401, 484, 492, 493, 724, 743, 850

1.2.17 O O O X O O X X O

당첨회차 56, 135, 166, 217, 321, 339, 357, 454, 457, 551, 562, 568, 650, 683, 702, 737, 742, 782, 792, 800, 859

1.2.18 O X X O O X O O O

당첨회차 192, 233, 238, 247, 258, 267, 314, 344, 348, 362, 377, 487, 529, 561, 603, 632, 717, 721, 759, 773, 864, 874

1.2.19 O O O X X O O X O

당첨회차 17, 52, 59, 68, 89, 129, 209, 229, 309, 369, 424, 476, 570, 641, 666, 708, 809

1.2.20 O X O X O O O O

당첨회차 31, 117, 152, 222, 307, 364, 453, 463, 472, 518, 709

1.2.21 O O O O X O X O

당첨회차 139, 305, 313, 397, 445, 506, 515, 600, 604, 624, 628, 662, 685,
739, 763, 807

1.2.22 O O O O X O X X O

당첨회차 103, 178, 371, 389, 485, 546, 634, 640

1.2.23 O O O O X X O X O

당첨회차 202, 542, 597, 835

3.
핫, 콜드, 주기넘버는 어떤 움직임을 갖는가

이번에 다룰 내용은 연속당첨, 주기당첨, 연속낙첨(연속 비당첨)에 관한 것이다. 즉, 이 책에서 다루고자 하는 핫넘버, 주기넘버, 콜드넘버에 대해 알아보려는 것이다.

핫넘버는 영어표현으로서, 우리말로는 뜨겁게 활성화되어 당첨되어 나오는 번호라고 말할 수 있을 것이다. 3회 이상 연속해서 출현한 번호를 말한다. 독자들이 이러한 번호들을 잘 활용하면, 번호를 선택해야 할 때 어느 정도 도움을 받을 수도 있을 것이다.

실례로, 당첨번호 1을 두고 설명한다면 99회에서 출현하고 뒤이어 100회와 101회에서 연속해서 나타났다. 이 책에선 연속으로 3회 이상 당첨된 번호들을 핫넘버(H/N)로 분류했는데, 뒤에 나올 자료들이 이 기준에 꼭 일치하지는 않는다. 즉, 보번이 포함될 수도 있고 3회 이상 연속당첨에 해당하지 않을 수도 있다.

다음은 주기번호다. 이 용어는 필자가 이 책에서 사용하고자 하는 것으로, 어떤 번호가 일정한 주기를 갖고 당첨되어 나타난다는 것이다. 그런데, 주기번호가 일정 기간에 비교적 자주 출현한다면, 넓게 생각해서 일반적으로 말하고 있는 '핫넘버'로 판단해도 무난할 것으로 보인다. 뒤편의 자료를 설명할 때 자세히 알아보자.

끝으로, 연속적인 비 당첨번호다. 우리가 자주 언급하는 바로 그 콜드번호다. 기간이 딱 정해져 있지는 않지만, 일정 기간에 당첨되지 않은 번호를 말한다. 이 책에선 11회차 이상 연속해서 비 당첨(낙첨)되었을 때, 해당 번호를 콜드번호로 정했다.

이상으로, 핫넘버(HN), 주기번호(PN), 콜드번호(CN)에 대해 개략적으로 알아봤다. 독자들도 어느 정도 생각해볼 수 있듯이, 앞의 어느 특정 부문 번호만 생각하지 말고 세 가지 요소들을 적절히 잘 활용한다면, 번호 선택 시 도움이 되지 않을까 생각한다.

1.3.1 핫넘버

앞서 언급한 것처럼, 특정 번호가 3회 이상 연속적으로 출현한 번호를 가리킨다고 했는데, 1부터 45까지의 각 번호에서 핫넘버의 당첨 시작 회차를 다음과 같이 작성했다. 앞서 언급했듯이, 일부는 완벽한 100% 자료는 아니다.

1   - 99 (99, 100, 101회)

   - 341 (341, 342, 343, 344회)

   - 567 (567, 568, 569보, 570회)

※ 2부턴 핫넘버의 출현 시작 회차만 표기하겠다. 시작 회차에 뒤이어 나오는 핫넘버 회차들에 대해선 독자들이 관심을 가지고 알아보길 바란다.

2	-	50	149	183	488	601	715	788
3	-	203						
4	-							
5	-	69	229	335	364	578	662	
6	-	777						
7	-	214	584	623				
8	-	487	607					
9	-	270						
10	-	56	357	457				
11	-	418	839					
12	-	745	773					

13 -	151	591			
14 -					
15 -	67				
16 -	620	847			
17 -	21	292	324	553	665	867
18 -	290	638	881		
19 -	657				
20 -	394	550			
21 -	147	725	771		
22 -	377	504	637		
23 -	132	305			
24 -	91	348	403	821	
25 -	815				
26 -	34	511	541	895	
27 -	529	681			
28 -	113	138	592	835	
29 -	89				
30 -	870				
31 -	627				
32 -					
33 -	111	825	843		
34 -	340	540			
35 -					
36 -	63				
37 -	15	234	278		
38 -	589	793	857		
39 -	606	848			
40 -	181	358	457	582	655

41	-	891				
42	-	759				
43	-	341	758	854		
44	-					
45	-	196	283	559	844	882

1.3.2 주기넘버

글자의 의미 그대로, 어떤 번호가 일정한 주기를 갖고 당첨된다는 것이다.
다음에 나오는 자료들을 참고해서 독자들이 한번 생각해보길 바란다.

16 - 3 X 5 X 7 X 9　　　　　16번　→　3회, 5회, 7회, 9회에 출현(당첨)
　　　　　　　　　　　　　　　　　　4회, 6회, 8회에 비출현(낙첨)

35 - 31 X X 34 X X 37　　　　35번　→　31회, 34회, 37회에 출현
　　　　　　　　　　　　　　　　　　32회, 33회, 35회, 36회에 비출현

23 - 31 X X X X 36 X X X X 41　23번　→　31회, 36회, 41회에 출현
　　　　　　　　　　　　　　　　　　32, 33, 34, 35, 37, 38, 39, 40회 비출현

위에서 설명한 것처럼, 세 번호의 당첨주기에 관한 내용을 쉽게 이해했으리라고 본다.

다음부턴, 당첨번호와 회차에 대해서만 표기하겠다. 단, 특이한 주기가 나오면 그때그때 설명을 하고자 한다. 참고로, 당첨번호에 대한 순서는 일정한 기준 없이 작성되었다.

특정 번호가 해당 회차에서 당첨이면 'O', 비 당첨이면 'X', 보너스이면 '△'로 간략히 표기했

음을 밝혀둔다.

38 - 44 X 46 X 48   3 - 73 X X 76 X X 79 X X 82

18 - 74 X X 77 X X 80   25 - 76 X 78 X 80

3 - 92 X X X 96 X X 99 X 101

(92회와 101회 사이에서 연속 3회, 연속 2회, 1회 낙첨이 발생했다.

연속 낙첨(비 당첨) 회차의 개수들로만 나열하면 3-2-1이 된다)

32 - 98 X X 101 X X 104   45 - 101 X 103 X 105

22 - 106 X 108 X 110   29 - 108 X 110 X 112

36 - 109 X 111 X 113   4 - 116 X 118 X 120

36 - 122 X X 125 X X 128   45 - 128 X 130 X 132

43 - 139 X 141 X 143   21 - 154 X X X 158 X X X 162

41 - 160 X 162 X 164

42 - 161 X X X 165 X X 168 X 170 (3-2-1)

45 - 156 X X X 161 X X X X 166

34 - 171 X 173 X X 176 X X X 180 (1-2-3)

8 - 185 X 187 X 189   45 - 186 X X 189 X X 192

36 - 193 X X 196 X X 199   14 - 200 X 202 X 204

25 - 206 X 208 X 210   20 - 209 X 211 X 213

20 - 217 X 219 X 221 X 223   35 - 217 X 219 X 221

5 - 225 X 227 X 229 230 231   4 - 229 X X X 233 X X 236 X 238

38 - 245 X X 248 X X 251   27 - 241 X X X 245 X X X 249

23 - 246 X 248 X 250 X 252   45 - 248 X 250 X 252

37 - 257 X X 260 X X 263

9 - 264 O O X X X O O O

(9가 264, 265, 266, 270, 271, 272회에 출현했고, 267, 268, 269회에 비출현했다)

39 - 272 X 274 X 276 X 278

41 - 276 X 278 X X 281 X X X 285

(연속 낙첨된 회차의 개수로만 보면 1-2-3)

37 - 285 X 287 X 289   45 - 299 X X X 303 X X X 307

32 - 323 X 325 X 327   16 - 326 X O X O X O

13 - 334 X X X 338 X X X 342 X X X 346

45 - 332 X X 335 X X 338

34 - 336 X 338 X 340

14 - 337 X 339 X X 342 X X X 346

13 - 338 X X X 342 X X X 346

29 - 350, 351 X 353 X 355, 356

40 - 360 X 362 X 364

30 - 362 X X 365 X X 368

21 - 363 X O X X O X X X 372

45 - 368 X O X X O X O X O (중간에 연속 낙첨이 있지만)

11 - 372 X 374 X 376

37 - 377 X X O X X 383

7 - 386 X X O X X O X X △ (395회에 7이 보너스 번호다)

40 - 387 X X O X X O X X 396

22 - 391 X X O X X 397

22 - 408 X X O X X 414

14 - 411 X X O X X 417

26 - 418 X X O X X 424

34 - 418 X O X O X 424

28 - 419 X 421 X 423

27 - 421 X 423 X 425

39 - 426 X X O X X 432

3 - 430 X O X 434

29 - 433 X X X O O X X X 442

20 - 434 X O X 438

30 - 435 X X X O X O X X X 445

44 - 437 X X O X X 443

12 - 451 X 453 X X 456

35 - 441 X X O X O X X 449

32 - 458 X X X O X X X 466

22 - 465 X X X O X X X 473

13 - 466 X O X X O X O O X 476 (일정한 규칙은 없음)

25 - 477 X O X X O X X X 486 (낙첨된 회차의 개수로만 보면 1-2-3)

1 - 482 X O X 486

17 - 485 X X O X X 491

27 - 489 X X O X X O X X X O X X X O X X X O X X X 512

40 - 499 X X 502 X X 505

6 - 502 X 504 X 506

33 - 507 X X 510 X X 513

23 - 511 X O X O O X 518

8 - 513 X X O X X 519

1 - 514 X X O X X △ X X O X X X O X X X O

14 - 518 X X X O X X X 526

33 - 527 X X O X X 533

32 - 536 X 538 X X 541

29 - 530 X 532 X 534

34 - 541 X O X O X 547

7 - 547 X X O X X 553

1 - 548 X O X 552

32 - 559 X X X O X X X 567

4 - 560 X O X X 565

5 - 561 X O X X 566

10 - 563 X O X 567   33 - 570 X O X X 575

34 - 573 X O X 577   41 - 585 X X O X 590

14 - 587 X X X 591 X X X 596 X X X 600 (3-4-3)

38 - 591 X O X O X X 598   24 - 593 X O X O O

35 - 595 X O X O X 601   38 - 598 X X X O X X O X 607

18 - 608 X O X 612   13 - 644 X X X 648 X X X 652

15 - 628 X X X O X X X O X X O O X X 643

16 - 647 X X X O X X O X 656   39 - 653 X O X 657

42 - 659 X X X O X X X 667   38 - 661 X O X 665

 7 - 669 X 671 X 673   8 - 669 X X O X X 675

44 - 673 X X X O X X X 681   28 - 683 X O X 687

15 - 684 X O X O X X O O X O   16 - 696 X X O X O O

10 - 701 X O X X O X O O   3 - 702 X X X O X X X 710

45 - 705 X X O X X 711   30 - 706 X X O X X 712

33 - 710 X O X 714   37 - 720 X X X O X X X 728

11 - 726 X X O X X X O X X 736

45 - 729 X O X X 734

17 - 732 X X X 736 X X X 740

3 - 746 X O X X 751

15 - 737 X X X X X O O X X X X 750

34 - 739 X O X 743

41 - 766 X X O X X 772

28 - 747 X X X O X X X 755

5 - 767 X O X X 772

31 - 748 X X X X X O X X X X X O   11 - 769 X X O X X 775

18 - 771 X X O X 776

34 - 774 X X O X O X X 782

12 - 775 X O X 779

17 - 777 X X O X X 783

6 - 779 X X O X X 785

24 - 779 X O X X O X 786

15 - 780 X X O X O

16 - 781 X O X X 786

10 - 784 X X X O X X O X 793 (3-2-1)

12 - 786 X X O X 791

30 - 786 X X X O X X X 794

10 - 788 X X O X O X O X X O X O X O X O X X O X X 810

7 - 789 X X O X 794

1 - 796 X X X O X X X 804

12 - 800 X O X X 805

18 - 802 X X O X 807

14 - 806 X X X X X O X X X X X O

43 - 808 X O X 812

11 - 809 X O X 813

12 - 812 X X X O O X X X 821

38 - 814 X X X X O X X X X O O X X X X O X X X X O X X O X X O

219 - 816 X O X X O X X O X X 827 29 - 821 X X O X X 827

31 - 825 X X O O X 831

38 - 825 X X X X O X X X X 835

12 - 827 X X X X X O X X X X O

39 - 828 X X O X 833

43 - 829 X X O X 834

13 - 832 X X O X X X O X X X X O

30 - 833 X X X O X X X 841

43 - 834 X X X X X O X X X X 846

38 - 835 X X O X X 841

14 - 836 X O X X 841

26 - 836 X X X X X O X X X X O X X X 851

33 - 838 X X O X 843

13 - 839 X X X X O X X X X O

29 - 840 X X X X 845 X X X 849

30 - 841 X O X X 846

16 - 845 X O O X 850

28 - 847 X X O X 852

17 - 849 X X O X X 855

44 - 851 X O X O O

28 - 852 X X X X O X X X X X O X X X X 868

17 - 855 X X X X X O X X X X X 867

19 - 855 X X X X X O X X X X X 867

34 - 857 X X X O X X X O X X X O X X X 875

39 - 859 X X X O X X O X X O X X X 873

43 - 858 X X X O O X X X X O X X X O X X X 877 (3-4-3-4)

22 - 859 X O X X X O X 867   12 - 868 X X O X 873

20 - 869 X X X X X O X X X X O   26 - 871 X X X X O X X X X O

1 - 874 X X X X O X X X X O X X X 890 (4-5-4)

23 - 874 X X O X X O X X X 884   34 - 875 O X X X X X O X X X X X O

45 - 880 X O X 884 O O O   14 - 884 X X O X X 890

39 - 882 X X O X X X O X O X X X O X X X O X X 902

37 - 886 X X X O X X X O X X X O 42 - 886 X X O X X 892

5 - 896 X X X X O X X X X O X X X X 911 (4-4-4)

22 - 897 X X X X X O X X X X O X X X O X X 915 (5-4-3-2)

21 - 898 899 X X X 903 X X X 907 908 X X X 912 913

16 - 900 X X 903 X 905 X X 908 (2-1-2)

38 - 900 X X X 905 X 907 X X X 912 (4-1-4)

1.3.3 콜드넘버

비활성 번호다. 어떤 추첨 기간에 특정 번호가 비 출현(낙첨)한 번호를 가리킨다. 이 책에선 연속으로 11회차 이상 당첨되지 않은 것을 콜드번호로 정했다. 한편, 1부터 45까지 모든 번호에 대해 낙첨 상황을 다루지 않고, 7개 번호만 선택해서 자료를 제시하였음을 밝혀둔다.

1번

12회- 26회	55 - 75	123 - 150
163 - 176	188 - 202	207 - 217
224 - 235	238 - 253	316 - 327
360 - 375	411 - 422	487 - 500
532 - 547	571 - 604	607 - 620
632 - 644	646 - 674	727 - 744
751 - 761	771 - 795	822 - 835
849 - 873	894 - 909	

2번

36 - 49	87 - 114	153 - 169
188 - 205	227 - 237	244 - 281
285 - 302	325 - 337	345 - 355
365 - 379	382 - 398	420 - 431
433 - 446	448 - 466	468 - 485

491 - 514	517 - 552	554 - 572
632 - 645	647 - 660	667 - 696
755 - 787	799 - 813	815 - 836
854 - 868	879 - 902	

5번

1 - 21	30 - 68	82 - 93
128 - 151	166 - 177	180 - 190
201 - 212	232 - 253	271 - 281
283 - 297	320 - 332	367 - 377
382 - 401	405 - 415	418 - 431
433 - 479	481 - 493	545 - 560
567 - 577	618 - 643	666 - 677
700 - 712	714 - 731	742 - 757
773 - 786	811 - 826	850 - 872
878 - 895		

10번

2 - 19	21 - 35	84 - 98
139 - 150	152 - 163	196 - 209
211 - 230	241 - 267	283 - 293
305 - 315	324 - 342	344 - 356
362 - 378	406 - 419	426 - 439
483 - 500	502 - 523	539 - 551
616 - 633	635 - 656	688 - 700
710 - 726	772 - 783	836 - 855
865 - 878		

23번

2 - 12	47 - 62	64 - 83
111 - 123	135 - 177	182 - 193
195 - 209	211 - 228	230 - 245
257 - 279	281 - 304	308 - 319
346 - 359	361 - 388	399 - 412
415 - 428	500 - 510	538 - 555
570 - 596	617 - 627	648 - 659

661 - 681   689 - 699   727 - 737

748 - 769   771 - 783   785 - 798

810 - 852   854 - 873

34번

9 - 28   33 - 74   209 - 219

221 - 237   254 - 264   274 - 291

293 - 305   352 - 373   401 - 412

470 - 482   484 - 494   519 - 537

551 - 563   587 - 598   610 - 621

639 - 675   697 - 707   709 - 719

750 - 762   783 - 794   825 - 842

889 - 900

45번

1 - 11   13 - 43   48 - 58

60 - 83   170 - 180   205 - 230

232 - 247   269 - 282   357 - 367

378 - 395   397 - 411   413 - 430

446 - 459   463 - 473   485 - 522

525 - 541   573 - 589   599 - 615

628 - 641   647 - 671   677 - 690

692 - 704   713 - 728   750 - 760

847 - 864   866 - 879

4.
최근 당첨번호로 1등 번호 예상하기

아래 각 회차에서 당첨번호들을 나열해보았다. 대체로 3, 4개 정도씩이다. 이 번호들은 해당 회차를 기준으로, 이전 3회차 내에서 나온 것들이다. 예를 들면서 설명하는 것이 독자들에겐 쉽고 편리하게 느껴질 것이다. 필자와 함께 가벼운 마음으로 떠나보자.

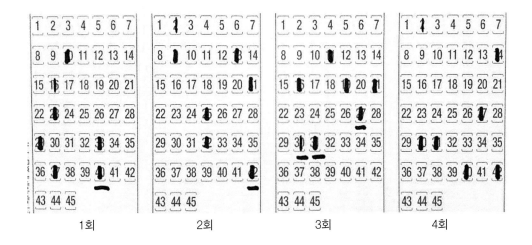

| 1회 | 2회 | 3회 | 4회 |

⑩ 4회 – 27, 30, 31, 40, 42

1회에서 3회까지의 밑줄번호 5개가 4회 당첨번호로 나왔다.

4회차를 예로 들었다. 3회에서 27, 보30, 31이 나타났고, 2회에서 42가, 1회에선 40이 각각 출현했다는 것을 의미한다.

좀 더 설명한다면, 보너스 번호를 포함해서 한 회차당 7개 번호가 정해지므로, 이전 3회차까지로는 21개 번호가 나타난다.

이 21개 번호 중에서 3, 4개를 고르는 게 실제론 쉽지가 않을 것이다.

그러나 전체 45개 번호 가운데에서 선택하는 것보다는 낫지 않은가? 독자들도 충분히 공감하리라고 본다. 따라서 이전 3회차까지로 번호들의 개수를 축소한 후에, 여기에서 몇 개의 번호를 뽑아내는 것이 좀 더 효율적이라고 생각해 이 주제를 다뤄보았다. 이전 회차들에서 출현했던 번호들이 다시 나타나는 경향이 있다는 점을 생각하면서, 아래의 각 회차에서 소개하는 번호를 찬찬히 살펴보길 바란다.

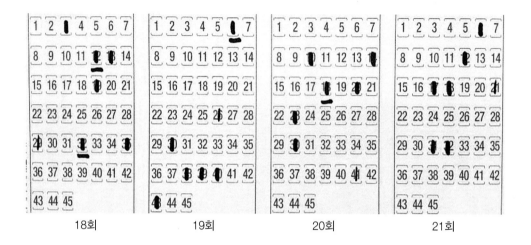

예를 하나 더 소개하겠다.

（예） 21회 – 6, 12, 18, 32

21회에서 위 네 개 번호들이 당첨됐다. 20회에서 18, 19회에서 6, 18회에서 12와 32가 각각 출현했었다. 자세히 보면, 앞의 여러 회차에서 나타난 번호들이 21회 추첨에서 다시 출현했음을 독자들에게 보여주고 있다.

만일 누군가가 21회 추첨에서 위의 네 번호를 '용지(번호표시 용지)'에 표시하고 반자동으로 복권을 구매했다면 그리고 운이 함께 들어왔다면, '보너스 당첨' 이상으로 당첨이 될 수도 있었지 않았을까 필자는 예상해본다.

단, 용지의 가장 왼쪽 게임 칸에 표시해야 함을 조건으로 해서 말이다.

하지만 위의 내용처럼 몇 개의 번호를 골라내기가 생각하는 것만큼 쉽지 않음을 알게 될 것이다. 운도 있어야겠지만, 무엇보다 독자들이 꾸준한 관심과 다양한 생각을 바탕으로 번호들을 탐색하는 노력을 해야 한다고 필자는 말하고 싶다.

해당 회차와 이전 3회차 내에서 당첨되어 나온 번호를 보여주고 있다.

회차		번호	회차		번호	회차		번호
4	-	27, 31, 40, 42	6	-	14, 27, 40, 42	7	-	보2, 16, 26, 40
9	-	2, 16, 39	13	-	25, 37, 42	16	-	6, 37, 38, 40
17	-	3, 4, 37	21	-	6, 12, 18, 32	27	-	20, 26, 43
28	-	18, 25, 37	31	-	9, 18, 23, 35	34	-	9, 35, 40
35	-	보2, 보11, 26, 37	42	-	18, 19, 21, 23	51	-	2, 보3, 16, 26, 44
52	-	2, 4, 15, 16	56	-	14, 31, 33, 37	57	-	보7, 10, 44
58	-	10, 25, 33, 44	60	-	25, 36, 39	64	-	14, 15, 보21, 36
67	-	3, 7, 15, 36	74	-	17, 18, 40	77	-	2, 18, 32, 44
80	-	18, 24, 25, 30	84	-	27, 34, 42	90	-	17, 20, 29
100	-	1, 7, 보11, 23, 37	105	-	보10, 34, 45	109	-	1, 5, 44
110	-	7, 22, 23, 29	111	-	7, 18, 보33, 36	114	-	26, 28, 41
115	-	보2, 9, 28	116	-	2, 4, 25, 보31	118	-	4, 10, 보17, 22
120	-	4, 10, 11	123	-	17, 28, 30	130	-	19, 42, 45
139	-	9, 11, 보15, 20, 28	140	-	보13, 보19, 28	148	-	21, 보25, 35, 보36
149	-	2, 21, 34, 41, 42	157	-	19, 30, 33, 35	160	-	보7, 34, 39, 41
166	-	9, 보27, 39	167	-	27, 36, 39	179	-	5, 보9, 17, 43
182	-	15, 29, 34, 40	186	-	4, 보14, 19	187	-	1, 2, 8, 38
190	-	8, 14, 18, 30, 31	192	-	보8, 18, 37, 45	198	-	12, 19, 41, 45
202	-	14, 39, 44	203	-	3, 11, 24	204	-	3, 12, 14
205	-	1, 3, 35	208	-	14, 25, 31	215	-	2, 3, 7
221	-	20, 35, 37	229	-	4, 5, 보23	232	-	9, 10, 보12, 44
235	-	21, 22, 26, 37	236	-	4, 보8, 13, 37, 보39			
239	-	11, 15, 24, 39, 44	243	-	2, 19, 28	255	-	1, 5, 24, 보27
257	-	6, 27, 보32	258	-	14, 27, 31	262	-	12, 24, 31

264	-	9, 16, 27, 보36	265	-	보5, 9, 37	270	-	5, 보12, 20
271	-	3, 9, 보27	272	-	9, 12, 27, 43	280	-	10, 11, 36, 37
284	-	2, 보30, 45	288	-	1, 12, 보17, 35, 보41			
291	-	3, 보7, 8, 18, 42	306	-	4, 18, 23, 30, 41	308	-	15, 보19, 45
310	-	1, 5, 19	315	-	35, 43, 45	317	-	10, 11, 39
326	-	25, 33, 36	327	-	17, 32, 44	328	-	6, 16, 17
330	-	보4, 16, 17, 19	342	-	1, 14, 34, 43	344	-	1, 보15, 34
349	-	5, 13, 14, 20, 24	351	-	5, 25, 29, 보36	353	-	16, 29, 36
356	-	8, 14, 29, 45	359	-	1, 10, 보24, 40	361	-	10, 16, 24, 보27, 35
364	-	2, 5, 14, 16, 40	373	-	15, 26, 42, 45	374	-	11, 보13, 15
379	-	6, 22, 31, 40	387	-	보26, 31, 40	391	-	18, 28, 39
406	-	21, 24, 보36	407	-	7, 24, 25	409	-	6, 9, 21
414	-	2, 14, 15, 22, 23	417	-	5, 14, 20, 22, 보43			
419	-	11, 13, 14, 28	421	-	11, 26, 보27, 28	430	-	3, 16, 30, 34
438	-	20, 26, 29, 38	441	-	28, 30, 34	445	-	13, 20, 45

5.
보너스, 대체, 가상번호 활용하기

이 책이 전체 4장으로 구성돼 있는데, 이제 1장 마지막 절에 대해 다룰 차례다. 여기선 보너스, 대체, 가상번호에 대해 알아보려고 한다. 일단, 각 종류에 대해 간략히 언급하겠다.

첫 번째로, 보너스 번호를 보자. 독자들도 잘 알다시피, 각 추첨에서 6개 번호를 추출하여 이것을 1등 당첨으로 정하는데, 추가로 번호 하나를 더 뽑아 2등 당첨으로 만든 것이다. 즉, 아깝게 1등 당첨을 놓친 복권구매자를 위한 번호라고 생각하면 되겠다.

추첨 후, 1등 당첨번호와 비교해보면 보너스 번호는 아무래도 복권구매자들로부터 관심을 덜 받는 것 같다. 이유는 2등 당첨되기도 쉽지 않아서일 수도 있지만 3, 4, 5등 당첨이 보너스 번호가 아닌 1등 번호와 직접 관련돼 있어서이지 않을까 생각해본다.

그런데, 이런 보너스 번호가 이후 추첨에선 비교적 자주 1등 번호로 나타나곤 한다는 점이다. 따라서 이 보너스 번호를 잘 활용하면 좋은 결과를 얻을 수도 있다고 본다.

두 번째로 언급할 게 대체번호다. 이 대체번호와 뒤이어 다룰 가상번호에 대해서도 마찬가지이지만, 필자만의 독창적 개념의 번호들이라고 생각한다. 비록 이러한 내용이 수학, 과학만큼 논리적이진 않을지라도, 로또라는 세계에서 특히 이 책에서는 이런 번호들을 다루고 싶었다.

지금부터 대체번호를 간략히 소개하겠다. 가상번호와 다르게 대체번호는 실제 존재하는 번호다. 예를 들어 43을 1로, 44를 2로, 45를 3으로 임의로 각각 대체해서 사용할 수 있다. 이 경우에 1, 2, 3 각각이 대체번호가 된다는 것이다.

우선, 초등학생 수준으로 돌아가자. 용지에서 35의 아래 칸은 42다. 그럼 42의 아래 칸은? "42의 아래 칸이 없는데, 무슨 말이야?"라고 거의 모든 독자가 말할 것이다. 추후 여기에 대해 언급하려고 한다.

이곳에선 간단히 설명하겠다. 42의 아래 칸이 7이면, 38의 아래 칸은? 필자가 질문하는 것을 생각한다면, 어떤 의도가 있지 않을까? 그렇다. 7과 42의 칼럼(열)처럼, 38의 아래 칸에 45가 존재하지 않으면 38의 아래 칸은 3이 되겠지만 45가 있지 않은가? 여기서 차분히 생각해보면, 38의 밑 칸이 3이 될 수도 있고 또는 45가 될 수도 있다는 것이다.

이런 관계를 고려해보면, 45의 대체번호로, 즉 대신할 수 있는 번호로 3을 만들 수도 있음을 알 수 있을 것이다. 여기서 하나 더 언급할 게 있는데, 반대로 1, 2, 3의 대체번호로는 각각 43, 44, 45가 된다고 말할 수 있겠다.

마지막으로, 가상번호에 대해 알아보겠다. 말 그대로, 한국로또에선 존재하지 않는 번호로서 이 번호 자체를 그대로 사용하려는 것이 아니다. 한마디로, 타입을 만들기 위해서 번호 상호 간의 위치를 고려해야 할 시에 또는 번호를 이동시킬 때, 이 가상번호가 일종의 중간매개 번호로 사용된다는 점이다.

지금까지 보너스, 대체, 가상번호에 대해 개략적으로 살펴봤는데,
이들 각 종류의 특성에 관해서 좀 더 자세히 알아보고자 한다.

1.5.1 보너스 번호(B/N)

보너스 번호 관련 자료를 보면, 번호이동과 1-2-3 법칙에 이 보너스 번호들이 자주 이용되는 것을 알게 될 것이다.

먼저, 번호이동 시에 보너스 번호의 참여를 확인해 보자. 123회에서 보27, 28, 30을 아래로 1칸, 왼쪽으로 2칸씩 각각 옮겨 보자. 어렵지 않을 것이다. 그러면 125회 32, 33, 35로 각각 대응되어 나타난다. 즉 123회 보27이 125회 32로 이동했음을 알 수 있다.

다음엔 142회 번호들을 탐색하자. 12, 보19, 44를 아래로 1칸, 오른쪽으로 1칸 움직여 보자. 이 결과는 145회에서 나타난다. 3, 20, 27이 바로 그 번호들이다. 자세히 보면, 142회 보19가 145회 27로 이동했음을 확인할 수 있다.

하나 더 알아보자. 151회 1, 10, 보15, 18, 19를 위로 1칸 올려 보자. 그러면 3, 8, 11, 12, 36이 나오는데, 151회 보15가 153회 8로 옮겨졌음을 알 수 있다. 이렇게 해서 특정 회차의 보너스 번호가 다른 번호들과 함께 이동에 참여하면서, 이후에 시행되는 추첨에 출현하는 것을 살펴봤다.

이제 앞의 이동방식과는 다르게 보너스 번호가 좌우로 움직여 이후 추첨에서 1등 번호로 출현하는 것을 알아보자.

55회 → 56회
55회 보7이 우측으로 3칸 이동되어 10으로 되었다. 그 외 다른 번호들의 움직임은 여기선 생략하겠다.

63회 → 66회
63회 보5가 우측으로 2칸 이동되어 7로 되었다.

231회 → 232회
231회 보27이 좌측으로 3칸 움직여 24로 나타났다.

이것으로 보너스 번호에 대한 기본설명을 마치겠다.

참고로, 다음과 같이 보너스 번호를 비롯한 1등 번호들의 이동사항이 자세히 표시돼 있으므로 살펴보길 바란다.

〈보너스 번호가 1등 번호들과 함께 그룹이동에 참여〉

회차		전	이동	회차		후
123	-	보27, 28, 30	하1, 좌2	125	-	32, 33, 35
143	-	보8, 27, 28	하1, 우2	144	-	17, 36, 37
142	-	12, 보19, 44	하1, 우1	145	-	3, 20, 27
148	-	보17, 25, 33, 34	상2, 좌1	151	-	2, 10, 18, 19
151	-	1, 10, 보15, 18, 19	상1,	153	-	3, 8, 11, 12, 36
197	-	보4, 7, 12	하3, 좌3	199	-	22, 25, 30
201	-	24, 보26, 39	상2, 우2	202	-	12, 14, 27
253	-	19, 보33, 34	상2,	254	-	5, 19, 20
281	-	4, 보12, 41	하1, 좌1	282	-	5, 10, 18
652	-	보20, 40, 41	상2,	653	-	6, 26, 27
655	-	보18, 38, 39	우1,	657	-	19, 39, 40
681	-	보7, 21, 27	상1, 좌3	684	-	11, 17, 39
686	-	12, 보13, 25	하3, 우1	688	-	5, 34, 35
711	-	24, 35, 보42	좌2,	714	-	22, 33, 40
730	-	10, 18, 보39	하2,	733	-	11, 24, 32
738	-	23, 27, 28, 보36, 38	상3, 우2	740	-	4, 8, 9, 17, 19
740	-	16, 19, 보31	하3,	742	-	10, 37, 40
766	-	9, 보21, 41	상2,	768	-	7, 27, 44
772	-	6, 14, 보32	상2,	774	-	18, 34, 41
778	-	6, 보11, 21, 34, 41	하2, 좌1	779	-	6, 12, 19, 24, 34
779	-	보4, 6, 34	하2, 좌3	780	-	15, 17, 45
790	-	8, 보12, 19	하2, 우3	792	-	25, 29, 36
836	-	11, 14, 보19	하2,	837	-	25, 28, 33
844	-	13, 보18, 33	상2, 좌3	845	-	1, 16, 45

847	- 보22, 28, 42	하2, 우2	848	- 2, 16, 38	
851	- 18, 31, 보40	상3, 좌2	855	- 8, 17, 44	
854	- 보3, 25, 31	우3,	857	- 6, 28, 34	
856	- 보17, 24, 40	하2, 우1	858	- 13, 22, 39	
857	- 28, 34, 보43	하1,	859	- 8, 35, 41	
858	- 9, 보23, 32	상1, 우2	860	- 4, 18, 27	
860	- 4, 8, 보42	상1,	863	- 35, 39, 43	
869	- 보4, 6, 17	상3, 좌2	872	- 30, 32, 43	
880	- 19, 24, 보38	하2, 좌1	883	- 9, 32, 37	
888	- 31, 보32, 38	하1,	889	- 3, 38, 39	
887	- 보10, 36, 45	상1,	889	- 3, 29, 38	
893	- 보10, 15, 23, 25	하2, 우2	895	- 26, 31, 39, 41	
894	- 19, 32, 보45	상1,	896	- 12, 25, 38	
897	- 12, 22, 보29, 36	하1, 좌1	898	- 18, 28, 35, 42	
900	- 7, 보14, 18	하2, 우2	901	- 23, 30, 34	
906	- 5, 14, 보20	상3, 우3	907	- 29, 38, 44	
907	- 21, 27, 보37	상1, 좌3	910	- 11, 17, 27	
910	- 17, 보31, 39	하2, 우1	911	- 4, 12, 32	
909	- 30, 보33, 34	상2, 우2	912	- 18, 21, 22	
911	- 4, 12, 14, 보35	우2,	913	- 6, 14, 16, 37	
917	- 23, 24, 보34	하1, 우3	920	- 2, 33, 34	
921	- 보1, 5, 12	우1,	922	- 2, 6, 13	
923	- 17, 18, 보26	상3, 좌2	924	- 3, 43, 44	
924	- 3, 11, 보13, 34	하3,	925	- 13, 24, 32, 34	
927	- 15, 22, 보26	좌3,	929	- 12, 19, 23	

〈보너스 번호가 1등 번호들과 함께 1-2-3 법칙에 참여〉

1-2-3(일이삼) 법칙이란 기존 당첨번호들을 왼쪽 또는 오른쪽으로 1칸에서 3칸까지 임의로 조정해서 1등 번호를 만들어 낼 수 있다는 것이다.

14---15	2-3,	0206-4,	보15-16,	31-30,	40-37

(설명: 14와 15는 추첨 회차를 가리킨다. '-' 앞쪽은 14회, '-' 뒤쪽은 15회 당첨번호를 의미한다)

35---36	2-1,	11-10,	26-23,	26-28,	보39-40	
38---41	16-13,	22-20,	22-23,	보36-35,	37-38,	43
41---42	20-17,	20-18,	20-19,	20-21,	23,	보34-32
55---56	보7-10,	17-14,	31-30,	31-33,	31,	37
58---60	보1-2,	10-8,	25,	33-36,	40-39,	43-42
63---66	3-2,	3,	보5-7,	20-17,	23-22,	23-24
74---76	40-1,	6-3,	15,	보23-22,	보23-25,	40-37
79---82	3-1,	3-2,	3,	보14,	27,	3-42
84---86	42-2,	보11-12,	34-37,	42-39,	42-41,	45
87---89	4,	보26,	보26-28,	보26-29,	34-33,	43-40
88---91	1,	20-21,	24,	보27-26,	30-29,	41-42
102---104	17,	35-32,	35-33,	35-34,	보42	
111---112	보27-26,	31-29,	31-30,	40-41,	40-42	
113---115	4-1,	4-2,	4-6,	9,	보26-25,	28
127---128	10-12,	29-30,	32-34,	보35-36,	보35-37,	43-45
144---145	4-2,	4-3,	15-13,	18-20,	26-27,	보43-44
147---149	4-2,	13-11,	21,	보36-34,	4042-41,	42
149---150	2,	21-18,	보27-25,	보27-28,	34-37,	41-39
149---152	2-1,	2-5,	11-13,	보27-26,	보27-29,	34
165---168	5-3,	13-20,	보31,	42-40,	42,	42-43
184---185	1,	2,	6-4,	8,	20-19,	보41-38
198---201	보2-3,	12-11,	25-24,	41-38,	41-39,	45-44
199---202	14-12,	14,	25-24,	30-33,	36-39,	보43-44
225---226	5-2,	5-6,	보7-8,	13-14,	19-21,	19-22
231---232	10-8,	10-9,	10,	10-12,	보27-24,	44
232---234	12-13,	24-21,	24-22,	24,	24-26,	보35-37
233---236	4-1,	4,	6-8,	13,	40-39,	40-37

241---242	2-4,	16-19,	보21-20,	보21,	35-32,	35-34
246---247	13-12,	보15,	26-28,	39-36,	39,	39-40
256---259	4,	4-5,	14,	보32-35,	43-42,	43-45
264---265	보5,	9,	36-34,	36-37,	41-38,	41-39
268---270	3-5,	10-9,	보12,	19-20,	19-21,	24-26
278---281	3-1,	3,	3-4,	3-6,	보13-14,	41
283---286	보42-1,	18-15,	18-19,	38-40,	보42,	45-44
287---289	6-3,	12-14,	35-33,	37,	37-38,	보41-42
288---291	1-3,	보10-7,	보10-8,	17-18,	17-20,	41-42
294---295	보40-1,	6-4,	10-12,	17-16,	17-18,	38
411---413	보5-2,	11-9,	14-15,	22-23,	35-34,	39-40
413---416	보3-5,	보3-6,	9-8,	9-11,	23-22,	23-26
416---417	5-4,	5,	11-14,	22-20,	22,	보44-43
429---431	보16-18,	23-22,	23-25,	28-31,	39-38,	42-45
446---447	1-2,	보6-7,	11-8,	11-9,	14-17,	35-33
446---448	1-3,	보6-7,	1214-13,	26-27,	1-40,	1-41
450---452	6-8,	보13-10,	19-18,	31-30,	31-32,	31-34
472---474	43-4,	16-13,	16-18,	31,	31-33,	보44-45
482---484	1,	1-3,	25-27,	25-28,	35-32,	보43-45
805---808	13-15,	18-21,	31,	32,	보42-41,	보42-43
810---811	10-8,	보11,	21-19,	21,	39-36,	43-45
811---814	45-2,	21,	보25-28,	36-38,	45-42,	45
828---831	4-3,	13-10,	보18-16,	보18-19,	31,	39
843---845	보4-1,	19-16,	30-29,	33,	42-40,	42-45
857---858	10-9,	10-13,	34-32,	38,	38-39,	보43
858---859	9-8,	보23-22,	32-35,	38,	39,	43-42
860---863	18-16,	18-21,	27-28,	32-35,	보42-39,	보42-43
864---866	10-9,	13-15,	보32-29,	36-34,	36-37,	36-39
874---875	19,	19-20,	보32-30,	보32-34,	42-39,	42-44

1.5.2 대체번호(S/N)

대체번호란 어떤 특정 번호를 대신해서 사용하려는 번호를 말한다. 지금부터, 이 대체번호에 대해 독자들과 함께 생각해보고자 한다. 독자들도 잘 알다시피, 번호표시 용지엔 첫 행에 1부터 7까지, 여섯째 행엔 36부터 42까지, 그리고 마지막 행엔 43부터 45까지의 번호 칸이 인쇄돼 있다. 1부터 42까지를 살펴보면, 각 번호 사이의 상·하·좌·우 관계를 명확하게 구분할 수 있다. 반면 43 이하 번호들은 일종의 위치 특수성을 갖고 있다는 점이다. 따라서, 우리가 다룰 내용은 1, 2, 3과 43, 44, 45에 관한 것이다.

그럼, 대체번호 이용에 관한 몇 가지 예를 들어보겠다.

444회를 살펴보자. 이 번호들을 좌우로 최대 3칸 움직여서 446회 번호로 만들어 보려고 한다. 444회 11과 35를 그대로 선택한다. 13을 좌우로 1칸씩 이동시키면 각각 12와 14로 된다. (또는 11과 13을 우로 1칸씩 옮겨 12와 14로 만들 수도 있다) 이와 관련해 말한다면, 독자들이 어떤 시각으로 바라보고 번호를 움직이게 할 건가가 중요하다고 볼 수 있다.

즉, 이 책에서 계속 언급하듯이 로또엔 정답이라는 개념이 존재하진 않지만, 독자 개개인의 다양한 시각을 통해서 생각을 체계화할 수 있다는 것이다. 따라서 앞에서 설명한 것처럼, 최종 결과는 같더라도 그 결과를 만들어내는 과정은 다를 수도 있다는 점이다.

자, 위의 번호를 보면 알 수 있듯이 여기까지 4개 번호를 골라냈다. 계속해서 444회의 23을 우로 3칸 옮기면 26이 된다. 여기까지 5개 번호를 찾아냈다.

이제부터가 진짜배기다. 444회의 43을 그대로 둘 것이 아니라, 대체번호인 1로 만들면 된다는 것이다. 이렇게 해서 6개 번호 전부를 구해냈다. 다른 식으로 해보자. 444회의 45를 생각하자. 역시 45의 대체번호인 3을 만들어내자는 것이다. 즉 444회에서 3이 실제 당첨번호는 아니지만 45의 대체번호로 사용되었다는 점이다. 따라서 이 3에서 좌로 2칸 옮기면 446회 1이 된다. 이로써 444회를 바탕으로 대체번호를 만들어내어 446회 당첨번호로 유도할 수 있음을 확인했다.

474회를 살펴보자. 일이삼(OTT) 법칙을 이용해 대체번호를 설명하려 한다. 472회에서 16을 좌로 3칸 옮기면 13이 되고, 16을 우로 2칸 이동시키면 18이 된다. 31을 그대로 선택하고 동시에 우로 2칸 움직여 보면 33이 된다. 보너스 번호 44를 우로 1칸 옮기면 45가 된다. 여기까지 5개 번호를 알아냈다. 마지막으로 1개 번호를 찾으면 되는데, 대체번호를 사용해서 번호를 구해보자. 472회 보너스 번호 44의 대체번호는 2다. 따라서 이 2를 우로 2칸 이동시키면 4가 만들어진다. 이렇게 해서 474회 1등 당첨번호를 만들어 봤다.

836회를 살펴보자. 835회를 이용하려 한다. 일이삼 법칙이 완벽하게 적용되진 않지만, 대체번호에 대해 설명하기엔 무난하다. 835회에서 9와 28을 그대로 선택하고, 10과 13을 우측으로 1칸 옮겨 각각 11과 14로 만든다. 여기까지 4개의 번호를 뽑아냈다. 이어서 28을 좌로 2칸 이동시키면 26이 된다. 이제 마지막 1개 번호만 남았다. 45의 대체번호인 3을 선택하고, 이 번호를 기준으로 좌로 2칸 옮기면 1이 된다. 이렇게 해서 835회 번호들을 조정하고 대체번호를 활용해 836회 1등 당첨번호가 나오는 것을 확인했다.

889회를 살펴보자. 887회 번호들을 이용해 889회 당첨번호를 어떻게 만들어냈는지 설명하고자 한다. 여기서도 일이삼 법칙을 이용하려고 한다. 일단, 번호들을 조정해 보자. 887회에서 14를 좌로 1칸 옮기면 13이, 27을 우로 2칸 이동시키면 29가 된다. 이어서 36을 우로 2칸, 3칸으로 보내면 38과 39가 나오는 것을 알 수 있다. 또 45를 좌로 3칸 움직여 42가 나타나도록 한다. 마지막으로, 45를 대체번호인 3으로 만들어 놓으면 우리가 원하는 889회 당첨번호를 구할 수 있게 되는 것이다. 여기서 눈여겨봐야 할 것은 45가 이중으로 이용됐다는 점이다. 즉 42로 이동되는 것과 3으로 대체되는 것이다.

890회를 살펴보자. 887회 번호들을 한 번 더 사용해보겠다. 887회에서 14를 그대로 선택한다. 이어서 17을 우로 1칸, 27을 우로 2칸, 36을 우로 1칸 이동시키면 각각 18, 29, 37로 된다. 여기까지 4개 번호를 구해냈다. 끝으로 45를 대체번호인 3으로 만든 후에 좌로 2칸, 우로 1칸 움직여 보면 각각 1과 4로 된다는 것을 알 수 있다. 이렇게 해서 890회 당첨번호 생성 및 대체번호 이용과정을 살펴봤다.

1.5.3 가상번호(V/N)

가상번호(가번)는 한국로또 시스템에선 존재하지 않는 번호로서, 45 다음으로 46, 47, 48, 49가 있다고 가정하는 것으로 이 번호들이 번호표시 용지에 표기돼 있다고 생각하자는 것이다.

앞에서, 대체번호들이 어떻게 활용되는지 독자들에게 보여주었다. 이곳에선 타입으로 설명하면서 가상번호가 어떻게 이용되는지 독자들에게 소개하려고 한다.

71회 — 9, 16, 29와 5, 12, 41은 같은 타입으로 볼 수 있다. 즉 5의 위 칸에 47이라는 가상의 번호가 있다고 생각하자는 것이다. 이 47을 중간매개체로 해서 생각해보면, 5, 12, 41이라는 하나의 타입이 만들어짐을 그려볼 수 있을 것이다. 결국, 9, 16, 29와 가상번호를 이용한 5, 12, 41은 같은 타입으로서, 이른바 쌍둥이 타입(TT)이라는 것이다.

152회 — 당첨번호는 1, 5, 13, 26, 29, 34다. 자 이제부턴 좀 더 집중해서 보도록 하자. 5, 13, 29의 타입을 보자. 필자가 하는 식으로 독자들도 한번 따라 해보길 바란다. 5부터 시작하겠다. "내리고(12), 오른쪽(13), 내리고(20), 내리고(27), 오른쪽(28), 오른쪽(29)" 이렇게 음미하면서 말이다.

참고로, 위의 '내리고'를 '아래로' 또는 '밑으로' 등으로 독자들이 바꿔서 편하게 읊으면서 작업해도 될 것이다. 물론 다른 방향으로 번호를 움직일 때도, 위에서 보여주는 것처럼 진행한다면 어려움이 없으리라고 본다.

자, 그럼 이 회차(152회)에서 위와 같은 타입이 나오도록 찾아보자. 26부터 시작하겠다. 내리고(33), 오른쪽(34), 밑으로(41), 아래로(가번48), 우로(가번49), 우로(1) 식으로 작업해보면, 앞에서 미리 알아봤던 타입과 같다는 것을 알게 될 것이다. 이렇게 해서 가상번호를 이용해 쌍둥이 타입(TT)이 나타나는 것을 확인했다. 가상번호에 익숙해지면, 여러 다양한 타입들이 한눈에 들어올 것이다.

291회 — 역시 '복권번호표시 용지'의 특수성을 보여주는 예라 할 것이다. 우선 타입을 보자. 3, 18, 보45 타입과 7, 20, 42는 같은 타입이다. 주의 깊게 살펴봐야 할 것은 여기선 가상 번호 49를 사용하지 않는다는 점이다. 만일 42 아래로 49라는 공인된 표기 칸이 있으면, 위의 번호들은 TT가 아니다. 그러나 독자들도 알다시피 45까지만 있는 한국로또에서, 위에서 언급했던 3, 18, 보45와 7, 20, 42는 같은 타입으로 볼 수 있다.

여기서, 예리하게 정확히 지적하는 독자들도 있을 것이다. 무슨 얘기를 하려고 하냐면, "152회에선 가상번호를 이용해 TT를 찾았는데 이곳 291회에선 같은 방법으로 가상번호에 적용해 보면 서로 다른 타입으로 나오지 않냐"는 점이다.

이렇게 따지면 이럴 수도 있을 것이다. 그런데 필자가 독자들에게 하는 말이 있지 않은가? "로또엔 완벽한 진리는 없다"라고. 즉 그때그때 상황에 맞게 사고의 유연성을 가지면서 흔히 말하는 융통성을 발휘하자는 것이다. 결론은, 이 회차에선 가상번호를 사용하지 않고 3, 18, 보45와 7, 20, 42가 같은 타입이라는 것을 다른 시각으로 살펴봤다는 것이다.

331회 — 이 회차에서도 보너스 번호를 이용해 쌍둥이 타입이 나타남을 보여주려고 한다. 이 과정에서 가상번호 46이 사용됐다. 331회 9, 31, 44와 4, 26, 보39는 같은 타입으로 한 회차 내에서 나타나는 쌍둥이 타입이다.

364회 — 2, 14, 16과 5, 7, 40은 같은 타입이다. 여기서 5의 위 칸에 40이 있는 것으로 생각한다면, 앞의 2, 14, 16과같은 타입이 될 수 없다는 것을 쉽게 알 수 있을 것이다. 이쯤에서 필자가 자주 언급하는 '사고의 유연성'을 발휘해보자. 5와 40 사이의 칸에 가상번호인 47이 있다고 생각해보자는 것이다.

이렇게 놓고 보면 2, 14, 16과 5, 7, 40은 쌍둥이 타입(TT)이라는 것을 쉽게 확인할 수 있을 것이다. 이 회차에선 가상번호 47을 이용했다.

438회 — 먼저 6, 12, 29라는 타입을 생각해보자. 이번 회차에선 번호들의 한 칸씩의 움직임을 따라가면서 알아보고자 한다. '시작(12), 위로(5), 우로(6), 위로(41), 위로(34), 위로(27), 우로(28), 우로(29)'가 어떤 타입을 확인하기 위한 일종의 번호 루트라고 보면 될 것 같다.

이제 다른 부분의 타입을 탐색하자. '시작(20), 아래로(27), 좌로(26), 아래로(33), 아래로(40), 아래로(가번47), 좌로(가번46), 좌로(보너스 번호45)'가 이 타입의 루트(길)이다. 여기서 위아래 두 타입을 비교해보면 같은 타입이라는 것을 알 수 있을 것이다. 364회처럼, 역시 가상번호인 47을 사용했다.

459회 ─ 4, 10, 25라는 타입이다. 10부터 시작하자. '시작(10), 위로(3), 우로(4), 위로(가번46), 위로(39), 위로(32), 위로(25)'가 이 타입을 위한 루트가 되겠다. 또 다른 그룹을 알아보자. '시작(6), 아래로(13), 좌로(보12), 아래로(19), 아래로(26), 아래로(33), 아래로(40)'가 확인을 위한 '타입 길'이다. 가만히 들여다보면, 역시 TT임을 알 수가 있다.

528회 ─ 17, 25, 40과 5, 31, 39는 같은 타입이다. 독자들이 한번 파악해보길 바란다. 지금까지의 내용을 이해한 독자라면, 아마도 쉽게 생각할 수 있다고 본다.

579회 ─ 보너스 번호가 포함된 타입과 가상번호에 대해 알아보자. 보너스 번호 39부터 시작하겠다. '내리고(가번46), 내리고(4), 오른쪽(5), 내리고, 내리고, 우로(20)'이다. 즉 5, 20, 보39라는 타입이다. 다른 그룹을 살펴보자. '시작(7), 아래로, 아래로, 오른쪽(22), 내리고, 내리고, 오른쪽(37)'이다. 여기서, 2개 타입이 같음을 확인할 수 있을 것이다.

참고로, 가상번호를 설명하는데 쌍둥이 타입을 예로 들면서 소개하고 있다. "왜 쌍둥이 타입이 설명에서 계속 나오지?" 하고 궁금해할 수도 있을 것이다. 편의상, 이런 쌍둥이 타입이 나오는 회차에서 가상번호에 관해 설명하고 있을 뿐이다.

580회 ─ 5, 7, 35와 9, 11, 32는 같은 타입이다. 앞쪽 타입과 비교해본다면, 뒤쪽 타입은 겉보기엔 다르지만 가상번호를 이용한 속보기로는 같다고 말할 수 있을 것이다.

가상번호에 대해 마지막으로 하나 더 설명하려 한다. 694회 --- 보너스 번호와 가상번호를 이용해서 TT임을 확인하는 과정이다. 개념은 어렵지 않지만, 타입에 익숙하지 않은 독자들은 약간 낯설 수 있을 것이다. 필자와 함께 알아보자.

보너스 번호 12부터 시작하겠다. '올리고, 우로, 우로(7), 위로(가번49), 위로(42), 우로(43)' 해서 하나의 타입을 만들었다. 가상번호 49를 이용했다. (앞 타입)

이제 다른 그룹을 살펴보자. 33부터 시작하겠다. 올리고, 올리고, 우로(20), 올리고, 우로, 우로(15)이다. (뒤 타입) 앞뒤 두 타입을 주의 깊게 비교해보면, 서로 같은 타입이라는 것을 파악할 수 있을 것이다.

참고로, 타입에 대해 아직 익숙하지 않은 독자들을 위해, 뒤쪽 타입의 15를 시작 번호로 해서 작업하는 것이 좀 더 편리할 수도 있을 것이다. 이유는 이렇다. 앞쪽 타입에 대한 탐색 루트에 맞춰서 뒤쪽 타입을 생각해내는 것이 개념적으론 좀 더 쉬워 보일 수가 있기 때문이다. 독자들이 직접 해보길 바란다. 어렵지 않다.

지금까지 여러 회차에서 나타난 쌍둥이 타입을 설명했는데, 이 과정에서 가상번호가 적절히 사용되는 것을 알아봤다. 이렇듯, 가상번호는 실제론 존재하지 않지만 상황에 따라선 효과적으로 이용해 볼 수도 있지 않을까 생각해본다.

2 장

45 - 인싸이트

지금까지, 독자들은 '로또란 무엇인가'라는 궁금증을 간직한 채 기본개념을 공부해 왔다. 지금부턴 난도를 좀 더 높이려 한다. 로또의 기초 내용에 관해 살펴봤던 1장과는 달리, 수준을 좀 더 높여서 예상번호를 선택하는 데 도움이 될 수 있는 내용을 중점적으로 다뤄보고자 한다.

1.
이동의 법칙이란 무엇인가.

　　이번 장에선 번호 이동에 관해 알아보려고 한다. 번호 이동에는 일반 이동과 특수 이동이 있는데, 먼저 일반 이동에 관해 알아보자. 앞의 추첨에서 당첨되어 나온 번호들이 이후의 특정 회차에서 일정한 방향으로 움직여서 출현하는 것을 말한다. 적어도 3개 이상의 번호가 동시에 이동한다.

　　뒷부분에서 회차별로 이동과 관련된 자료들이 표시돼 있다. 여기선 보기자료로서 몇 가지를 뽑아내어 설명해보겠다.

〈이동 전〉

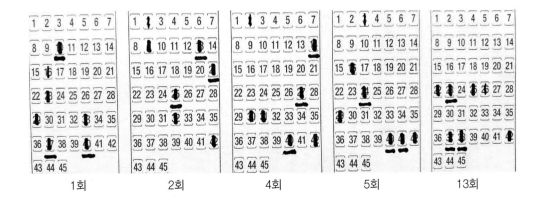

1회　　　　　2회　　　　　4회　　　　　5회　　　　　13회

〈이동 후〉

4회   3회   5회   7회   15회

1회 → 4회

1회 도표에서 밑줄번호 10, 37, 40이 상1 좌3 칸으로 이동되어, 4회 도표에서 밑줄번호 27, 30, 42로 나타났다.

2회 → 3회

2회 도표에서 밑줄번호 13, 21, 25가 하1 좌1 칸으로 이동되어, 3회 도표에서 밑줄번호 19, 27, 31로 나타났다.

4회 → 5회

4회 도표에서 밑줄번호 14, 27, 40이 우2 칸으로 이동되어, 5회 도표에서 밑줄번호 16, 29, 42로 나타났다.

위의 세 가지 이동을 제외한, 다른 회차에서의 이동에 관한 설명은 생략하겠다.

다음 도표도 위아래가 각각 쌍을 이루면서, 번호 이동을 보여주고 있다.

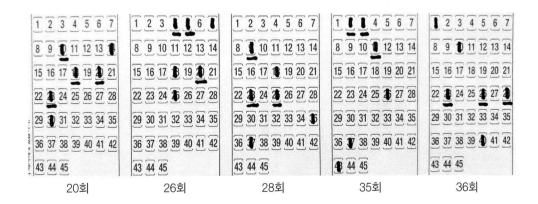

〈이동 전〉

| 19회 | 23회 | 26회 | 33회 | 34회 |

〈이동 후〉

| 20회 | 26회 | 28회 | 35회 | 36회 |

다음부턴, 이동 전의 회차와 번호, 이동 방향, 이동 후의 회차와 번호들에 대해서만 간략히 표기하려 한다. 독자들이 각 회차와 번호들을 참고해서 번호들이 어떤 식으로 움직이는가 확인해 보면 좋을 것 같다.

이런 과정을 통해서 로또에 대한 안목이 점차 생겨나지 않을까 생각해본다.

이동 전 회차와 번호	이동 방향	이동 후 회차와 번호
9 - 4, 16, 17	상3	13 - 25, 37, 38
13 - 23, 37, 38	상1	15 - 16, 30, 31
19 - 30, 38, 40, 43	상3우1	20 - 10, 18, 20, 23
23 - 17, 18, 33	상2우1	26 - 4, 5, 20
26 - 4, 18, 20	하1좌2	28 - 9, 23, 25
33 - 32, 33, 41	하2좌2	35 - 2, 3, 11
34 - 37, 40, 42	상2	36 - 23, 26, 28
39 - 6, 7, 13	하2좌2	40 - 18, 19, 25
43 - 31, 38, 44	상2우3	45 - 20, 27, 43
44 - 30, 38, 45	상1	46 - 23, 31, 38
46 - 15, 23, 31	상1우2	48 - 10, 18, 26
48 - 10, 26, 38	상3우2	49 - 7, 19, 33
48 - 18, 26, 38	상2좌2	50 - 2, 10, 22
55 - 17, 21, 37, 40, 44	상1	56 - 10, 14, 30, 33, 37
58 - 10, 25, 33	하1좌2	61 - 15, 30, 38
60 - 2, 8, 42	상2좌1	62 - 27, 29, 35
70 - 5, 19, 25	상1	73 - 12, 18, 40
76 - 22, 25, 37	하1	77 - 29, 32, 44
79 - 24, 30, 32	상1우1	80 - 18, 24, 26
82 - 14, 27, 42	상1좌1	83 - 6, 19, 34
83 - 6, 10, 17	하2우3	84 - 23, 27, 34
83 - 15, 17, 19	하3우1	86 - 37, 39, 41
102 - 24, 26, 35	좌2	106 - 22, 24, 33
120 - 10, 11, 37	하1좌1	122 - 1, 16, 17
123 - 보27, 28, 30	하1좌2	125 - 32, 33, 35
134 - 3, 23, 31	상2좌3	135 - 6, 14, 28
138 - 10, 보19, 27	우1	139 - 11, 20, 28
142 - 12, 보19, 44	하1우1	145 - 3, 20, 27
143 - 보8, 27, 28	하1우2	144 - 17, 36, 37
148 - 보17, 25, 33, 34	상2좌1	151 - 2, 10, 18, 19

149	-	21, 34, 42	상1좌1	152	-	13, 26, 34	
151	-	1, 10, 보15, 18, 19	상1	153	-	3, 8, 11, 12, 36	
152	-	13, 26, 34	하1	155	-	20, 33, 41	
154	-	21, 35, 40	하1	156	-	5, 28, 42	
158	-	9, 21, 34	하1우2	159	-	18, 30, 43	
168	-	31, 40, 42	하2좌1	170	-	2, 11, 13	
172	-	19, 21, 24, 26	하1	175	-	26, 28, 31, 33	
175	-	19, 26, 31	상1좌1	178	-	11, 18, 23	
182	-	13, 27, 40	상1	184	-	6, 20, 33	
183	-	34, 40, 42	하1좌3	185	-	2, 4, 38	
191	-	5, 24, 32	하2좌1	192	-	18, 37, 45	
192	-	8, 37, 45	하3좌3	193	-	6, 14, 26	
197	-	보4, 7, 12	하3좌3	199	-	22, 25, 30	
198	-	19, 20, 25	하3좌2	201	-	38, 39, 44	
201	-	24, 보26, 39	상2우2	202	-	12, 14, 27	
201	-	11, 39, 44	우1	204	-	12, 40, 45	
202	-	12, 33, 39	상1좌2	203	-	3, 24, 30	
203	-	24, 30, 32	하2좌1	205	-	1, 3, 37	
204	-	35, 40, 45	상3우1	206	-	15, 20, 25	
208	-	25, 31, 40	상1	209	-	18, 24, 33	
211	-	17, 20, 41	하1우1	214	-	7, 25, 28	
217	-	20, 27, 33	상3우2	218	-	1, 8, 14	
221	-	2, 20, 35, 37	상2좌3	223	-	3, 18, 20, 27	
223	-	18, 20, 26	상1	225	-	11, 13, 19	
230	-	5, 32, 33	하2좌2	231	-	10, 44, 45	
231	-	10, 44, 45	하2	232	-	9, 10, 24	
233	-	4, 6, 13, 17	상1좌2	236	-	4, 8, 37, 39	
236	-	8, 37, 39	하1	238	-	2, 4, 15	
237	-	11, 17, 44	좌1	240	-	10, 16, 43	
239	-	24, 39, 41	상31	242	-	4, 19, 21	
240	-	6, 40, 41	상우1	241	-	27, 28, 35	

244	-	16, 36, 37	상1우2	245	-	11, 31, 32
246	-	13, 23, 26	하3좌3	249	-	31, 41, 44
251	-	19, 25, 28	하1좌1	253	-	25, 31, 34
253	-	19, 보33, 34	상2	254	-	5, 19, 20
253	-	8, 31, 34	상1	255	-	1, 24, 27
254	-	5, 19, 24	하1우1	257	-	13, 27, 32
257	-	6, 13, 27	상2우1	259	-	14, 35, 42
261	-	11, 16, 18	하2좌1	262	-	24, 29, 31
261	-	6, 11, 16	상3	263	-	27, 32, 37
264	-	9, 16, 27	상1우2	266	-	4, 11, 22
272	-	7, 27, 보28	상2	274	-	13, 14, 35
274	-	13, 14, 26	좌1	277	-	12, 13, 25
281	-	4, 보12, 41	하1좌1	282	-	5, 10, 18
282	-	2, 5, 10	상2	285	-	37, 40, 45
289	-	33, 37, 38	하2좌2	291	-	3, 7, 8
291	-	3, 18, 20	하2	292	-	17, 32, 34
297	-	6, 19, 20	상1좌3	300	-	9, 10, 38
651	-	11, 12, 26	상2우1	652	-	13, 40, 41
652	-	보20, 40, 41	상2	653	-	6, 26, 27
651	-	11, 16, 26	하1좌2	654	-	16, 21, 31
655	-	보18, 38, 39	우1	657	-	19, 39, 40
655	-	37, 40, 44	상2우2	658	-	25, 28, 32
660	-	4, 9, 23	상1우3	663	-	5, 19, 42
670	-	11, 18, 26, 40	하1우3	672	-	8, 21, 28, 36
673	-	7, 10, 17, 44	우1	675	-	8, 11, 18, 45
681	-	보7, 21, 27,	상1좌3	684	-	11, 17, 39
686	-	12, 보13, 25	하3우1	688	-	5, 34, 35
689	-	30, 36, 38	좌3	691	-	27, 33, 35
689	-	17, 30, 38	하2우1	692	-	3, 11, 32
696	-	16, 18, 38	상1우2	698	-	11, 13, 33
699	-	4, 16, 21	하1	700	-	11, 23, 28

699	-	8, 16, 21	하1우1	702	-	16, 24, 29
704	-	1, 8, 33	하2좌3	707	-	2, 12, 19
708	-	10, 16, 19	하3좌1	709	-	30, 36, 39
709	-	10, 30, 39	상1우1	710	-	4, 24, 33
712	-	17, 20, 30, 33	상2좌1	713	-	2, 5, 15, 18
711	-	24, 35, 보42	좌2	714	-	22, 33, 40
721	-	28, 35, 41	하1우2	724	-	2, 8, 37
723	-	20, 33, 35	상2	725	-	6, 19, 21
730	-	4, 10, 22, 보39	우3	731	-	7, 13, 25, 42
729	-	11, 21, 26	하1좌1	732	-	17, 27, 32
730	-	10, 18, 보39	하2	733	-	11, 24, 32
733	-	24, 33, 40	상3좌1	736	-	2, 11, 18
738	-	27, 28, 42	하1	739	-	7, 34, 35
738	-	23, 27, 28, 보36, 38	상3우2	740	-	4, 8, 9, 17, 19
740	-	16, 19, 보31	하3	742	-	10, 37, 40
743	-	19, 21, 41	하3우3	745	-	1, 3, 23
743	-	34, 41, 44	하2우3	745	-	2, 9, 12
745	-	2, 9, 23	하1좌2	747	-	7, 14, 28
746	-	33, 36, 45	상3좌2	748	-	10, 13, 22
752	-	4, 33, 40	상2좌2	753	-	17, 24, 37
759	-	33, 36, 40	하2좌1	761	-	4, 7, 11
759	-	9, 33, 42	하2좌2	762	-	3, 12, 21
759	-	9, 40, 42	우3	762	-	1, 3, 12
762	-	12, 21, 26	상3우3	763	-	3, 8, 43
762	-	12, 21, 26	하1우3	764	-	22, 31, 36
763	-	3, 8, 43	상3	764	-	상동
766	-	9, 보21, 41	상2	768	-	7, 27, 44
769	-	7, 41, 45	하2	771	-	6, 10, 21
771	-	6, 18, 21	상1	772	-	11, 14, 41
772	-	6, 14, 보32	상2	774	-	18, 34, 41
772	-	14, 보32, 41	좌3	775	-	11, 29, 38

778	-	6, 보11, 21, 34, 41	하2좌1	779	-	6, 12, 19, 24, 34
779	-	보4, 6, 34	하2	좌3	-	78015, 17, 45
783	-	16, 17, 45	하1	784	-	3, 23, 24
784	-	23, 24, 31	우2	785	-	25, 26, 33
785	-	4, 25, 26	우2	787	-	6, 27, 28
786	-	15, 16, 24	상1우2	788	-	10, 11, 19
790	-	8, 보12, 19	하2우3	792	-	25, 29, 36
796	-	26, 36, 40	상1우3	798	-	22, 32, 36
796	-	1, 21, 26	상1좌2	799	-	12, 17, 34
798	-	2, 10, 22	하2우1	801	-	17, 25, 37
806	-	23, 31, 38	상2우1	807	-	10, 18, 25
807	-	18, 34, 35	좌3	808	-	15, 31, 32
811	-	8, 19, 21	상1	812	-	1, 12, 14
811	-	8, 11, 36	상1좌1	814	-	28, 42, 45√
815	-	25, 26, 37	우3	√	-	28, 29, 30
816	-	18, 19, 31	상1우2	√	-	12, 13, 25
817	-	9, 12, 13	하2우2	818	-	25, 28, 29
828	-	29, 31, 39	하2	829	-	4, 43, 44
827	-	11, 12, 44	상1우1	830	-	5, 6, 38
831	-	3, 10, 39	하2우2	832	-	13, 19, 26
831	-	3, 10, 16	상1좌3	834	-	6, 35, 42
832	-	19, 26, 40, 43	하3좌2	835	-	10, 13, 38, 45
836	-	11, 14, 보19	하2	837	-	25, 28, 33
837	-	25, 30, 33	상2좌2	838	-	9, 14, 17
839	-	3, 11, 13	상1좌2	840	-	2, 4, 43
839	-	3, 9, 12	우2	841	-	5, 11, 14
844	-	13, 보18, 33	상2좌3	845	-	1, 16, 45
846	-	41, 43, 45	상2좌1	847	-	26, 28, 30
847	-	보22, 28, 42	하2우2	848	-	2, 16, 38
849	-	5, 13, 17	하2좌3	850	-	16, 24, 28
849	-	13, 17, 29	하1	850	-	20, 24, 36

851	-	20, 26, 31	하1좌2	854	-	25, 31, 36
851	-	18, 31, 보40	상3좌2	855	-	8, 17, 44
854	-	보3, 25, 31	우3	857	-	6, 28, 34
856	-	보17, 24, 40	하2우1	858	-	13, 32, 39
857	-	28, 34, 보43	하1	859	-	8, 35, 41
858	-	9, 보23, 32	상1우2	860	-	4, 18, 27
858	-	32, 38, 43	상3	861	-	11, 17, 22
861	-	17, 19, 21	하3	862	-	38, 40, 42
860	-	4, 8, 보42	상1	863	-	35, 39, 43
866	-	29, 34, 39	상2좌1	867	-	14, 19, 24
867	-	17, 19, 24	하3좌1	869	-	2, 37, 39
867	-	17, 19, 40	하3우2	870	-	21, 40, 42
869	-	보4, 6, 17	상3좌2	872	-	30, 32, 43
871	-	12, 26, 34	하3	873	-	5, 13, 33
873	-	5, 13, 33	하1우3	874	-	1, 15, 23
874	-	1, 15, 42	상3좌2	875	-	19, 20, 34
873	-	5, 13, 39	상2우1	876	-	26, 34, 42
876	-	5, 21, 26	상1우3	877	-	17, 22, 43
875	-	30, 34, 39, 44	하3	878	-	2, 6, 11, 16
878	-	2, 11, 16	좌1	879	-	1, 10, 15
877	-	18, 22, 23	우1	880	-	19, 23, 24
877	-	5, 17, 22, 43	우2	880	-	7, 19, 24, 45
879	-	1, 10, 15	하2우3	881	-	18, 27, 32
880	-	17, 23, 45	하3우1	882	-	18, 39, 45
880	-	19, 24, 35	하2우1	882	-	18, 34, 39
880	-	19, 24, 보38	하2좌1	883	-	9, 32, 37
881	-	18, 27, 32	상1우3	884	-	14, 23, 28
881	-	4, 18, 26	하3좌2	884	-	23, 37, 45
883	-	9, 18, 32	하1우3	886	-	19, 28, 42
884	-	4, 14, 37	하2좌1	887	-	9, 17, 27
886	-	19, 28, 37	하1우1	887	-	27, 36, 45

886	-	19, 23, 28	상2좌2	888	-	3, 7, 12
888	-	31, 보32, 38	하1	889	-	3, 38, 39
887	-	보10, 36, 45	상1	889	-	3, 29, 38
890	-	1, 4, 14	상2좌1	891	-	28, 31, 41
890	-	4, 29, 37	상3우1	892	-	9, 17, 26
891	-	31, 39, 41	상2좌2	893	-	15, 23, 25
892	-	4, 18, 26	좌3	893	-	1, 15, 23
892	-	18, 26, 42	좌1	893	-	17, 25, 41
892	-	4, 17, 26	하2우1	894	-	19, 32, 41
893	-	보10, 15, 23, 25	하2우2	895	-	26, 31, 39, 41
894	-	19, 32, 보45	상1	896	-	12, 25, 38
895	-	26, 38, 39	하1우3	897	-	6, 7, 36
897	-	12, 22, 보29, 36	하1좌1	898	-	18, 28, 35, 42
897	-	6, 12, 36	상2좌1	899	-	21, 33, 39
899	-	19, 33, 39	하2우2	900	-	7, 13, 35
900	-	7, 보14, 18	하2우2	901	-	23, 30, 34
899	-	20, 21, 33	우3	902	-	23, 24, 36
900	-	7, 13, 35	하1우2	903	-	2, 16, 22
903	-	16, 22, 28	상3우1	904	-	2, 8, 45
903	-	15, 16, 28	상2하2	905	-	3, 4, 16
905	-	3, 4, 16	상2	906	-	2, 31, 32
906	-	5, 14, 보20	상3우3	907	-	29, 38, 44
908	-	16, 21, 22	하1우1	909	-	24, 29, 30
907	-	21, 27, 보37	상1좌3	910	-	11, 17, 27
910	-	17, 보31, 39	하2우1	911	-	4, 12, 32
910	-	17, 27, 39	하2우1	911	-	12, 32, 42
909	-	30, 보33, 34	상2우2	912	-	18, 21, 22
911	-	4, 12, 14, 보35	우2	913	-	6, 14, 16, 37
913	-	6, 14, 27	하1우3	914	-	16, 24, 44
913	-	6, 21, 37	하2우2	915	-	11, 22, 37
915	-	6, 22, 37	상2좌2	916	-	6, 21, 32

915	-	11, 13, 37	상1좌3	917	-	1, 3, 27
917	-	1, 3, 24	상2우2	918	-	12, 31, 33
916	-	21, 32, 36	하2우3	918	-	7, 11, 38
917	-	23, 24, 보34	하1우3	920	-	2, 33, 34
918	-	12, 33, 38	하2우2	921	-	7, 12, 28
921	-	보1, 5, 12	우1	922	-	2, 6, 13
921	-	22, 28, 41	상1우2	923	-	17, 23, 36
923	-	17, 18, 보26	상3좌2	924	-	3, 43, 44
924	-	3, 11, 보13, 34	하3	925	-	13, 24, 32, 34
925	-	24, 32, 34, 39	상2	926	-	10, 18, 20, 25
925	-	13, 32, 39	상2좌3	927	-	15, 22, 38
925	-	24, 34, 42	상2	928	-	10, 20, 28
927	-	15, 22, 보26	좌3	929	-	12, 19, 23
928	-	3, 4, 28	상1	930	-	21, 38, 39

2.1.2 특수 이동(SPECIAL MOVEMENT)

소스 회차에서, 어떤 두 개의 번호를 일정한 방향으로 이동시켜서 목표 회차의 번호로 나오 게끔 유도해보는 것이다. 즉, 소스 회차의 두 개 번호 가운데 어느 하나가 움직여서 목표 회차 의 당첨번호로 나오는 것으로 확인되면, 나머지 번호도 같은 방식으로 이동시켜서 도착하는 지점의 번호를 당첨번호로 생각하자는 것이다.

향후, 이와 관련된 내용을 설명할 때 자세히 다루려고 한다.
여기선, 구체적인 예를 생략하겠다.

2.1.3 로켓 이동(ROCKET MOVEMENT)

앞쪽에서 번호들의 이동성에 대해 살펴봤는데, 이번 항에선 RO(ROCKET) 법칙이 포함된 번호들의 움직임을 공부하고자 한다.

어려운 내용은 아니다. 소스 회차(추첨이 완료된 회차)에서 몇 개의 번호들이 이동할 때, 이동 방향과 반대쪽으로 2칸 띄우면서 번호를 생성한 후 목적지 번호들 쪽으로 움직인다는 점이다. 마치, 로켓의 운동과 유사하다고 말할 수 있을 것이다.

이 책에선 범위를 좀 더 넓혀서, 방향과는 상관없이 소스 회차 번호를 두 칸 밀어내고 움직일 때 이것을 RO 운동, 즉 RO 법칙이라고 부르겠다. 아래의 도표와 설명을 보면 쉽게 이해할 수 있을 것이다.

〈RO 이동의 도표〉

9회   17회   44회   56회   70회

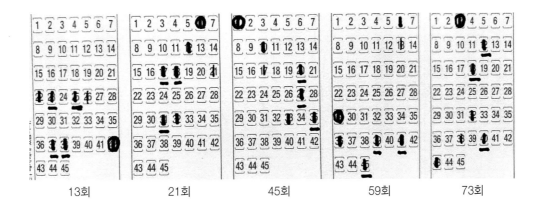

| 13회 | 21회 | 45회 | 59회 | 73회 |

9회에서 RO 이동이 시작되어, 13회에서 42가 생성되는 것을 보여준다. 위의 도표 회차와 아래의 도표 회차가 각각 '쌍'을 이룬다.

이동전 회차와 번호	생성번호	이동 방향		이동후 회차와 번호
9 2, 4, 16, 17	42	하3	13	23, 25, 37, 38

9회 2, 4, 16, 17의 네 번호가 아래로 3칸 이동해서 13회 23, 25, 37, 38로 나타났다. 이때 9회 2가 왼쪽으로(좌로) 2칸 밀려나면서 13회 42를 생성했다고 생각하면 되겠다. 마치 로켓이 아래로 불을 뿜으면서 하늘로 오르듯이 말이다.

9회 2가 RO 이동 기준번호이고 13회 42가 RO 이동 생성번호인데, 도표에서 해당 번호란에 동그랗게 표시되어 있다. 참고로, 밑줄번호는 이동에 관련된 것들이다.

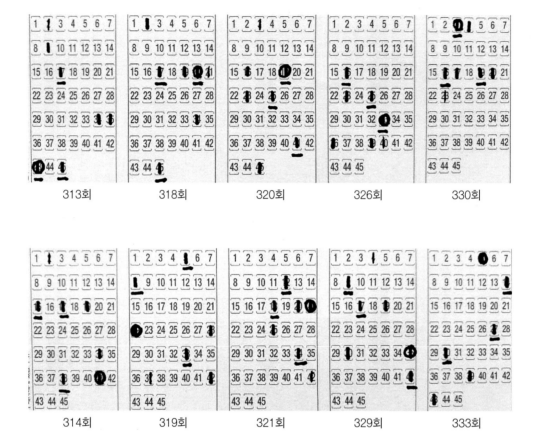

〈RO 이동의 다른 예〉

313회   318회   320회   326회   330회

314회   319회   321회   329회   333회

다음에 나오는 자료들엔, 번호들의 '이동 방향 표기'가 생략되었다. 이동 방향 공란에 독자들이 직접 채워보길 바란다. 반드시 확인해야 하는 것은 아니지만, 생성번호를 보면서 어떤 식으로 번호들이 움직였는지 살펴보는 것도 의미가 있는 과정이라고 생각한다.

이동 전 회차와 번호		생성 번호	이동 방향	이동 후 회차와 번호	
9	2, 4, 16, 17	42		13	23, 25, 37, 38
17	3, 4, 17	6		21	17, 18, 31
35	2, 3, 11	13		39	6, 7, 15
44	3, 11, 45	1		45	20, 27, 35
56	31, 33, 37	29		59	39, 41, 45
70	5, 19, 25	3		73	12, 18, 40
73	3, 32, 40	5, 34		75	24, 32, 44
120	4, 6, 10	12		121	28, 30, 34
134	3, 12, 20	22		135	6, 14, 39
136	보11, 16, 30, 42	9		137	9, 20, 25, 39
138	10, 11, 37,	13		140	3, 18, 19
147	21, 40, 42	2		150	18, 37, 39
164	10, 11, 39	13		165	5, 18, 19
173	3, 24, 30	1		177	16, 37, 43
184	2, 6, 33, 보41	31		188	19, 27, 30, 34
193	6, 14, 26	16		197	12, 34, 42
198	12, 19, 20	17		200	6, 13, 20
201	3, 11, 24	1		203	3, 24, 32
210	22, 23, 25	20		213	2, 3, 5
211	12, 13, 20	15		215	2, 43, 44
213	4, 5, 24	7		216	16, 17, 36
216	7, 33, 40	35		219	4, 11, 20
223	18, 20, 26	22		226	6, 8, 14
226	6, 14, 21	23		229	4, 11, 38
301	7, 13, 43	41		304	4, 10, 16
313	17, 43, 45	41		314	15, 17, 38
318	17, 20, 45	22		319	5, 8, 33
320	19, 25, 41	21		321	12, 18, 34
326	16, 25, 33	35		329	9, 17, 42
330	3, 16, 19	5		333	14, 27, 30
336	3, 보16, 34	18		337	1, 14, 32

2.
1-2-3(OTT) 법칙으로 번호 예상하기

이번에 소개할 내용은 1-2-3 법칙에 관한 것이다. 간단히 OTT(One-Two-Three) 법칙이라고도 한다. 일이삼이라는 단어에서 어렴풋이 유추할 수 있듯이, 앞 추첨에서 당첨되어 나온 번호들을 좌우로 1칸에서 3칸까지 적절히 이동시켜서 예상번호를 구하는 것이다.

한편, 참고해야 할 소스 회차 범위는 이전 3회차까지로 정했다. 이 범위 내의 회차들 가운데 어느 한 소스 회차를 특정한 후, 이 회차의 번호들에 대해서만 앞서 언급했던 일이삼 법칙을 적용하려고 한다.

44회

71회

126회

45회

72회

129회

몇 가지의 예를 들어 설명해보겠다. 44회를 주시하자. 여기에 나온 번호들을 좌우로 조금씩 조정하려 한다. 이 작업을 앞으론 미세조정이라 부르겠다. 이런 과정을 거쳐 바로 다음 회차인 45회 당첨번호를 만들어보자는 것이다.

44회로 눈을 돌리자. 3을 좌로 2칸 옮기면 1이 된다. 또 11과 21을 왼쪽으로 1칸씩 움직이면 10과 20을 만들 수 있다. 이어서 30과 38을 좌로 3칸 이동시키면 27과 35가 나온다. 마지막으로 30을 오른쪽으로 3칸 움직이면 33이 생김을 알 수가 있다. 이렇게 해서 44회 번호들을 미세조정해 45회 당첨번호를 구할 수 있음을 확인했다.

두 번째로 71회를 예로 들겠다. 5를 왼쪽으로 1칸 옮기면 4, 좌로 3칸 이동시키면 2가 된다. 계속해서 12를 좌로 1칸 하면 11이, 16을 우로 1칸 살짝 움직이면 17을 각각 만들 수 있다. 끝으로 29를 좌로 3칸, 좌로 2칸 따로 미세조정 해 보면 26과 27을 구할 수 있다.

이번엔 126회를 탐색하려고 한다. 20을 왼쪽으로 1칸 옮기면 19가 된다. 22와 27을 우로 1칸 하면 23과 28이 나오는 것을 당연히 알 수 있을 것이다. 이어서 27과 40을 좌로 2칸 움직여보면, 25와 38이 됨을 알 수 있다. 마지막으로 43을 왼쪽으로 1칸 옮기면 42가 만들어진다.

이렇게 해봄으로써, 129회 일등번호가 만들어지는 과정을 살펴봤다. 그런데, 이곳에서 유의할 것은 좌우로 3칸 움직이는 번호가 없다는 점이다. 즉, 1칸이나 2칸 움직임만으로 129회 당첨번호를 만들어냈다. 일종의 유사 일이삼 법칙이라고 생각하면 될 것 같다.

지금까지, 특정 회차의 번호들을 대상으로 좌우로 이동시켜 차순위 회차의 당첨번호를 추적해봤다. 설명을 읽고선, "그렇게 어렵진 않은데"라고 생각할 수도 있을 것이다. 마치 기계체조 선수들이 공중회전을 쉽게 하는 것을 보고서, 그다지 어렵지 않을 것 같다는 생각이 드는 것처럼 말이다.

언뜻 보기엔 비교적 쉬운 작업일지 몰라도, 실제로 직접 해보면 어려운 과정이라는 것을 알게 될 것이다. 그러니까 '특정 회차를 정하고, 각 번호를 좌우로 몇 칸씩 옮겨야 하는가'라는 작업이 만만치 않음을 독자들은 피부로 느끼게 될 것이다. 즉, 이런 방식으로 스스로 생각하면서 번호들을 움직여본다면, 필자의 말이 독자들 가슴에 깊이 다가올 것이다.

그렇다고 크게 걱정할 것까진 없다고 본다. 로또에 대한 꾸준한 관심을 가지고 이와 더불어 어느 정도의 행운이 찾아온다면, 독자들의 소원이 이뤄질 수도 있지 않을까 생각해본다. 관련 도표를 하나 더 작성했다. 참고로 살펴보길 바란다.

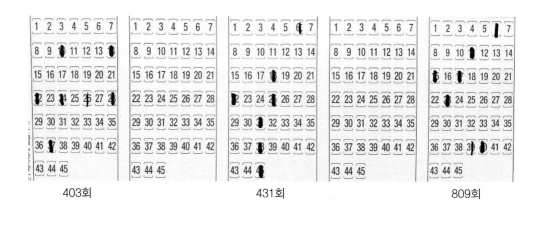

403회   431회   809회

406회   433회   810회

이로써 일이삼 법칙에 관한 소개를 간략히 마무리하려고 한다. 다음에 나오는 자료를 참고해, 좀 더 학습하길 바란다. (당번: 당첨번호)

선회	후회	'→'의 앞은 선 회차 당번			'→'의 뒤는 후 회차 당번		
35	36	2→1	11→10	26	26→23	26→28	보39→40
38	41	16→13	22→20	22→23	보36→35	37→38	43
41	42	20→17	20→18	20→19	20→21	23	보34→32
44	45	3→1	11→10	21→20	30→27	30→33	38→35
46	48	8→6	8→10	15→18	23→26	38→37	38
55	56	보7→10	17→14	31→30	31	31→33	37
58	60	보1→2	10→8	25	33→36	40→39	43→42
63	65	3→4	23→25	36→33	36	40	40→43
63	66	3	3→2	보5→7	20→17	23→22	23→24
71	72	5→2	5→4	12→11	16→17	29→26	29→27
71	73	5→3	12	16→18	29→32	41→40	41→43
73	74	3→6	18→15	18→17	18	32→35	40
74	76	40→1	6→3	15	보23→22	보23→25	40→37
79	82	3→1	3→2	3	보14	27	3→42
81	83	0507→6	11→10	13→15	20→17	20→19	33→34
84	86	42→2	보11→12	34→37	42→39	42→41	45
87	89	4	보26	보26→28	보26→29	34→33	43→40
88	91	1	20→21	24	보27→26	30→29	41→42
102	104	17	35→32	35→33	35→34	보42	보42→44
106	107	4→1	4	4→5	4→6	10→9	33→31
108	110	4	18→20	22	23	29	44→43
111	112	보27→26	31→29	31→30	33	40→41	40→42
113	115	4→1	4→2	4→6	9	보26→25	28
118	119	3	10→11	10→13	17→14	17	1922→21
119	122	3→1	11	17→16	17	38→36	38→40
124	126	4→7	23→20	23→22	2529→27	42→40	42→43
127	128	10→12	29→30	32→34	보35→36	보35→37	43→45
126	129	20→19	22→23	27→25	27→28	40→38	43→42
135	137	6→7	6→9	22→20	28→25	35→36	39
137	138	9→10	9→11	25→27	25→28	36→37	39
141	143	29→26	29→27	29→28	42	43	43→45
144	145	4→2	4→3	15→13	18→20	26→27	보43→44
147	149	4→2	13→11	21	보36→34	4042→41	42
149	150	2	21→18	보27→25	보27→28	34→37	41→39

149	151	2→1	2	11→10	11→13	21→18	21→19
149	152	2→1	2→5	11→13	보27→26	보27→29	34
152	153	1→3	5→8	13→11	13→12	13	34→36
219	221	4→2	20	35→33	35	37	37→40
225	226	5→2	5→6	보7→8	13→14	19→21	19→22
231	232	10→8	10→9	10	10→12	보27→24	44
232	234	12→13	24→21	24→22	24	24→26	보35→37
233	236	4→1	4	6→8	13	40→39	40→37
241	242	2→4	16→19	보21→20	보21	35→32	35→34
241	244	16→13	16	24→25	35→36	35→37	35→38
246	247	13→12	보15	26→28	39→36	39	39→40
256	259	4	4→5	14	보32→35	43→42	43→45
257	260	6→7	13→12	13→15	27→24	37	37→40
264	265	보5	9	36→34	36→37	41→38	41→39
264	267	9→7	9→8	27→24	36→34	36	41
268	270	3→5	10→9	보12	19→20	19→21	24→26
276	279	4→7	15→16	33→31	33→36	39→37	39→38
278	281	3→1	3	3→4	3→6	보13→14	41
283	286	보42→1	18→15	18→19	38→40	보42	45→44
287	289	6→3	12→14	35→33	37	37→38	보41→42
288	289	1→3	12→14	35→33	35→37	41→38	41→42
288	291	1→3	보10→7	보10→8	17→18	17→20	41→42
294	295	보40→1	6→4	10→12	17→16	17→18	38
294	297	6	10→11	17→19	17→20	30→28	30→32
298	300	5→7	9	9→10	9→12	27→26	37→38
403	406	10→7	14→12	22→21	24	28→27	37→36
406	408	7→9	21→20	21	21→22	27→30	36→37
408	409	9→6	9	21	30→31	30→32	37→40
411	413	보5→2	11→9	14→15	22→23	35→34	39→40
413	416	보3→5	보3→6	9→8	9→11	23→22	23→26
416	417	5→4	5	11→14	22→20	22	보44→43
426	427	4→6	4→7	17→15	27→24	27→28	27→30
429	431	보16→18	23→22	23→25	28→31	39→38	42→45
431	433	18→19	22→23	31→29	31→33	38→35	45→43
438	439	20→17	20	29→30	29→31	38→37	38→40

446	447	1→2	보6→7	11→8	11→9	14→17	35→33
446	448	1→3	보6→7	1214→13	26→27	1→40	1→41
450	452	6→8	보13→10	19→18	31→30	31→32	31→34
456	457	7→8	12→10	18	23	27	1→40
456	459	0107→4	7→6	12→10	12→14	2327→25	1→40
462	463	24→23	32→29	32→31	32→33	32→34	45→44
467	470	12→10	17→16	17→20	40→39	40→41	40→42
468	471	8→6	13	28→29	37	37→39	43→41
472	474	43→4	16→13	16→18	31	31→33	보44→45
482	483	10→12	16→15	16→19	24→22	25→28	35→34
482	484	1	1→3	25→27	25→28	35→32	보43→45
488	491	8	17	38→35	38→36	38→39	2→42
496	499	4→5	20	20→23	29→27	36→35	41→40
805	808	13→15	18→21	31	32	보42→41	보42→43
809	810	6→5	11→10	15→13	23→21	40→39	40→43
810	811	10→8	보11	21→19	21	39→36	43→45
811	814	45→2	21	보25→28	36→38	45→42	45
815	818	17→14	17→15	25	27→28	27→29	27→30
820	821	42→1	10→12	10→13	22→24	30→29	42→44
820	822	10→9	21→18	21→20	22→24	30→27	35→36
828	831	4→3	13→10	보18→16	보18→19	31	39
831	833	10→12	19→18	31→30	39	39→41	39→42
833	835	12→9	12→10	12→13	30→28	39→38	42→45
843	845	보4→1	19→16	30→29	33	42→40	42→45
857	858	10→9	10→13	34→32	38	38→39	보43
858	859	9→8	보23→22	32→35	38	39	43→42
857	860	6→4	10→8	16→18	28→25	28→27	34→32
860	863	18→16	18→21	27→28	32→35	보42→39	보42→43
864	866	10→9	13→15	보32→29	36→34	36→37	36→39
874	875	19	19→20	보32→30	보32→34	42→39	42→44
884	885	4→1	4→3	23→24	28→27	37→39	45
887	889	45→3	14→13	27→29	36→38	36→39	45→42
888	891	7→9	12→13	31→28	31	38→39	38→41
892	893	42→1	17→15	17	26→23	26→25	42→41
895	898	16→18	보23→21	26→28	38→35	38→37	41→42

3.
타입을 선택하고 결합하기

　이번 절에선, 번호 위주로 지금까지 설명해왔던 것들과는 다르게 타입결합을 소개하려 한다. 독자들도 알다시피, 도표에서 3개 번호씩 묶어서 보면 어떤 특정 타입이 나타나는데, 이런 타입들을 어떻게 선택하고 결합하는지 소개하고자 한다. 마치, 그림 조각을 맞추는 작업 같은 것들을 공부해볼 것이다. 아마 거의 모든 독자가 처음으로 접해보는 내용일 것이라고 필자는 생각한다.

　독자들이 쉽고 빠르게 이해할 수 있도록, 타입결합에 대한 여러 예를 도표와 설명을 곁들여 소개하려 한다.

3회	3회	4회

　좌측 3회의 밑줄번호 타입과 중앙 3회의 굵은 점 번호 타입이, 우측 4회에서 각각 나타난 것을 알 수 있을 것이다.

　먼저, 도표 좌측을 보자. 3회에서 밑줄번호로 16, 19, 31이 나와 있는데, 이 타입이 우측 4회에서 14, 27, 30으로 출현했다. 또, 중앙의 3회에서 굵은 점 번호인 19, 21, 보30 타입이 우측 4회에서 31, 40, 42로 나타났다.

한마디로, 3개 번호로 이뤄진 타입들이 4회에서 각각 나타나 상호 결합 되어있다. 설명을 보고선, 비교적 쉽다고 생각할지라도 독자들이 직접 해본다면 만만치 않음을 느끼게 될 것이다. 위 도표에서 밑줄번호인 19와 굵은 점 번호인 19가 양쪽 두 개 타입에서 사용되었는데, 중복으로 선택되어도 괜찮다.

한편, 위의 두 타입이 4회 번호 쪽으로 정확하게 배치되어야 하는데, 이러한 작업도 또한 쉽지가 않다. 필자가 설명하는 대로 차분히 따라와 보길 바란다. 혹시 이해가 되지 않는 부분에 대해선 일단 그냥 넘어가자.

다음은 4회에서 당첨번호를 구하는 과정이다. 3회에서 21의 위 칸인 14를 선택하고, 27과 보너스 30을 그대로 뽑아내자. 이렇게 하면, 4회의 14, 27, 30이라는 타입이 만들어지는데, 이것은 3회에서 선택했던 16, 19, 31과 같은 타입이다. 즉 3회의 16, 19, 31의 타입이 4회 14, 27, 30이라는 타입으로 나타났다고 볼 수 있다. 한마디로, 3회 타입을 4회차 쪽으로 전개한 것이다.

좀 더 자세히 3회 16, 19, 31의 타입을 생각해보자. 이 타입을 어떤 식으로 4회에서 전개해야 할까? 가령 1, 4, 16도 같은 타입이고 3, 15, 18도 같은 타입이지만 우리가 찾고자 하는 번호가 아니다. 즉, '3회의 타입을 4회로 옮기더라도 어느 번호 쪽으로 전개해야 하는가'가 핵심이다. 결론은 4회의 14, 27, 30을 찾아야 한다는 것이다.

이제 3회 도표에서, 또 다른 타입을 구해야 한다. 바로 중앙 3회에서 굵은 점 번호인 19, 21, 보30이라는 타입이다. 이 타입을 4회의 어느 번호로 보내야 하는가. 도표엔 표시되지 않았지만 1회차 40, 2회차 42, 3회차 31이 각각 당첨번호다. 따라서, 4회 31, 40, 42로 전개하면 된다.

그리고 3회 16, 21, 31의 타입은 3회 밑줄번호인 16, 19, 31이라는 타입과 3회 굵은 점 번호인 19, 21, 보30 타입을 결합하는 일종의 연결 타입이라는 것이다. 또, 도표의 밑줄번호인 4

회 14, 27, 30의 타입과 굵은 점 번호인 4회 31, 40, 42의 타입을 결합한 것이 4회 27, 31, 40 이라는 연결 타입이다. 자세히 보면, 3회 16, 21, 31과 4회 27, 31, 40은 타입이 같은 연결 타입이다.

이상으로, 타입을 결합하는 과정을 첫 번째 예를 들어 설명했다. 아마도 독자들이 처음으로 접해보는 내용일 것이라고 예상한다. 차분히 들여다보면서 생각해본다면, 자연스럽게 이해할 수 있으리라고 본다.

이제 두 번째 예를 소개하겠다. 6회의 어느 한 타입과 8회의 한 타입을 결합해서 9회 당첨 번호를 만드는 과정이다. 필자와 함께 공부해보기로 하자.

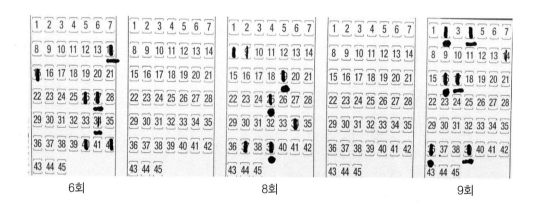

6회   8회   9회

근래에 나타났던 번호가 다시 당첨될 수 있다는 사실을 명심하면서, 7회를 살펴보자. 번호를 나열해보면 2, 9, 16, 25, 26, 40, 보42다. 참고로, 7회의 번호를 도표에서 생략했으므로 독자들이 직접 작성하길 바란다.

9회를 기준으론 7회는 전전 회차다. 7회차 번호들 가운데 2와 16을 그대로 선택하고, 40을 왼쪽으로 1칸 차분히 옮겨 39로 만들어 놓는다. 즉 번호들을 생각 없이 이리저리 이동시키지 말아야 한다는 것이다. 그런데 왜 이 번호들로 준비해 두었을까? 어쨌든, 7회차로부터 3개 번호 2, 16, 39를 준비했다.

마치, 맛있게 보이는 요리 재료들이 주방 테이블에 올라와 있는 것처럼 보인다. 그런데, 요리사가 어떤 식으로 조리하느냐에 따라 음식이 달라지는 것처럼, 독자들이 어떤 식으로 번호를 요리해야 하는가가 중요 관심 사항이 될 것이다.

자, 9회차 당첨번호를 만들기 위해 본격적으로 번호들을 손질해보자. 우선, 위 본문에서처럼 9회에서 2, 16, 39를 확정해 놓는다. 주의할 점은, 이 번호들을 묶어 어느 한 타입으로 아직 정해 놓은 것은 아니다.

이제 9회 2와 16 형태를 주목하자. 이것과 8회 25와 39를 비교해보자. 어떤가? 같다. 따라서, 이 형태를 이용해서 같은 타입을 만들 수 있는지를 알아보려고 한다. 8회 도표의 굵은 점 19, 25, 39의 타입을 9회 2, 16에 적용해서 같은 타입이 나오게 하려면 9회 36을 선택하면 된다는 것을 어렵지 않게 생각해낼 수 있을 것이다. 번호표시 용지에 표시(마킹)해 보면 이해하기가 쉽다.

이렇게 해서 8회 도표의 굵은 점 번호의 타입을 이용해서 9회 도표의 굵은 점 번호를 구했다. (1차로, 1개 타입을 확정해 두었음) 따라서, 여기까지 모두 2, 16, 36, 39 네 개 번호를 구했다.

이어서 39에 대해서 알아보자. 앞에서 7회 40을 가만히 왼쪽으로 1칸 옮겨 39로 만들었었다. 왜 이렇게 했을까.

여기서 한번 생각해보자. 많은 독자가 아마도 바둑애호가일 것이다. 따라서 프로 바둑기사들이 놓는 돌의 착점은, 많은 생각을 한 후에 나온 결과물임을 독자들은 잘 알고 있을 것이다.

앞에서 39를 선택하는 과정도 마찬가지다. 6회 도표의 밑줄번호인 14, 27, 보34 타입을 활용하기 위해선, 9회에서 이 39가 필요하다는 것이다. 즉, 6회 도표의 밑줄번호 타입과 같은 형태인 9회 도표 4, 17, 39라는 타입을 만들기 위해서 7회에서 40을 좌1 칸으로 보냈다는 것이다. (이렇게 해서 2차로, 1개 타입을 또 확정해 두었음)

지금까지의 내용을 생각해보면, 9회에서 2, 16, 36의 타입과 4, 17, 39의 타입이 각각 나오는 과정을 이해할 수 있을 것이다. 이 2개 타입을 연결하는 것이 바로 9회 2, 16, 17이라는 연결 타입이다. 이것은 7회 25, 26, 40이라는 타입으로부터 나왔다고 보면 되겠다.

참고로, 선 회차들의 여러 타입과 연결 타입들이, 특정 후 회차에서 항상 또다시 나타난다고 생각하면 안 된다는 것이다. 즉 앞 회차들의 타입이 특정 후 회차에서 나타나지 않을 수도 있다는 점이다. 이상으로, 타입을 이용해서 9회 1등 번호를 구하는 과정을 살펴봤다.

타입 활용에 관한 이번 설명에 대해 독자들이 어떻게 생각하는지 궁금하다. 마치, 화학 구조식처럼 타입들이 얽히고설켜 있는 모습이라고 생각하면 되겠다.

이제 마지막으로, 세 번째 예를 하나 더 들어보겠다. 41회에서 1개 타입을, 42회에서 역시 1개 타입을 각각 선별해서 43회 쪽으로 배치하는 작업을 알아보고자 한다.

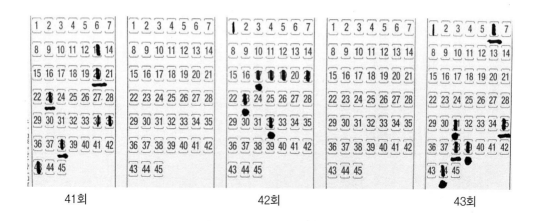

41회   42회   43회

먼저, 41회의 35와 38을 그대로 선택하고, 43을 차분히 우측으로 1칸 옮긴다. 미세조정을 했다. 여기까지 41회로부터 3개 번호인 35, 38, 44를 마련했다. 주의할 점은 아직 타입을 확정하지는 않았고 번호를 몇 개 선별했을 뿐이다. 이때, 38의 옆인 39까지 포함할 수 있다면 4개 번호를 구한 것이 된다.

이제 41회와 42회에서 한 개씩 타입을 뽑아보려고 하는데 우선 41회부터 하자. 필자가 생각한 타입은 41회 도표의 밑줄 20, 23, 38이다. 이 타입을 43회 쪽으로 적용해보면, 역시 밑줄 번호들인 6, 35, 38을 구할 수 있게 된다. 참고로 6은 41회 13의 위 칸이다.

그럼 왜 6을 선택했을까? 이제 두 눈을 크게 뜨고, 자세히 도표를 주시하자. 위 도표 밑줄의 41회 20, 23, 38과 43회 6, 35, 38은 같은 타입이라는 것이다. 그런데 43회 35, 38은 앞에서 이미 구해 놓은 번호들이다. 이렇게 사전에 준비해 두었던 35, 38과 6을 결합하면 41회 타입과 같게 된다는 것을 알 수 있을 것이다. 한마디로, 타입이 일치하게끔 6을 선택한 것이다.

앞에서, 41회 타입을 43회 쪽으로 전개하는 것을 살펴봤으므로, 이번엔 42회의 어떤 타입이 43회에서 나타났는지 알아보자. 42회 도표에서, 굵은 점 17, 23, 32라는 타입을 선택하면 된다. 이 타입을 43회에 적용해보면 43회 31, 39, 44라는 타입으로 만들어 낼 수가 있다.

이렇게 해서 앞의 두 타입의 번호를 모아보면 43회 당첨번호가 된다. 독자들에겐 좀 어렵게 보일지도 모르겠다.

그리고 42회 17, 18, 21과 같은 게 43회 35, 38, 39라는 연결 타입이다.
또 42회 17, 18, 23과 43회 38, 39, 44는 같은데 역시 연결 타입으로 나왔다. 이렇듯, 연결 타입도 여러 형태로 나타날 수가 있다.

이상으로, '타입 결합하기'와 관련된 3개의 예를 소개했다. 타입결합과 관련된 도표를 다음과 같이 소개한다.

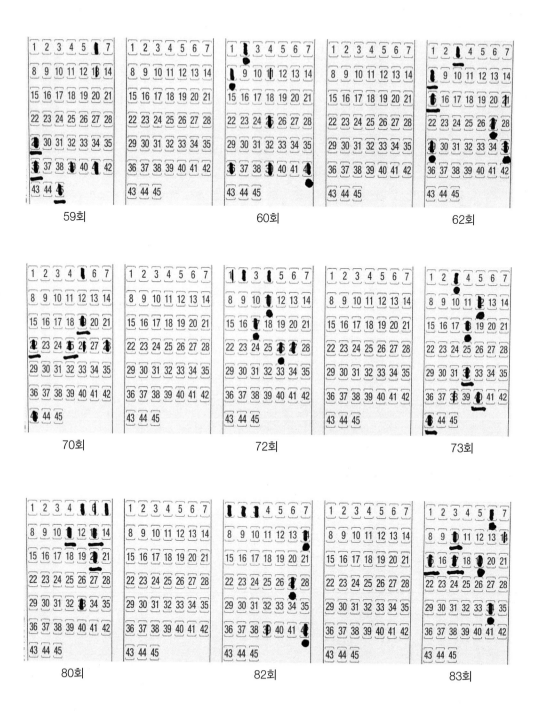

59회   60회   62회

70회   72회   73회

80회   82회   83회

다음은 타입결합과 관련된 자료들이다. 이 자료들을 이용해 연습해보길 바란다. 다음 자료에서 3회 16, 21, 31은 연결 타입이다.

결합 전
회차및번호

결합 후
회차및번호

3   16, 19, 31
       3   16, 21, 31

3   19, 21, 보30   4   14, 27, 30   31, 40, 42
                                     27, 31, 40

2   21, 25, 32
       6   26, 27, 40

4   30, 31, 40   7   2, 9, 40   16, 25, 26
                                     25, 26, 40

8   19, 25, 39
       7   25, 26, 40

6   14, 27, 보34   9   2, 16, 36   4, 17, 39
                                     2, 16, 17

13   23, 38, 42
       12   2, 11, 25

11   1, 7, 보14   14   2, 12, 31   6, 33, 40
                                     12, 31, 40

13   22, 37, 38
       14   12, 33, 40

11   7, 41, 42   15   3, 4, 16   30, 31, 37
                                     16, 30, 37

15   3, 31, 37
       16   24, 37, 38

16   24, 보33, 38   17   3, 9, 17   4, 32, 37
                                     3, 4, 17

16   보33, 37, 38
       17   9, 17, 32

16   24, 37, 40   18   3, 12, 13   19, 32, 35
                                     13, 19, 32

19   30, 38, 39
       19   보26, 39, 40

19   6, 38, 39   21   12, 17, 18   6, 31, 32
                                     18, 31, 32

26   4, 25, 보31
       27   20, 26, 보27

27   26, 보27, 37   29   5, 13, 34   1, 39, 40
                                     5, 39, 40

36   26, 28, 40
       36   23, 26, 28

34   보2, 37, 40   37   7, 33, 35   27, 30, 37
                                     30, 33, 35

36 10, 23, 보31   35 3, 37, 43   38 16, 37, 43   17, 22, 30
    37 27, 35, 보42   22, 30, 37

38 보36, 37, 43   38 16, 22, 37   39 6, 7, 13   15, 21, 43
    38 22, 30, 37   6, 13, 21

38 17, 30, 37   38 17, 22, 37   41 13, 20, 35   23, 38, 43
    36 23, 26, 보31   35, 38, 43

41 20, 23, 38   42 17, 23, 32   43 6, 35, 38   31, 39, 44
    42 17, 18, 21   35, 38, 39

43 31, 38, 44   43 6, 31, 39   44 3, 11, 45   21, 30, 38
    41 13, 20, 35   11, 38, 39

48 보3, 6, 18   46 13, 31, 38   49 4, 7, 19   16, 33, 40
    47 14, 17, 31   16, 19, 33

53 14, 33, 보42,   54 1, 8, 27   55 17, 31, 40   21, 37, 44
    53 33, 39, 보42   31, 37, 40

58 10, 33, 40   56 31, 33, 37   59 6, 29, 36   39, 41, 45
    57 7, 10, 16   36, 39, 45

59 29, 36, 45   60 2, 8, 42   62 3, 8, 15   27, 29, 35
    61 보8, 15, 43   8, 15, 29

67 10, 15, 38   67 7, 10, 38   70 5, 19, 28   22, 25, 43
    69 5, 8, 14   19, 25, 28

72 11, 17, 26   70 19, 22, 25   73 3, 12, 18   32, 40, 43
    70 5, 19, 25   18, 32, 40

73 3, 18, 보38   72 2, 4, 17   75 1, 24, 44   5, 32, 34
    73 12, 18, 보38   2, 24, 32

74	15, 17, 보23	75	2, 5, 44	76	1, 3, 37	15, 22, 25
	75 2, 5, 32					22, 25, 37
80	24, 25, 26	81	5, 20, 33	82	1, 2, 3	14, 27, 42
	80 17, 18, 30					1, 2, 14
82	14, 27, 42	81	11, 13, 20	83	6, 19, 34	10, 15, 37
	82 1, 3, 14					17, 19, 34
92	3, 보17, 36	92	14, 보17, 24	95	8, 17, 43	27, 31, 34
	92 14, 24, 33					8, 17, 27
96	8, 보20, 21	94	32, 40, 41	97	6, 7, 36	14, 15, 20
	94 5, 보6, 34					6, 7, 20
98	6, 23, 32	98	16, 24, 32	99	1, 10, 27	3, 29, 37
	98 9, 16, 24					3, 10, 37
99	1, 3, 29	98	6, 9, 24	101	1, 3, 17	32, 35, 45
	99 1, 3, 10					1, 3, 45
101	1, 3, 17	101	보8, 17, 32	102	24, 26, 40	17, 22, 35
	99 1, 3, 10					17, 22, 24
102	24, 26, 40	101	3, 17, 45	105	8, 10, 45	20, 34, 41
	101 3, 35, 45					34, 41, 45
105	8, 20, 보28,	104	32, 33, 34	107	1, 9, 31	4, 5, 6
	104 17, 32, 44					4, 9, 31
106	4, 10, 12	108	7, 보12, 22	109	36, 42, 44	1, 5, 34
	107 4, 9, 보17					5, 34, 42
111	33, 36, 40	110	7, 22, 23	112	26, 30, 33	29, 41, 42
	111 보27, 33, 40					26, 33, 41
113	28, 33, 36	111	18, 31, 33	114	11, 14, 19	26, 28, 41
	113 보26, 28, 34					19, 26, 28

116 보17, 25, 31	118 3, 4, 10	119 3, 11, 17	13, 14, 21
117 34, 36, 44			11, 13, 21
122 11, 16, 17	123 7, 17, 18	125 2, 35, 36	8, 32, 33
123 17, 18, 28			32, 33, 36
127 10, 32, 보35	125 2, 8, 35	128 12, 34, 37	30, 36, 45
127 3, 5, 10			30, 34, 37
127 3, 5, 32	127 3, 29, 43	129 23, 25, 38	19, 28, 42
128 30, 36, 보39			19, 25, 28
129 19, 25, 28	128 30, 34, 37	130 19, 24, 27	7, 42, 45
129 19, 25, 38			19, 27, 42
131 10, 14, 21	129 보17, 23, 38	132 3, 34, 41	17, 23, 45
130 7, 24, 보31			23, 34, 41
133 4, 18, 26	133 7, 보13, 26	134 3, 23, 31	12, 20, 35
133 7, 보13, 18			3, 12, 20
133 4, 7, 18	135 6, 14, 22	136 2, 16, 41	30, 36, 42
134 3, 23, 31,			2, 16, 36
138 10, 11, 39	139 15, 20, 28	140 3, 17, 18	13, 19, 28
138 27, 28, 37			18, 19, 28
140 3, 13, 19	138 11, 37, 39	141 8, 12, 42	29, 31, 43
140 3, 17, 18			29, 42, 43
141 8, 29, 43	138 11, 보19, 39	142 16, 30, 44	12, 34, 40
140 3, 13, 17			30, 40, 44
144 26, 36, 37,	142 12, 보19, 30	145 2, 3, 13	20, 27, 44
144 36, 37, 보43			2, 3, 44

4.
대칭 번호(중복타입)란 무엇인가

지금까지 독자들과 함께 여기까지 달려왔다. "처음 시작할 땐 뭐가 뭔지 몰랐는데, 이젠 조금은 알 것 같다"라고 말하는 독자들이 많지 않을까 필자는 생각해본다. 만일 그렇다면, 지식을 나눈다는 의미에서 보람을 느낀다.

이번 절에선, 흔히 얘기하는 '감'을 주제로 해서 언급하겠다. 감이라고 해서 "아무렇게나 생각나는 대로 선택하면 되는 건가" 하고 묻는다면 그건 아니다. 일종의 타입 활용이라고 보면 될 것 같은 데, 여기에선 어떤 방식으로 번호들을 찾는지를 회차별 설명과정을 통해 독자들에게 소개하려 한다.

한편, 이 책 앞부분에서 '목차'에 대해 간략히 언급했었다. 바로, 번호들의 상호관계를 나타내주는 '대칭'이라는 것을 활용해서 예상번호를 찾는다는 것이었다. 그런데 '대칭'은 이 책에서 다루고 있는 중복타입과 같은 개념이라고 이해하면 될 것 같다. 따라서 대칭 구조를 만들 수 있는 번호를 찾는다는 것은 중복타입(OT)을 이루게 할 수 있는 번호를 구한다는 것과 같은 의미라고 볼 수 있겠다. 결국 우리가 찾고자 하는 대칭 번호는 추첨 전의 예상번호이자 추첨 후의 당첨번호로 나타나는 것이다.

여기서 독자들에게 말하고 싶은 게 하나 있다. 이번 절에서의 주제가 대칭(중복타입)을 만들 수 있는 번호를 구하는 것과 관련된 내용인데, 일반타입을 생성하는 번호들에 대해서도 함께 일부분 다루었음을 알려둔다.

즉, GT를 만드는 타생 번호에 관한 내용을 다루기 위해 별도의 절을 마련하지 않고, 이번 절에서 함께 설명을 해나가고자 한다. 이렇게 책 내용을 구성해도 괜찮을 것 같다는 생각에서다.

한편, 다음은 위아래 도표가 쌍으로 구성돼 있다. 위 도표의 밑줄번호를 이용해, 아래 도표의 밑줄번호를 구하는 과정을 보여주고 있다. 참고로 아래 도표에 관한 설명에서, 밑줄번호 외에도 다른 번호를 구하는 과정을 추가로 기술했다.

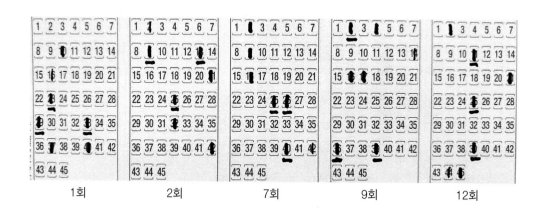

도표 2회에 대해 살펴보자.

1회 도표에서, 아래 도표의 2회 25를 만드는 과정을 알아보려고 한다. 어떻게 생각해야 25가 나올 수 있을까? "로또엔 정답은 없지만, 어떤 흐름이나 특성 같은 게 있다"라고 필자가 여러 번 언급했다. 1회의 밑줄번호 23, 29, 33을 이용해 중복타입을 만들어보자는 것이다. 이세 번호와 합쳐져 하나의 중복타입이 될 수 있도록 할 수 있는 번호들 가운데 하나가 25다. 1

회 도표를 보면 이해할 수 있을 것이다.

또, 방향성 GT를 생각해보면 25를 구할 수가 있다. 바로 10, 25, 40타입이다. 이상으로, 1회차 번호를 이용해서 2회차 25를 선택하는 과정을 알아봤다.

도표 3회에 대해 살펴보자.

2회 밑줄번호 9, 13, 25에 역시 OT를 적용해보면 11을 구할 수가 있다. 이어서 19를 보자. 19는 13과 25의 중간 위치인데, 직관적 방법으로 한번 설명해보겠다. 25를 위로 1칸 우로 1칸 옮기면 19가 되고, 계속해서 위로 1칸 오른쪽으로 1칸 이동시키면 13이 만들어진다. 즉 간단히 생각해보면, 19는 13과 25 사이의 이동과정에서 중간번호라는 것이다. 이렇게 해서 19를 찾아냈다. 참고로, 19는 대칭(중복타입)이 아닌 방향성 타입을 이용해 구해졌다.

다음엔 16을 뽑아내는 방법에 관해 설명하고자 한다. 1회의 보너스 16을 참고하거나, 2회의 9 아래 1칸이 16이라고 생각해서 이 번호를 선택할 수 있다. 그렇게 해도 된다. 그런데, 여기서 다루는 주제는 대칭을 이용해 예상번호를 구하는 것이다. 앞서 OT를 활용했듯이, 바로 2회 9, 25, 32를 사용하는 것이다.

16을 선택해보면 9, 16, 25, 32가 하나의 OT가 됨을 확인할 수 있다. 이렇게 해서 3회에서 16을 찾아낼 수 있었다. 개념적으론 그렇게 어렵지 않을 것이다.

이제 27에 대해서 알아보자. 1회 23, 29, 33을 이용하자. 앞서 2회차 25를 구할 때도 이 번호들을 참고했었다. 3회차에서도 이 그룹을 활용하지만 OT가 다르다. 여기선 27을 골랐는데, 중복타입임을 알 수 있을 것이다.

3회에서의 마지막 설명이다. 1회 23, 29, 37에 31을 추가하면, OT라는 것을 한눈에 알 수 있을 것이다. 여기에다 1회 10, 보16, 23을 놓고 보면 역시 우리가 얻고자 하는 31을 구할 수 있게 된다는 것이다.

지금까지, 3회의 당첨번호 5개를 구하는 과정을 살펴봤다. 이제 남아 있는 번호는 21 하나 이다. 어떻게 출현했는지 독자들이 직접 생각해보길 바란다. 필자가 일일이 설명하는 것보다, 이렇게 저렇게 연구할 여지를 독자들에게 남겨두는 것이, 때론 더 효율적일 수도 있다고 판단 하기 때문이다. 이로써, 3회차에 대한 설명을 마무리하겠다.

도표 8회에 대해 살펴보자.

7회를 주시하자. 26과 보42의 중간 위치가 34다. 한편 2, 9, 16과 결합해 하나의 OT를 만들 기 위해선 23이나 37 등을 필요로 하는데 여기에선 37을 선택하는 것으로 하겠다.

이어서 7회 밑줄번호인 25, 26, 40과 합쳐져 역시 OT를 만들 수 있는 번호들 가운데에 8회 밑줄번호인 39를 택하면 되겠다.

39와 관련된 다른 결합번호를 알아보자. 7회 2, 16과 25를 주시하자. 이 세 번호와 어우러 져서 OT가 될 수 있게 하는 번호가 있는데, 독자들도 알다시피 바로 39라는 것이다. 위 내용 에서도 알 수 있듯이, 어떤 관점으로 생각해야 하는지가 핵심사항이다.

이번엔 도표 10회에 대해 살펴보자.

9를 어떻게 찾으면 될까? 좀 어려워 보일지 모르겠지만 생각할 수가 있다. 9회를 보자. 2, 17, 36에 어떤 번호를 넣어야 OT가 생성될 수 있을까? 바로, 중복타입을 만들 수 있는 번호 가운데 하나가 9라는 것이다. 참고로, 9는 2의 1칸 아래이면서 16의 1칸 위다. 즉, '사이 칸'이다.

또 2, 17, 36과 결합해서 OT를 만들 수 있는 번호 중에 25가 있다. 이 25는 8회 당첨번호이 기도 하다.

밑줄번호 30은 9회 밑줄번호 2, 36, 39와 합쳐져 OT를 만들 수 있는 번호다. 33은 8회 19, 25, 39와 어우러져 역시 OT를 생성할 수 있는 번호다.

마지막으로, 도표 13회를 들여다보자.

12회 밑줄번호인 11, 25, 39와 결합해서 중복타입을 만들 수 있는 번호들 가운데에 13회 밑줄번호인 23이 있다. 그런데 찬찬히 음미해보면 이 23은 9회 2가 이동해서 나온 것임을 알 수 있을 것이다. 이상으로, 중복타입을 이용해 번호를 구하는 과정을 살펴봤다.

다음은 중복타입을 이용해 번호를 찾는 또 다른 과정을 보여주고 있다. 도표의 위아래 회차가 한 쌍으로 구성돼 있다. (설명은 생략)

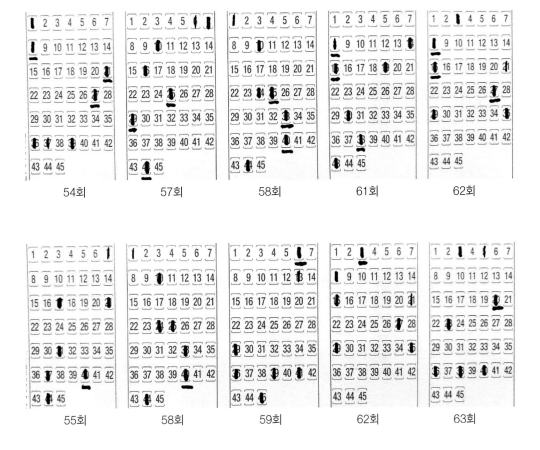

지금부턴 타생 번호를 탐색하는 과정에 관해 잠깐 설명해보고자 한다. 책 앞부분의 용어설명에서 나와 있듯이, 타생 번호는 타입을 생성할 수 있는 번호를 말한다. 136회 번호들을 활용해 137회 당첨번호를 만들어보자. (도표 생략) 독자들이 136회, 137회 번호를 직접 '용지'에 표기해보길 바란다.

136회 2, 보11, 16과 결합해 OT를 만들 수 있는 번호 가운데에 7과 9가 있다. 이제 조금 다른 시각으로 20을 구해보자. 바로 2와 보11을 이용하는 것이다. OT를 만들 수 있는 번호를 찾으려 했던 앞의 예에서와는 달리, 기존 두 개의 당첨번호와 어울려 GT(일반타입)를 생성할 수 있는 번호를 구하려는 것이다.

알다시피, 세 번호로 이뤄진 일반타입이 많이 있지만 여기선 이렇게 해보자. 136회 2부터 시작하겠다. 아래로 1칸 내리고 오른쪽으로 2칸 움직이면 보11이 된다.

계속해서 반복적으로 밑으로 1칸 내리고, 우로 2칸 이동시키면 20이 나온다. 한마디로 말한다면 2, 보11, 20이라는 일반타입을 구하는 과정에서 20을 찾아냈다고 생각하면 될 것 같다. 이른바, 방향성 타입을 만들어 본 것이다. 이렇듯, 20은 타입을 생성할 수 있는 번호, 즉 타생 번호라는 것이다.

지금까지의 설명을 간추려보면, 'OT를 만드는데 어떤 번호를 선택해야 하는가'처럼 'GT를 생성하는데도 어떤 번호를 찾아 놓아야 하는가'도 중요한 관심 사항이 될 것이다. 이렇게 해서 타입을 생성할 수 있는 번호인 타생 번호에 관해 간단하게 설명해봤다.

뒤이어 소개되는 자료를 보면서, 독자들이 차분히 한번 생각해보길 바란다.

소스 회차 및 번호		대칭/타생 번호	목표 회차
1	23, 29, 33	25	2

위의 자료는 OT를 만드는 과정에서의 관련 회차 및 번호들을 보여주고 있다. 참고로, 25를

사용해서 여러 개의 GT를 만들 수 있다는 점이다.

2	9, 13, 25	11	3
	GT	19	

위의 GT는 타생 번호인 19와 결합할 수 있는 2개 번호의 묶음을 대표한다. 예를 들어보면, (13, 25), (13, 21), (25, 32)와 같은 쌍들이 19와 결합해 각각 하나의 GT를 만들 수 있다는 것이다. 따라서, 19와 결합해서 일반타입을 생성할 수 있는 이러한 쌍들을 대표하는 의미로, 'GT'라고 표기했다.

GT로 표기된 자료가 나오면, 어떤 번호들이 타생 번호와 결합해 어떤 일반타입을 만드는가를 생각해보길 바란다. 어렵진 않을 것이다. GT 없이 네 개 번호로 이뤄진 것이 이번 절에서 다루고 있는 대칭(중복타입)과 관련된 것이라고 독자들이 생각하면 되겠다.

7	GT	34	8
	25, 26, 40	39	← 대칭(중복타입)
9	GT	30	10
	2, 36, 39	30	
12	11, 25, 39	23	13
18	12, 13, 19	6	19
18	3, 12, 19	10	20
18	12, 13, 19	18	20
	3, 12, 32	23	
20	10, 14, 18, 20	12	21
	18, 20, 30	32	
22	GT	33	23
21	6, 12, 18	42	
23	5, 17, 18	4	25
26	4, 7, 18	1	27

	18, 20	26, 28	
	25, 보31	37, 43	
26	GT	35	28
	4, 7, 18	35	
	18, 20, 보31	35	
27	1, 37, 43	9	28
	20, 26, 28	18	
34	26, 37, 40	23	36
	26, 40, 42	28	
35	2, 3, 11	10	
36	1, 10, 40	7	37
	23, 26	30, 33	
	26, 28	33, 35	
	23, 26, 40	37	
36	10, 23	16, 17	38
37	30, 37	22, 43	
42	17, 18, 32	31	43
	18, 21, 32	35	
	23, 32	39, 44	
42	GT	11	44
	17, 18, 19	11	
43	31, 44	30, 45	
44	3, 38, 45	10	45
	30, 38, 보39	33	
	21, 보39	27, 33	
45	1, 10, 보17	8	46
	10, 보17, 20	13	
	10, 20, 33	23	
	27, 33	23, 31	
46	8, 13, 15	17	47
	8, 13, 23	26	

47	31, 36, 45	37, 38	48
48	보3, 6	16, 19	49
	보3, 6, 37	40	
49	16, 19, 보30	2	50
	19, 33, 40	12	
	GT	10	
	7, 16, 19	10	
49	GT	44	50
	16, 19, 보30, 33, 40	12	
51	2, 11, 44	4	52
	2, 3, 16	15	
	11, 26, 44	29	
	GT	20	
52	보1, 2, 16, 17	7, 8	53
53	7, 8, 14	1	54
	33, 39	21, 27	
	32, 39, 보42	36	
54	36, 39	31, 44	55
	8, 21, 27	40	
57	25, 29, 44	40	58
58	25, 33, 40	6	59
	25, 40, 44	29	
	33, 40	29, 36	
	10, 24, 25	39	
61	보8, 15, 38	3	62
	19, 43	27, 35	
62	8, 15, 27	20	63
	27, 29, 35	23	
	8, 15, 29	36	
66	3, 17, 24	10	67
	17, 22, 24	15	

	22, 24	36, 38	
68	GT	5	69
	10, 12, 26	14	
	10, 12	8, 14	
69	5, 14, 19	28	70
71	12, 41	26, 27	72
72	보1, 2, 4	3	73
	11, 26, 27	12	
	17, 26, 27	18	
	11, 17, 26	32	
	4, 11, 17	40	
	보1, 4, 11	43	
73	GT	6	74
	3, 12, 40	6	
	3, 18, 32	17	
	보38, 40, 43	35	
74	6, 18, 19	1	76
	15, 17	1, 3	
	15, 18	22, 25	
76	1, 3, 37	2	77
76	15, 22, 25	18	77
	15, 22, 25	32	
	15, 22, 37	44	
77	2, 19, 43	10	78
	18, 32, 보37	13	
	32, 보37, 44	25	
	18, 29, 32,	35	
91	1, 24, 25	3	92
	24, 26, 29	35	
92	24, 36	22, 38	93
95	보14, 27, 34	21	96

	8, 17, 31	22	
101	3, 보8, 17	22	102
106	4, 10	1, 9	107
	4, 10, 12	6	
	22, 24, 보29	31	
108	22, 23, 44	1	109
	7, 보12	5, 42	
	23, 29, 44	36	
	18, 23, 29	34	
110	22, 29, 43	36	111
111	31, 33, 40	42	112
121	GT	17	123
121	9, 12	17, 18	123
122	보8, 16, 17	7	
	보8, 16, 36	30	
	1, 보8, 17	45	
124	16, 23, 29	8	125
	23, 25, 29	33	
	16, 23, 29	36	
127	3, 5, 10	12	128
	3, 5, 32	34	
	29, 보35, 43	37	
133	4, 7, 보13	12	134
	7, 보13, 26	20	
	7, 15, 23	31	
135	6, 22, 28	2	136
	보16, 22	30, 36	
	6, 13, 35	41	
136	2, 보11, 16	7	137
		9	
	GT	20	

	2, 보11, 16, 30	25, 39	
	GT	39	
139	11, 20, 43	3	140
	9, 11, 보13, 15	17, 19	
144	4, 15, 17	2	145
	4, 17, 26	13	
	36, 37, 보43	44	
144	4, 15, 17	2	146
	GT	19	
	GT	35	
145	20, 27	35, 42	
146	2, 19	4, 21	147
	보25, 27	4, 6	
	35, 41, 42	6	
	GT	13	
	보25, 27, 42	40	
147	4, 6, 13	11	149
148	25, 33, 34	42	
153	3, 8, 11	6	154
	GT	19	
	11, 13	19, 21	
	3, 11, 13	21	
	11, 13, 보33	35	
	3, 8, 36	45	

5.
좌/우로 1칸 그리고 상/하로 1칸 만들기

지금까지 1장의 기본개념과 2장의 응용개념에 관해 설명해왔는데, 드디어 2장 마지막의 주제를 접하게 되었다. 그동안 필자의 글에 꾸준히 관심을 보여준 독자들에게 감사의 마음을 전하고 싶다. 어느덧, 로또개념에 대한 막바지 과정에 들어섰다. 마라톤으로 치면 40킬로미터쯤 뛰었다고 본다. 제일 힘들 때다. 조금만 더 힘을 내보자.

이번에 소개할 내용은 지금까지 언급해왔던 개념들보단 상대적으로 쉬울 것이라고 본다. 즉 간단히 표현한다면 '좌/우 1칸 그리고 상/하 1칸'이라는 내용이다. 이것을 한번 자세히 풀어서 보면, '왼쪽이나 오른쪽으로 1칸 옮기면서, 동시에 위로 1칸 올리거나 아래로 1칸 내린다'이다.

이 책 다른 부분에서 다뤘었던 타입이나 번호이동처럼 생각을 좀 더 해야만 하는 것들과는 다르게, 특정 번호를 '좌/우 그러면서 상/하' 방향으로 1칸씩 움직이게 하면 된다는 점이다. 그렇다고 만만하게 볼 건 아니다. 다음과 같이, 실례를 들면서 설명하겠다.

275회와 276회처럼 위아래 도표가 쌍으로 이뤄져 있다.

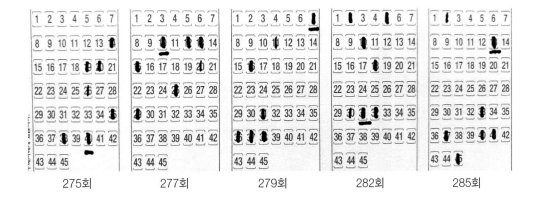

| 275회 | 277회 | 279회 | 282회 | 285회 |

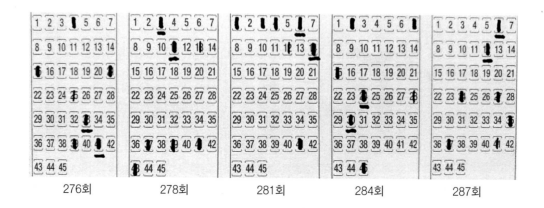

| 276회 | 278회 | 281회 | 284회 | 287회 |

275회의 40을 우로 1칸 옮겨 41로 나오게 하고, 동시에 위로 1칸 올리면 33이 만들어진다. 이렇게 구해진 33, 41은 276회 당첨번호로 나타난다.

이 내용을 표기해보면 다음과 같다.

소스 회차 및 번호		작업 진행 방향		작업 회차 및 번호		
275	40	우	상	276	41	33

이쯤에서 독자들도 어느 정도 생각할 수 있듯이, '어느 번호를 선택해서 어느 방향으로 1칸씩 움직이게 할 것인가'가 핵심적인 사항이라고 말할 수 있다. 다른 사람이 하는 것을 보면 쉽게 따라 할 수 있을 것 같아도, 자신이 직접 할 땐 그렇지 않음을 우리는 자주 목격하게 된다. 독자들도 다양한 시각으로 연습하면서 이번 주제에 관해 능숙해지길 바란다.

두 번째 예를 살펴보자. 277회 10에서 출발하겠다. 오른쪽으로 1칸 옮겨 11로 만들고, 동시에 위로 1칸 올려 3으로 나오게 했다. 이 두 개가 278회 당첨번호로 되었다.

여기서 잠깐 생각해보면, 앞에서 만든 3은 276회 4의 옆 번호라는 것을 알 수 있을 것이다. 이런 식으로 번호 흐름을 파악하면서 작업을 진행하면 되겠다.

이 과정을 간략히 표시하면 아래와 같다.

소스 회차 및 번호		작업 진행 방향		작업 회차 및 번호		
277	10	우	상	278	11	3

세 번째 예를 들여다보자. 279회 7을 선택해서 작업해보려고 한다. 왼쪽으로 1칸 옮겨 6으로 만들고, 동시에 아래로 1칸 내려서 14가 되도록 한다. 이렇게 해서 281회 당첨번호 두 개를 찾아냈다. 참고로, 6과 14라는 두 번호가 277회에서 개별적으로 OT를 만들어 낼 수 있다.

소스 회차 및 번호		작업 진행 방향		작업 회차 및 번호		
279	7	좌	하	281	6	14

설명을 생략하고 아래의 도표를 추가로 소개하겠다. (위아래 도표가 쌍이다)

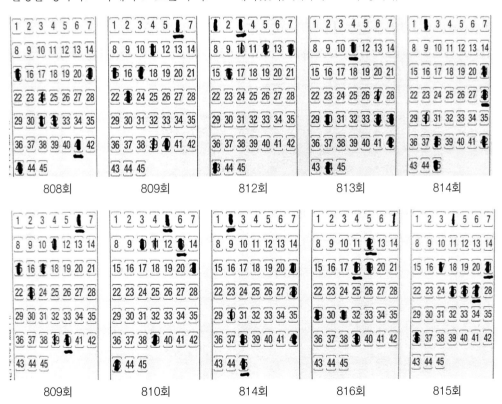

808회   809회   812회   813회   814회

809회   810회   814회   816회   815회

여기서, 독자들에게 말하고 싶은 게 있다. 잘 알다시피, 단순히 어떤 사항에 대해 알아야 하는 것 외에도, 여러 다양한 생각을 가질 필요성이 있다는 점이다. 요즈음 여러 분야에서 '창의적'이라는 말이 자주 언급되고 있는데, '로또'에서도 마찬가지일 것이다. 독자들도 이런저런 방식으로 생각하다 보면, 실력이 향상될 것으로 예상해본다.

단순히 행운에만 의존하는 사람이라면, 이 책이 필요하지 않을 수도 있다. 그러나 비록 운에 의한 로또 추첨이지만, 어느 정도 일정한 흐름이나 특성이 있음을 이 책을 통해 알 수 있을 것이다. 이 책에서 다뤄지는 내용을 학습하면서, 독자들도 좀 더 생각하고 즐기는 '로또 참여자'가 되었으면 한다.

이렇게 해서 2장의 마지막 주제인 '좌/우 1칸 그리고 상/하 1칸'에 대한 설명을 마무리하려고 한다.

다음은 '좌/우 1칸 그리고 상/하 1칸' 관련 자료다.

소스 회차 및 번호		작업 진행 방향		작업 회차 및 번호		
6	26	좌	상	8	25	19
8	37	좌	하	9	36	2
8	34	좌	하	10	33	41
9	2	좌	상	11	1	37
14	2	우	상	15	3	37
14	2	우	하	17	3	9
17	37	우	상	19	38	30
18	13	우	하	20	14	20

23	42	우	하	24	43	7
23	보44	좌	하	25	43	2
24	27	좌	상	27	26	20
		우	상		28	20
27	37	좌	하	30	36	44
	43	우	상		44	36
32	34	좌	하	33	33	41
32	44	좌	상	35	43	37
36	23	좌	상	38	22	16
42	32	좌	하	43	31	39
44	30	우	상	46	31	23
47	17	우	상	48	18	10
46	보39	우	하	49	40	4
48	10	우	상	51	11	3
52	15	좌	상	53	14	8
52	20	우	하	54	21	27
55	17	좌	상	57	16	10
58	보1	우	하	60	2	8
61	19	좌	하	64	18	26
64	26	좌	하	65	25	33
68	26	좌	상	70	25	19

70	19	좌	상	73	18	12
71	41	좌	하	74	40	6
76	1	우	상	77	2	43
77	32	우	상	78	33	25
78	25	좌	하	79	24	32
79	24	우	상	80	25	17
79	12	우	상	81	13	5
84	보11	우	상	87	12	4
87	23	우	하	88	24	30
89	보37	우	하	90	38	44
93	6	좌	상	94	5	41
95	8	좌	하	97	7	15
95	31	우	상	98	32	24
97	36	우	하	99	37	1
103	5	좌	하	106	4	12
109	34	좌	하	112	33	41
120	10	우	하	122	11	17
123	30	좌	상	124	29	23
127	29	우	하	128	30	36

130	24	좌	상	132	23	17
130	19	좌	하	133	18	26
136	16	좌	상	139	15	9
137	20	좌	상	140	19	13
143	42	좌	상	146	41	35
154	40	우	상	155	41	33
155	32	우	하	157	33	39
155	20	우	상	158	21	13
159	41	좌	상	161	40	34
164	6	좌	하	165	5	13
170	31	좌	상	173	30	24
175	36	우	하	177	37	43
175	19	좌	상	178	18	12
184	1	우	하	185	2	8
187	38	좌	하	189	37	45
190	31	우	상	191	32	24
190	44	우	상	192	45	37
191	25	우	상	193	26	18
195	19	우	상	198	20	12

201	보26	우	하	202	27	33
203	30	좌	하	205	29	37
207	32	좌	상	208	31	25
207	25	좌	상	209	24	18
210	19	좌	상	212	18	12
212	21	좌	하	214	20	28
214	28	좌	하	217	27	35
220	19	좌	하	223	18	26
221	20	좌	하	224	19	27
223	20	좌	상	225	19	13
223	1	우	하	226	2	8
235	27	우	하	238	28	34
252	26	좌	상	253	25	19
254	30	우	하	257	31	37
263	37	좌	하	264	36	44
267	19	우	하	270	20	26
274	13	우	하	275	14	20
275	40	우	상	276	41	33
277	10	우	상	278	11	3

279	7	좌	하	281	6	14
282	31	좌	상	284	30	24
285	13	좌	상	287	12	6
289	38	우	하	290	39	45
292	31	좌	하	294	30	38
296	30	좌	하	298	29	37
299	36	우	하	301	37	43

3 장

추적 45회

드디어 3장으로 접어들었다.

1, 2장에서 학습했던 로또개념을 바탕으로, 이전 회차들의 번호가 어떻게 특정 회차 번호로 나타났는지 독자들과 함께 살펴볼 것이다.

앞장에선 주제별로 설명이 이뤄져 있는 반면에, 여기에선 여러 개념이 동시에 나오면서 해당 내용을 설명하고 있다.

한편, 지금까진 로또에 대한 기본적인 내용을 위주로 해서 학습했기 때문에
실제로 당첨번호를 어떻게 예상해봐야 하는지 약간은 난감했을 것이다.
그러나 걱정하지 않아도 된다. 여기, 독자들을 안내할 '로또 가이드'가 있지 않은가. 신비로운 로또 세계를 향해 함께 떠나가 보자.

책 앞부분에서도 언급했지만, 당첨번호가 어떤 과정으로 나오게 되었는지 회차별로 설명이 이뤄져 있는데 3장 전체에 걸쳐 소개된다.

자, 본격적으로 시작하겠다.

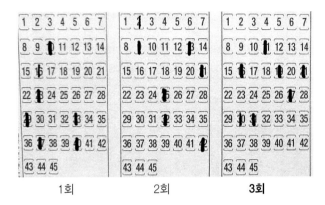

1회	2회	3회

다음은 개별 번호를 선택하는 과정을 보여준다.

11은 2회 9와 13의 중간위치에 있고, 중복타입을 만든다.

16은 1회 보너스 번호이면서 2회 9의 아래 칸이다.

19는 방향성 타생 번호다. 즉, 2회에서 13, 19, 25라는 타입을 만들 수 있는 게 바로 19다.

21은 2회 당첨번호다.

27은 1회 23, 29, 33과 결합해 중복타입을 만들고, 2회 25의 우2 칸 번호다.

31은 1회 29와 33의 중간이면서, 중복타입을 만들 수 있다. 방향성 타생 번호다. 2회 32의 좌1 칸 번호다.

이상으로, 도표를 보면서 직관적으로 3회 번호를 선택하는 과정을 설명했다. 그러면 어디서 어떤 과정을 거쳐 3회 번호를 만들어 낼 수 있는지 알아보자.

1회를 들여다보자.

10, 33, 37, 40을 그대로 아래로 3칸 내린다. 그러면 12, 16, 19, 31이 나타난다.

이때, 미차 운동으로 12가 11로 된다. (4개)

중복타입을 만들 수 있는 번호로 27이 있다. (5개)

방향성 타입을 생성할 수 있는 번호로 21이 있다. 21, 29, 37이 방타다. (6개)

2회를 살펴보자.

9, 13, 21, 25를 하1좌1 칸 방향으로 움직여보면 15, 19, 27, 31이 나온다.

이때, 미차 운동으로 그룹이동으로부터 나온 15가 16으로 바뀐다는 점이다.

여기까지 4개 번호를 구했다.

또, RO 법칙을 적용하면 9나 13으로부터 11을 뽑아낼 수 있다. (5개)

마지막으로, 전회차(2회) 당첨번호 21을 그대로 선택한다. (6개)

이렇게 하여, 3회차 당첨번호가 출현하는 과정을 살펴봤다.

타입을 알아보자.

1회 10, 37, 40과 3회 16, 19, 31은 같은 타입이고,

2회 13, 21, 25와 3회 11, 21, 27도 같은 타입이다.

또 3회 각 타입을 결합해주는 연결 타입으론 3회 16, 19, 27이 있는데, 역시 1회 29, 37, 40
과 서로 같은 타입이다.

■ 5회 (2)

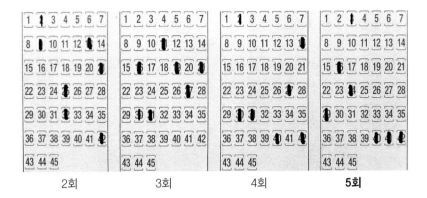

2회	3회	4회	**5회**

16은 2회에서 방타(방향성 타입)와 중타(중복타입)를 만든다. 3회 당첨번호다.

4회에서 보2, 30과 결합해서 방향성 타입을 생성한다.

24는 2회 25의 옆 번호다. 3회에서 16, 19, 27과 결합해서 중타를 만든다. 3회와 4회 각 31의 상1 칸 번호다.

29는 2회, 3회, 4회에서 방타 또는 중타가 될 수 있다. 4회 30의 좌1 칸 번호다.

40은 2회, 3회에서 방향성 타입을, 3회에서 중타를 각각 만든다. 4회 당번이다.

41은 2회, 3회, 4회에서 각각 중복타입을 생성할 수 있다.

42는 3회에서 보너스 번호가 포함되는 중타를 만든다. 2회, 4회 당첨번호다.

3회를 탐색해보자.

16을 그대로 선택한다. (1개)

이어서, 11, 16, 27을 하2좌1 칸으로 움직여보면 24, 29, 40이 나온다. (4개)

이쯤에서, 위 4개 번호만 사용해서 '반자동'으로 복권을 구매한다면, 로또 시스템에서 만들어지는 번호에 의해서 독자들에게 행운을 가져다가 줄지도 모르겠다. 단, 용지에서 맨 왼쪽 복권게임 칸에 표기해야 함을 조건으로 해서 말이다.

이유는 어떤 낙첨될 예정인 다른 번호들의 간섭을 배제하기 위함이다. 로또 전산시스템이 어떤 식으로 구축되었는지 필자가 들여다보지 않아서 모르겠지만, 필자의 생각을 나름대로 기술해봤다.

한편, 위에서 3회 번호들이 그룹 이동할 때 40이라는 번호가 나타났는데, 이때 41이 붙어 나왔다고 생각하면 되겠다. (5개) 그런데, 좀 더 확장해본다면 42까지 함께 출현했다고 볼 수도 있을 것이고, 또는 '타방 법칙'을 이용해 27을 하2우1 칸으로 움직여서 42를 만들 수도 있다. 이렇게 해서 5회 당첨번호 전부를 찾아냈다.

이제 타입을 보자.
3회 11, 16, 27과 5회 24, 29, 40은 같은 타입이고
4회 14, 30, 31과 5회 16, 41, 42도 같은 타입이다.

끝으로, 5회 각 타입을 결합해주는 연결 타입으론 5회 16, 29, 42가 있는데
4회 14, 27, 40과 같은 타입이다.

■ 8회 (3)

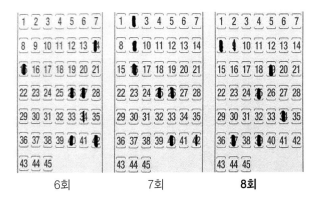

6회	7회	**8회**

8은 6회 15의 상1 칸 번호이면서, 7회에서 중타를 만들고 9의 좌1 칸이다.

19는 6회 26과 7회 26의 상1 칸 번호다. 6회와 7회에서 중복타입을 만든다.

25는 6회에서 방타와 중타를 생성하며 26의 옆 번호이면서 7회 당첨번호다.

34는 6회 보너스 번호다. 또 7회에서 방향성 타생 번호를 생성한다.

37은 7회 2의 상1 칸 번호다. 중복타입을 만들 수 있다.

39는 6, 7회 40의 좌1 칸 번호다.

7회에서 39는 25, 26, 40과 결합해 대칭 타입인 중복타입을 만들 수 있다.

지금부턴, 8회 번호들이 어떤 과정을 거쳐 나타났는지 알아보자.

6회를 주시하자.

먼저 14, 26, 40, 42를 상1우1 칸 방향으로 움직여보자. 그러면 8, 20, 34, 36이 나오는데, 목적지보다 1칸 덜 이동되어 20이 아닌 19로 되었고, 반대로 1칸 더 움직여 36이 아닌 37이 되었다. (4개)

그런데 한가지 언급할 것이 있다. 그룹이동에 관련된 소스 회차(6회)의 번호 개수만큼만 목표(타깃) 회차(8회)에서 나와야 하지만 번호 한두 개가 더 나올 수도 있다는 점이다.
예를 들어, 42를 '상1우1' 칸으로 이동시키면 36이 아닌 37로 나오는데, 여기에 더해 39까지 나타난다는 것이다. (5개)

여기서 소스 번호 40을 차분히 왼쪽으로 1칸 옮겨 39로 만들 수도 있다. 한마디로, 39를 만드는 생각의 과정이 다를 수는 있어도 결과는 같아진다는 것이다.

이제 마지막으로 1개 번호만 찾으면 된다. 어떻게 해야 할까. 그것은 전회차(7회)의 당첨번호인 25를 그대로 선택하면 된다는 점이다. (6개) 독자들도 잘 알다시피, '나왔던 번호가 또 출현한 것'이라고 보면 되겠다.

이번엔 타입을 보자.
5회 16, 24, 29와 8회 19, 25, 34는 같은 타입이고,
6회 15, 40, 42와 8회 8, 37, 39도 같은 타입이다.
6회 26, 40, 42와 8회 25, 37, 39는 같은 타입이고,
7회 9, 25, 40과 8회 8, 19, 34도 같은 타입이다.

끝으로, 4개 번호로 이뤄진 5회 16, 24, 29, 40과 8회 19, 25, 34, 37도
같은 타입이다.

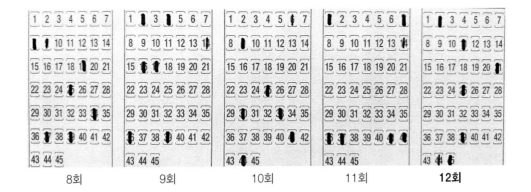

| 8회 | 9회 | 10회 | 11회 | 12회 |

2는 11회 1의 우1 칸 번호이면서 37의 하1 칸 번호다. 2는 11회 1, 36, 37과 결합해서 중타를 만들 수 있다. 9회 당번이고 10회 9와 44의 사이 칸이다.

11은 10회 보6, 25, 30과 결합해서 또는 25, 30, 44로 중타를 만들 수 있다.

21은 11회 보14의 아래 칸이면서 방향성 타입을 나오게 한다. 또 11회 7, 보14, 42와 결합해 대칭인 중복타입을 만들 수 있다.

25는 8회, 10회 당첨번호다. 보다시피 '징검다리 당첨'이다.

39는 9회 당첨번호다. 10회에서 중복타입을 만들 수 있다.

45는 8회 19, 25, 39와 함께, 또 9회 2, 4, 17과 각각 결합해 중복타입을 만들 수 있고, 역시 중타를 위해 11회 36, 37, 42와도 합쳐질 수 있다. 10회 44의 옆 번호다.

8회를 분석해보자.

19, 25, 34를 상3좌2 칸으로 움직여보자. 그러면 2, 11, 45가 나오고, RO 법칙으로 21이 만들어진다. 여기까지 4개 번호를 구했다. 이어서, 25, 39를 차분히 그대로 선택하면 되겠다. (6

개) 이렇게 해서 6개 번호를 모두 구해냈다.

그런데, 위에서 소스 회차 8회 19, 25, 34는 GT(일반타입)이고, 목표 회차 12회 2, 11, 45는 ST(그림자 타입)이다. 자세히 보면 이 둘은 모양과 크기는 같은데 타입이 명시적이냐 암시적이냐, 즉 뚜렷이 보이느냐 그렇지 않냐에 따라서, 일반타입이나 그림자 타입으로 각각 분류될 수 있다는 것이다.

마지막으로, 타입을 보자.
8회 19, 25, 34와 12회 2, 11, 45는 같은 타입이고,
7회 16, 26, 40과 12회 21, 25, 39도 같은 타입이다.
10회 9, 41, 44와 12회 11, 21, 25는 같은 타입이고,
10회 25, 33, 41과 12회 2, 39, 45도 같은 타입이다.

10회와 12회 타입과 관련해선 '이런 식으로 타입을 세팅할 수도 있구나' 정도로 해서 유연하게 넘어가자. 참고로, 10회 44를 2로 대체해서 본다면 10회 2, 보6, 30과 12회 21, 25, 39도 같은 타입이다.

이번엔 4개 번호로 이뤄진 것으로, 10회 9, 30, 41, 44와 12회 11, 21, 25, 39도 같은 타입이다.

■ 13회 (5)

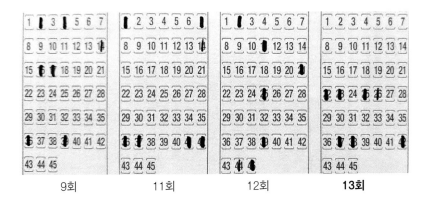

| 9회 | 11회 | 12회 | **13회** |

22는 12회 21의 우1 칸 번호다. 9회와 12회에서 중복타입을 생성한다.

23은 12회 21과 25의 중간번호다. 12회 2, 보44와 함께 방향성 타입을 만든다. 12회 11, 25, 39와 결합해 중복타입을 만들 수 있다.

25는 전회차인 12회의 당첨번호다. 9회에서 중타를 이루게 한다.

37은 11회 당첨번호다. 12회 보44의 위 칸이다.

38은 11회에서 방타를, 12회에서 중타를 생성한다. 12회에서 직교 칸이 된다.

42는 11회 당첨번호다. 또 9회 36, 39와 결합할 수 있는 방향성 타생 번호다.

이제 어디서 어떻게 유도과정을 거쳐야 위와 같은 번호들로 나오게 되는지
탐색해보자.

9회를 주시하자.

2, 4, 16, 17을 하3 칸으로 움직여본다. 그러면 23, 25, 37, 38이 나오고, 인력으로 23에 22

가 달라붙어 같이 나왔다고 생각하면 되겠다. (5개)

이제 나머지 한 개만 구하면 된다. 9회차에서 그룹이동 시, RO 법칙으로 2로부터 42가 생겨난다는 것이다. 독자들도 이 글을 읽는 순간 이해했으리라고 본다. (6개)

지금부턴 타입에 대해 알아보자.

9회 2, 4, 17과 13회 23, 25, 38은 같은 타입이고,

9회 2, 17, 39와 13회 22, 37, 42도 같은 타입이다.

9회 4, 16, 17과 13회 25, 37, 38은 같은 타입이고,

9회 16, 17, 36과 13회 22, 23, 42도 같은 타입이다.

■ 20회 (6)

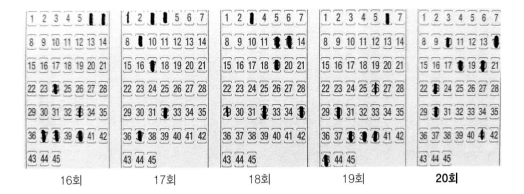

| 16회 | 17회 | 18회 | 19회 | **20회** |

10은 17회, 18회, 19회에서 각각 중복타입을 만든다.

14는 18회 13의 우1 칸 번호다. 19회에서 중복타입과 방향성 타입을 만든다.

18은 17회 17과 18회 19의 옆 번호다. 17, 18, 19회에서 중복타입을 만든다.

20은 18회 12, 13, 19와 함께 대칭인 중복타입을 만든다. 19회에서도 그렇다.

23은 16회, 17회, 18회에서 중복타입을 만든다. 19회 30의 상1 칸이다.

30은 16회, 17회에서 중복타입을 만든다. 19회 당첨번호다.

19회를 들여다보자.

30, 38, 40, 43을 상3우1 칸으로 이동시키면 10, 18, 20, 23이 나온다. (4개)

이 단계에서 독자들에게 물어보고자 한다. 번호들이 그룹이동 시에, 한두 개 번호가 다른 방향으로 움직일 수도 있다는 사실을 기억하는가이다. 여기선 19회 43이 하3좌1 칸으로 이동되어 14로 된다는 것이다. 한마디로, 타방 법칙을 이용했다는 점이다. (5개)

마지막으로, 30은 17회, 18회에서 중복타입을 만들 수 있다. 또, 19회 30을 그대로 선택하면 된다. (6개)

타입을 보자.
18회 3, 12, 19와 20회 14, 23, 30은 같은 타입이고,
19회 30, 38, 40과 20회 10, 18, 20도 같은 타입이다.
18회 12, 19, 32와 20회 10, 23, 30은 같은 타입이고,
19회 6, 38, 40과 20회 14, 18, 20도 같은 타입이다.
참고로 20회 10, 14, 18, 20은 중복타입이다.

■ 28회 (7)

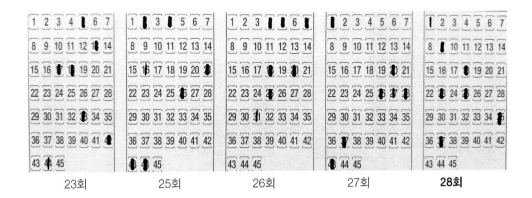

| 23회 | 25회 | 26회 | 27회 | 28회 |

9는 26회, 27회에서 중복타입을 만든다.

18은 26회 당첨번호이고, 25회, 27회에서 중타로 나오게 한다.

23은 26회에서 중복타입을 만든다. 27회 20과 26의 중간에 있다.

25는 26회 당첨번호이면서 27회 26의 좌1 칸이다.

35는 26회, 27회에서 중복타입을 만든다. 27회 28의 하1 칸이다. 또, 여기서 자세히 살펴보면 27회에서 20, 26, 28과 함께 쌍둥이 타입(TT)을 만들 수 있는 번호들로서 27회 37, 43, 35가 있다. 그래서 이 35를 선택했다고 생각하면 되겠다.

37은 24회 29, 36, 43과 결합해서 중복타입을 만든다. 또, 25회에서 중복타입을 생성하며 27회 당첨번호다.

23회를 살펴보자.

5, 18, 33, 42를 하3좌3 칸으로 움직여보자. 그러면 9, 18, 23, 36이 나오는데, 미차 운동으로 36이 아닌 35와 37이 나타난다. (5개)

26회를 주시하자.

4, 18, 20, 보31을 하1좌2 칸으로 이동시키자. 그러면 9, 23, 25, 36이 나오는데, 여기서 미차 운동으로 36이 아닌 35와 37 두 번호가 출현했다. (5개)

이어서, 26회 당첨번호인 18을 차분하게 그대로 선택한다. (6개)

이번엔 타입을 공부해보자.

26회 18, 20, 25와 28회 18, 23, 25는 같은 타입이고,

26회 4, 18, 20과 28회 9, 35, 37도 같은 타입이다.

24회 27, 36, 43과 28회 9, 18, 25는 같은 타입이고,

25회 2, 4, 보16과 28회 23, 35, 37도 같은 타입이다.

앞으론 타입 속성에 대해 좀 더 설명하려고 한다. 어떤 특정 회차에서 당첨번호들 상호 간의 관계를 보면, 위에서 설명했듯이 여러 형태의 타입들이 나온다는 것을 확인할 수 있었다. 즉, 이번 28회차 타입설명에서처럼, 보는 시각에 따라 여러 형태의 타입이 나타날 수 있음을 독자들은 이해해야만 할 것이다.

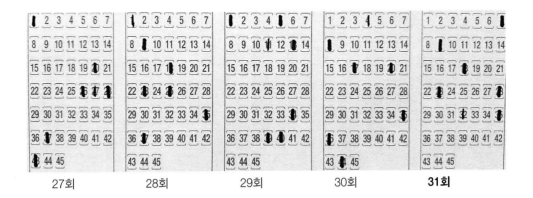

| 27회 | 28회 | 29회 | 30회 | **31회** |

7은 30회 8의 옆 번호다. 29회 5, 보11, 13과 결합해서 중복타입을 만든다.

9는 28회 당첨번호다. 29회에서 중복타입을 생성한다. 30회 8의 옆 번호다.

18은 28회 당번이면서, 29회에서 중타를 생성하고 30회 17의 우1 칸 번호다.

23은 28회 당첨번호이면서 30회 보4, 17, 36과 함께 중복타입을 만들 수 있다.

28은 27회 당번이다. 28회, 29회에서 중복타입을 만들 수 있다. 30회 35의 상1 칸이다.

35는 28회와 30회 당첨번호다. 또 29회에서 34, 39, 40과 함께 중복타입을 만들 수 있다.

이번 31회차에 대한 설명이 독자들에겐 약간 어렵게 느껴질 것으로 예상해본다. 어쨌든 결과가 이렇게 나왔으니, 독자들과 함께 분석이라는 산행을 시작해보겠다. 필자와 함께 떠나보자.

우선, 28회 9, 18, 23, 35 네 개의 번호가 31회에서 그대로 나타났다는 것이다. 어떤 번호가 나올지 예상하기가 어려운 로또 추첨에서, 불과 3주 사이에 소스 회차(28회)로부터 목표 회차 (31회) 쪽으로 같은 번호가 네 개나 그대로 옮겨 가는 게 신기하기도 할 것이다.

항상 이렇게 해야 하는 건 아니지만, 때론 상황에 따라서 기존 추첨에서 나타난 번호들을 이용할 때 멀리 이동시키지 말라는 것이다. 즉, 번호를 그대로 선택하거나, 한 칸이나 두 칸 정도로만 가볍게 옆으로 조정하라는 의미다.

30회를 탐색하자.
8을 좌우로 1칸씩 옮기면 각각 7과 9가 된다. (2개)
또, 17을 오른쪽으로 1칸 옮기면 18이 된다. (3개)
이어서, 35를 차분히 그대로 선택한다. (4개)
보다시피, 앞으로 독자들이 자주 접하게 될 '미세조정'이라는 작업을 했다.

이쯤에서 '반자동'으로 복권을 구매한다면, 물론 운도 있어야겠지만 어느 정도 가능성이 있지 않을까 생각해본다. 왜냐하면, 자동 또는 반자동으로 구매한 복권번호는 어떤 일정한 기준에 의해서 복권시스템이 제공하는 것으로 필자가 생각하기 때문이다.

즉, 누군가가 임의대로 만들고 싶은 대로 시스템에 저장해 놓은 번호가 아니고, 일정하고 합리적인 원칙과 과정을 통해서 만들어진 번호일 것으로 필자는 예상해본다는 것이다.

계속해서 작업을 해보자. 앞서, 30회에서 설명한 것처럼 지금까지 4개 번호를 찾아냈다.

그럼, 나머지 두 개 번호를 어떻게 구해야 하나. 이제 그 두 개의 번호를 찾으러 29회차 쪽으로 떠나보자. 29회에서 어떤 번호를 어떻게 움직여야 그 두 번호를 찾을 수 있을까? 아마도, 많은 독자에게는 익숙하지 않고 좀 어려운 작업일 수도 있다.

한번 해보자. 29회 1, 5, 보11, 34를 하2우3 칸으로 이동시켜 보자. 그러면 9, 18, 22, 28이 나온다. 이때, 미차 운동으로 당첨번호가 22가 아닌, 우로 1칸 더 이동되어 23으로 나타난다는 점이다.
결국, 29회로부터 찾아낸 네 개 번호와 30회에서 조정작업으로 구한 7, 9, 18, 35를 이용해서 31회 당첨번호를 만들려고 한다. 수학적 개념으로 본다면, 앞의 두 그룹의 합집합을 구하는 것이 되겠다. 이렇게 해서 7, 9, 18, 23, 28, 35라는 31회 당첨번호를 만들었다. 그리고 앞에서 기술한 내용을 참고하면서, 28회 9, 18, 23, 35에 대해 음미해보길 바란다.

마지막으로 타입을 보자.

28회 23, 25, 37과 31회 7, 9, 23은 같은 타입이고,

28회 18, 25, 35와 31회 18, 28, 35도 같은 타입이다.

29회 1, 보11, 34와 31회 9, 18, 28은 같은 타입이고,

28회 9, 25, 37과 7, 23, 35도 같은 타입이다.

| 29회 | 30회 | 31회 | 32회 | 33회 |

4는 30회 보너스 번호다. 31회 9, 18, 23과 결합해 중복타입을 만든다. 32회 보11의 상1 칸 번호다.

7은 31회 당첨번호다. 32회 6의 옆이면서 14의 상1에 있는 직교 칸이다.

32는 31회 보너스 번호다. 32회 25의 아래 칸이면서 방향성 타입을 생성한다.

33은 31회 보32의 우1 칸이면서 32회 34의 좌1 칸이다. 32회 6, 19, 34와 결합해서 또는 보11, 19, 25와 합쳐져 중복타입을 만든다.

40은 32회 19, 25, 34와 또는 6, 보11, 19와 결합해 중복타입을 생성한다.

41은 31회에서 방향성 타입을 만들 수 있고 9, 18, 보32와 함께 중복타입을 이룰 수 있다.

그럼, 어떤 과정을 거쳐 이 번호들로 나타나게 할 수 있는지 탐색해보자.

29회차를 음미해보자.

5, 보11, 13, 39, 40을 위로 1칸 옮겨 보면 4, 6, 32, 33, 40이 나온다. 이때 미차 운동으로

6이 아닌 7이 되고, 40에 41이 함께 붙어 나왔다. (6개)

30회를 살펴보자.

보4, 17, 20, 44를 상2우1 칸으로 이동시켜 보자. 그러면 4, 7, 31, 40이 나오는데, 여기서 미차 운동으로 31이 아닌 32로 된다. 또 32에 33이, 40에 41이 각각 붙어 나왔다. (6개)

참고로, 번호이동 시에 보4가 가상번호 46을 거쳐 지나간다는 점이다. 이처럼, 33회차 번호를 구하기 위해서 앞선 소스 회차의 당첨번호들을 가지고 여러 각도로 작업해 봤다.

글을 읽는 것, 더구나 이해하는 과정은 독자들에게 인내와 집중력을 요구한다. 다소 힘들더라도 참고 노력하길 바란다.

32회를 알아보자. 6, 보11, 14를 위로 1칸 움직여보면 4, 7, 41이 나온다. 여기에 40이 붙어 나왔다. (4개)

한편 위의 움직임과 반대로, 타방 법칙을 이용해 25를 아래로 1칸 내려서 32를 구할 수 있다. (5개)

이때, 33이 함께 딸려 나온 것으로 생각하거나 34를 왼쪽으로 옮겨 32와 33으로 만들어 낼 수도 있을 것이다. (6개)

이렇게 해서 32회를 소스 회차로 삼아서 33회 당첨번호를 찾았다.

다음은 타입을 보자.

32회 6, 보11, 14와 33회 4, 7, 41은 같은 타입이고,

29회 5, 39, 40과 33회 32, 33, 40도 같은 타입이다.

29회 보11, 39, 40과 33회 4, 32, 33은 같은 타입이고,

29회 34, 39, 40과 33회 7, 40, 41도 같은 타입이다.

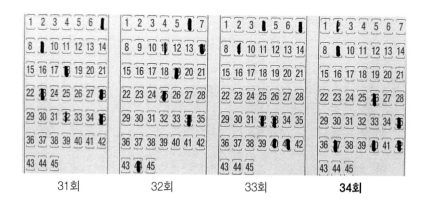

| 31회 | 32회 | 33회 | **34회** |

9는 31회 당번이고 33회 보번(보너스 번호)이다.

26은 31회에서 중복타입을 만들고, 32회 19의 아래 칸이면서 25의 옆 번호다. 33회에서 33의 위 칸 번호다. 여기서 33과 40의 관계를 생각해보길 바란다.

35는 31회 당번이고 32회 34의 우1 칸 번호다. 32회에서 6, 14, 34와 함께 중복타입을 만든다. 단, 48이라는 가상번호(가번)를 이용하는 조건으로. 33회에서 4, 7, 32 또는 32, 40, 41과 어울려 중복타입을 만든다.

37은 31회의 18, 23, 보32와 결합해서 중복타입을 만든다. 32회 44의 위 칸 번호다. 또 33회 4, 보9, 32와 합쳐져 중복타입을 생성한다.

40은 32회 19, 25, 34와 결합해 중복타입을 이룬다. 33회 당첨번호다.

42는 32회에서 6, 19, 25와 함께 중복타입을 만든다. 또, 33회 7의 위 칸 번호이면서 41의 옆 번호다. 이른바 직교 칸이다.

어느 회차를 선택해서 어떻게 작업해야 할까?

31회를 주시하자.
먼저, 35를 차분히 그대로 선택한다. (1개)
이어서, 7, 9, 18, 35를 상1좌2 칸으로 움직여보면 9, 26, 40, 42가 나온다. (5개)
이때, RO 법칙으로 37을 만들어낸다. (6개)

33회를 분석하자.
보9를 차분히 그대로 선택한다. (1개)
4, 7, 보9를 상1좌2 칸으로 이동시키자. 그러면 37, 40, 42가 나온다. (4개)
이 작업은 여기까지다.

이번엔 4, 7, 32, 41을 상1우1 칸으로 움직여보면, 26, 35, 40, 43(1)이 나온다.
이때, 미차 운동으로 43이 42로 된다. (4개)
여기에서 RO 법칙으로 9를 생성하거나 보9를 그대로 선택한다. (5개)

위의 두 작업에서 구한 번호들을 중복되지 않게 모아보면, 33회로부터 34회 당첨번호를 찾을 수 있음을 확인할 수 있을 것이다.

이번엔 타입을 알아보자.
31회 7, 보32, 35와 34회 9, 37, 40은 같은 타입이고
31회 23, 28, 35와 34회 26, 35, 42도 같은 타입이다.
33회 4, 7, 32와 34회 26, 37, 40은 같은 타입이고,
33회 7, 33, 40과 34회 9, 35, 42도 같은 타입이다.

여기서 주의 깊게 살펴볼 게 있다.
4개 번호로 이루어진 타입에 관한 것이다.
31회 7, 18, 보32, 35와 34회 9, 26, 37, 40은 같은 타입이다.

■ 35회 (11)

필자가 설명하는 것에 관해 혹시 이해하기가 어렵다면, 책 앞부분 1, 2장을
다시 한번 살펴본 후 이곳 3장을 읽어보길 바란다.

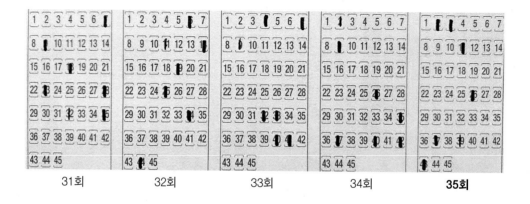

2는 32회 44의 아래 칸으로 생각하거나 대체번호로 작업할 수도 있을 것이다. 또 33회 보9
의 위 칸이면서 34회 보너스 번호다.

3은 32회 6, 보11, 14와 결합해 중복타입을 만들 수 있다. 33회 4의 좌1 칸이다. 34회에서
중복타입이 나오게 한다.

11은 32회 보너스 번호이며, 33회 4의 아래 칸이다. 34회에서 중타를 생성한다.

26은 31회 18, 23, 보32와 결합해 중복타입을 생성한다. 32회에서 직교 칸이다. 33회 33의
위 칸이다. 34회 당첨번호다.

37은 31회, 33회에서 중복타입을 만들 수 있다. 34회 당첨번호다.

43은 32회 44와 34회 42의 옆 번호다.

이번엔 번호들의 움직임을 살펴보고자 한다.

32회를 음미해보자.

보11, 19, 34, 44를 상1좌1 칸으로 움직여보자. 그러면 3, 11, 26, 36이 나온다.

이때, 인력으로 2가 3에 붙어서 함께 나왔고, 미차 운동으로 36이 아닌 37로 되었다. (5개)

마지막으로, 번호를 이리저리 휘젓지 말고 44를 차분히 왼쪽으로 1칸 옮겨서 43으로 만들어 놓는다. (6개)

33회를 들여다보자.

7, 32, 33, 41을 상4좌2 칸으로 이동시키자. 그러면 2, 3, 11, 26이 나온다. 여기서 주의할 점은 7이 가상번호 49를 지나간다는 것이다. (4개)

RO 법칙으로 43이 생성되었다. (5개)

중복타입으로 찾을 수도 있고, 또는 타방 법칙을 이용해 7을 하4우2 칸으로 보내서 37을 구할 수도 있다. (6개)

(참고로, 33회차 밖에서 생각해보면 34회 당첨번호인 37을 선택하면 된다)

타입에 대해 알아보자.

33회 4, 32, 40과 35회 2, 37, 43은 같은 타입이고,

32회 6, 19, 25와 35회 3, 11, 26도 같은 타입이다.

이번엔, 약간 어려운 타입일지도 모르겠지만

33회 32, 33, 40과 35회 2, 3, 37은 같은 타입이고,

32회 6, 19, 44와 35회 11, 26, 43도 같은 타입이다.

끝으로, 35회 2, 3, 11, 43의 관계를 보면 2, 3, 11과 2, 3, 43은 같은 타입으로서 계속 다뤄왔던 '중복타입'임을 알 수 있을 것이다.

■ 36회 (12)

| | 31회 | 33회 | 34회 | 35회 | 36회 |

1은 32회 25, 34와 함께 방향성 타입을 이룰 수 있다. 또 33회 4, 7과도 마찬가지다. 35회 2의 좌1 칸이면서 43의 아래 칸이다. 즉, 직교 칸이다.

10은 33회 보너스 번호 9와 34회 9의 우1 칸 번호다. 35회에서 중복타입을 생성하는데, 또한 직교 칸이다.

23은 약간 떨어져 있는 31회 당첨번호다. 32회 14, 25, 34와 또 33회 4, 보9, 32와 그리고 34회 9, 26, 37과 각각 결합해서 중복타입을 만든다. 34회에서 23을 이용해 다른 중복타입을 만들 수 있는데, 독자들이 그 번호를 채워 보길 바란다.

( )

26은 34회, 35회에서 연속으로 당첨번호로 나왔다.

28은 다소 떨어져 있는 31회의 당첨번호이고, 34회 35의 위 칸 번호다. 여기서 28에 대해 좀 더 설명하려고 한다. 32회 19, 25, 34 또는 33회 4, 33, 41 또는 34회 26, 40, 42 또는 35회

26, 37, 보39와 각각 결합해서 중복타입을 만들 수 있다.

40은 32회 19, 25, 34와 결합해 중복타입을 이룰 수 있다. 33회, 34회 당첨번호다. 35회 10, 26, 보39와 함께 중복타입을 만든다.

자, 이번 36회에서는 번호들이 어떤 흐름을 타고 나타났는지 알아보자.

31회를 들여다보자.

7, 9, 18, 보32, 35를 상1좌2 칸으로 옮겨보자. 그러면 9, 23, 26, 40, 42가 나온다. 이때 미차 운동으로 9가 10으로, 42가 1로 각각 바뀐다. (5개)

마지막으로 28을 차분히 그대로 선택한다. (6개)

33회를 주시하자.

4, 7, 보9, 41을 하3좌2 칸으로 이동시켜 보자. 그러면 11, 23, 26, 28이 나온다. 여기서 미차 운동으로 11이 아닌 10으로 된다. (4개)

그런데, 만약 필자가 설명을 더 하지 않고 지나가더라도 독자들이 스스로 생각해서 내용을 파악할 수 있어야 한다는 점이다. 위에서 41을 하3좌2 칸으로 정상적으로 옮겨보면 18이 나온다. 뭔가 이상하다.

이럴 땐, 41이 가상번호 48을 거쳐서 이동하는 것으로 생각해야만 한다는 것이다. 이렇게 작업하면 11이 나오는데, 알다시피 미차 운동으로 10으로 되었다. 33회 32도 같은 방향으로 가상번호 46을 거쳐 이동시켜 보면 2가 나오는데 마찬가지로 미차 운동으로 1이 되었다. (5개)

마지막으로, 40을 차분히 그대로 선택한다. (6개)

34회를 분석하자.

37, 40, 42를 위로 2칸 올려보면 23, 26, 28이 나타난다. (3개)

이어서, 보2를 좌로 1칸 옮겨 1로 만들고, 9를 우로 1칸 이동시켜 10으로 해둔다. (5개)

끝으로, 40을 가만히 그대로 뽑아낸다. (6개)

여기서는 이동으로 3개, 미세조정으로 3개의 당첨번호를 찾아냈다.

이제 34회를 다른 관점으로 생각하면서 번호를 만들어보자.

보2를 좌로 1칸, 9를 우로 1칸 이동시켜 보면 각각 1과 10을 구할 수 있게 된다. 여기에다 26과 40을 그대로 선택한다. (4개)

또, 26을 좌로 3칸과 우로 2칸으로 보내보면 각각 23과 28을 얻을 수 있어서, 이 책에서 언급하고 있는 1-2-3 법칙을 활용해서도 해결할 수 있게 되었다.

이렇게 해서 각 소스 회차로부터 36회 당첨번호 6개를 모두 찾아냈다.

"로또가 수학이나 과학처럼 논리적인 분야는 아닐지라도, 어떤 흐름이나 특성을 지니고 있다"라고 필자가 이 책 여러 군데서 기술해왔음을 많은 독자가 알고 있을 것이다.

따라서, 앞에서 번호 작업과 관련해 필자가 나름대로 기술한 것에 대해 독자들도 이젠 어느 정도 공감하리라고 본다.

타입을 보자.

34회 26, 40, 42와 36회 26, 28, 40은 같은 타입이고,

32회 14, 19, 34와 36회 1, 10, 23도 같은 타입이다.

35회 2, 11, 26과 36회 10, 23, 28은 같은 타입이고,

34회 26, 37, 40과 36회 1, 26, 40도 같은 타입이다.

33회 4, 7, 보9와 34회 37, 40, 42와 36회 23, 26, 28은 같은 타입이며, 또 4개로 이뤄진 34회 26, 37, 40, 42와 36회 23, 26, 28, 40도 같은 타입이다.

한편, 36회에서 10, 23, 26과 1, 28, 40이 쌍둥이 타입(TT)이고, 1, 23, 26, 40은 중복타입이라는 것이다.

독자들은 이런 면들에 관해 차분히 생각해 볼 필요가 있다.

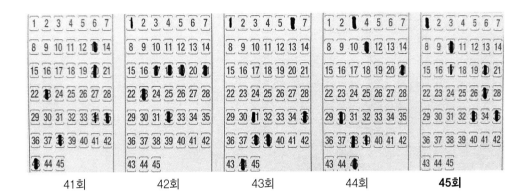

41회	42회	43회	44회	**45회**

1은 42회, 43회 보너스 번호다.

10은 44회 3의 아래 칸이면서 11의 좌1 칸 번호다. 즉, 직교 칸이다. 44회 11, 38, 보39와 함께 중복타입을 만든다.

20은 41회 당첨번호다. 42회와 44회 당첨번호의 옆 번호다. 42회에서 중복타입을 만들 수 있다.

27은 41회, 42회, 43회 44회에서 중복타입을 만들 수 있다.

33은 41회, 42회, 43회, 44회에서 역시 대칭인 중복타입을 생성할 수 있다.

35는 41회와 43회 당첨번호다. (징검다리 당첨이다) 42회, 44회에서 중복타입을 만든다.

이제 이 번호들이 어떤 과정을 거쳐 나타났는지 살펴보자.

44회를 탐색해보자.

3, 11, 45를 하3우3 칸으로 이동시키자. 그러면 20, 27, 35가 나온다. (3개)

이때 RO 법칙으로 3으로부터 1이 만들어짐을 알 수 있다. (4개)

또, 번호이동 시에 35가 출현했는데, 옆 칸(34)이 아닌 1칸 더 떨어진 33으로 번호가 추가로 하나 더 나타났다. (5개)

끝으로, 11을 좌로 1칸 차분히 옮겨 10으로 만든다. (6개)

43회를 음미해보자.

보너스 1과 35를 그대로 선택한다. (2개)

이어서 31, 38, 44를 상2우3 칸으로 이동시켜 보면 20, 27, 33이 나온다. (5개)

이제 나머지 한 개 번호를 찾으면 되는데, 그 과정이 약간 어려울 수도 있겠지만 반대로 의외로 쉽게 해결될 수도 있을 것이다. 바로, 35를 위의 그룹 이동과 다르게 움직이게 하는 것이다. 즉, 독자들도 이젠 잘 알고 있는 이른바 '타방 법칙'을 사용하는 것인데, 바로 하2우3 칸으로 옮기면 10을 만들 수 있다는 것이다. (6개)

이번엔 그룹 움직임이 아닌 1-2-3 법칙으로 번호를 구해보려고 한다. 다시 44회를 살펴보자.

3을 좌로 2칸 보내면 1을 구할 수 있다. (1개)

11과 21을 좌로 1칸 옮기면 각각 10과 20을 만들 수 있다. (3개)

또 30과 38을 좌로 3칸 이동시키면 27과 35를 찾을 수 있다. (5개)

30을 우로 3칸 작업하면 33을 얻을 수 있다. (6개)

위의 작업이 어려울 수 있을 것으로 보지만, 한번 언급해봤다. 이런 식으로 해서 45회 번호 6개를 구했다.

앞서, "로또엔 완전한 진리라는 게 존재하진 않지만 어떤 특성들이 있다"라고 언급했었다. 그러므로, 독자들도 유연하게 이런저런 식으로 생각을 하면서, 당첨번호들이 어떻게 나왔는지 관심을 가져보길 바란다.

타입을 알아보자.

43회 31, 38, 44와 45회 20, 27, 33은 같은 타입이고,

43회 6, 31, 39와 45회 1, 10, 35도 같은 타입이다.

44회 3, 11, 45와 45회 20, 27, 35는 같은 타입이고,

44회 11, 21, 30과 45회 1, 10, 33도 같은 타입이다,

참고로, 45회 4개의 번호 1, 10, 20, 33은 그림자 중복타입으로 볼 수 있다.

■ 54회 (14)

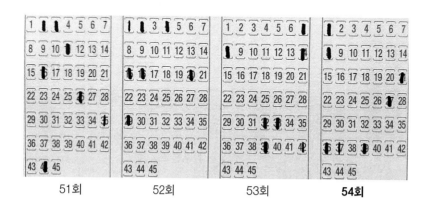

| 51회 | 52회 | 53회 | **54회** |

1은 51회 2의 좌1 칸이고, 52회 보너스 번호다. 또 53회 8의 위 칸이면서 중복타입을 이루 게 한다.

8은 51회 3, 11, 16과 함께 대칭 즉 중복타입을 만든다. 52회 보너스 1과 15의 '사이 칸'이다. 53회 당첨번호다.

21은 51회에서 중복타입을 만든다. 52회 20의 우1 칸이다. 또 52회, 53회에서 중복타입을 만든다. 참고로, 53회 7, 14가 있는데 14의 아래 칸이 바로 21이라는 것이다.

27은 51회 26의 오른쪽 1칸이다. 52회 20의 아래 칸이다. 53회에서 방향성 타입을 생성한 다. 즉 27, 33, 39로 나오게 할 수 있다.

36은 51회에서 중복타입을 만든다. 52회 보너스 1과 29 사이 칸이다. 53회에서 중복타입을 만든다.

39는 51회에서 2, 3, 11과 결합해 중복타입을 만든다. 52회 4의 위 칸이면서 중복타입을 만 든다. 53회 당첨번호다.

이상과 같이, 54회 각 당첨번호에 대한 선택과정을 알아봤다.

53회를 들여다보자.

7, 14, 33, 보42를 상1우1 칸으로 움직여 보면 1, 8, 27, 36이 나온다. (4개)

이어서, 39를 차분하게 그대로 선택한다. (5개)

마지막으로 21이 어떤 과정으로 나오게 되었는지 파악해야 한다. 어떻게 구해야 할까? 이미 알고 있는 상황에서 21을 언급했지만, 만일 추첨 전이라면 '어떤 식으로 그 번호를 예상할 수 있느냐.'이다. 앞에서 21을 구하는 선택과정을 통해 간략히 설명했었는데 이곳에선 타입을 활용하여 21을 찾아보려고 한다.

53회 7, 39, 보42와 54회 1, 36, 39는 같은 타입이다. 이 내용은 이해했으리라고 본다. 이제 이미 구한 5개 번호 중에서 바로 앞의 1, 36, 39를 제외하면 남아있는 번호는 8과 27이다.

그런데, 독자들도 알다시피 일반타입은 3개 번호로 이뤄져 있다는 점이다. 따라서 위의 8, 27과 결합할 수 있는 번호를 찾으면 된다. 어떤 번호일까? 51회 3, 11, 26의 타입을 주시하자. 이 타입을 54회 쪽으로 전개해보면, 바로 8, 21, 27이라는 타입을 구할 수 있게 된다는 점이다. 이렇게 해서 21을 구하게 되었고, 54회 당첨번호 전부를 찾아냈다.

타입에 대해 살펴보자.

53회 7, 32, 39와 54회 1, 8, 39는 같은 타입이고,

51회 3, 11, 16과 54회 21, 27, 36도 같은 타입이다.

50회 2, 15, 22와 54회 1, 8, 21은 같은 타입이고,

52회 보1, 4, 20과 54회 27, 36, 39도 같은 타입이다.

■ 61회 (15)

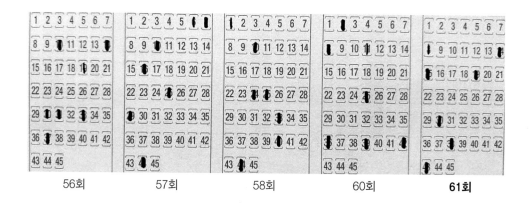

| 56회 | 57회 | 58회 | 60회 | **61회** |

14는 조금 떨어져 있는 56회의 당첨번호다. 또, 60회에서 8, 보11과 결합해 방향성 GT를 만들 수 있는 타생 번호이며, 중복타입을 만든다.

15는 57회에서 보6, 16, 25와 결합해 중복타입을 생성할 수 있다. 또, 이 회차에서 44를 대체번호인 2로 전환한 뒤 16, 29와 함께 중복타입을 만들어 낼 수 있다. 58회에서 중복타입을 만든다. 60회 8의 아래 칸이다.

19는 57회 10, 16, 25와 함께 중복타입을 만든다. 58회에서도 역시 그렇다. 59회 보13, 39, 45와 결합해서 또 60회 2, 보11, 36과 합쳐져 중복타입을 만들 수 있다.

30은 56회 당번이다. 57회, 58회, 59회에서 중복타입을 만들 수 있다. 60회에서 2, 8, 36과 함께, 또는 2, 36, 39와 어울려 마찬가지로 중복타입을 생성한다.

38은 57회에서 중복타입을 만든다. 59회 39의 좌1 칸이면서 45의 위 칸 번호다. 또 중복타입을 만든다. 60회 39의 옆 번호다. 43은 58회 44의 옆 번호다. 59회 36의 아래 칸이며 방타를 생성한다. 41의 우2 칸 번호다. 60회 36의 아래 칸이면서 42의 우1 칸이다. 즉 직교 칸이다.

이렇게 해서 61회 각 당첨번호에 대한 선택과정을 알아봤다.

한가지 언급할 게 있다. 59회 36, 45와 결합해서 중복타입을 만들 수 있는 번호들 가운데, 38과 43 두 개의 번호도 있다는 것을 알 수 있을 것이다. 이렇게 다양한 시각으로 접근해서 독자들의 기술(노하우)로 만드는 것도 중요하지 않을까 생각해본다.

이제 어디에서 어떠한 과정으로 61회 번호들이 나왔는지 탐색해보자.

56회를 들여다보자.

56회 번호를 잘 이용했다면 그야말로 '대박'을 터트릴 기회였다고 본다.

14, 보19, 30을 그대로 선택한다. (3개)

14에 15를 붙여 놓는다. (4개)

이어서 30, 31, 37과 결합해 중복타입을 만들 수 있는 번호인 38을 선택하면 되는데, 당첨번호인 37을 오른쪽으로 1칸 차분히 옮기면 된다는 것이다. (5개)

마지막으로, 방향성 일반타입을 생각해보면 되는데 31, 37과 결합할 수 있는 번호 가운데 43이 있다. 따라서 이 43을 선택하면 되겠다. (6개)

58회를 살펴보자.

58회 10, 25, 33을 하1좌2 칸으로 움직여 보자. 그러면 15, 30, 38이 나온다.

이때, 인력으로 15에 14가 달라붙어 나타났다고 생각하자. (4개)

그럼, 나머지 두 개 번호는? 해결책은 이렇다. 바로, 타방 법칙을 이용하는 것이다. 24를 위의 그룹 이동과 다른 방향인 상1우2 칸으로 이동시키는 것이다. 그러면 19가 나타난다. (5개)

마지막으로, 번호를 이리저리 크게 움직이지 말고 44를 옆으로 1칸만 가만히 이동시켜서 43으로 만들어 놓으면 된다는 것이다. (6개)

이렇게 해서 61회 당첨번호를 전부 찾아보았다.

타입을 보자.

57회 10, 16, 25와 61회 30, 38, 43은 같은 타입이고,

57회 보6, 7, 16과 61회 14, 15, 19도 같은 타입이다.

58회 보1, 10, 25와 61회 14, 19, 43은 같은 타입이고,
57회 10, 16, 29와 61회 15, 30, 38도 같은 타입이다.

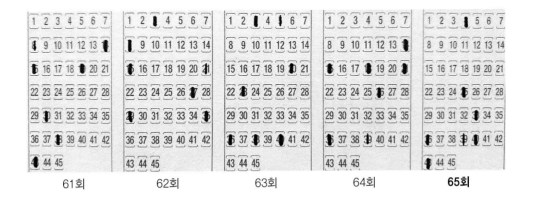

| 61회 | 62회 | 63회 | 64회 | 65회 |

4는 64회 보39의 아래 칸이면서 15, 18, 21과 결합해 중복타입을 만든다.

25는 61회에서 14, 19, 30과 결합해서 또는 30, 38, 43과 합쳐져 중복타입을 생성한다. 이렇게 중복타입을 만드는 번호가 25라는 것이다. 62회, 63회에서도 중타를 볼 수 있다. 64회에서 18과 26의 직교 칸이다.

33은 61회에서 중타를 만든다. 62회에서 보21, 27과 어울려 일반타입을 만들 수 있는 방향성 타생 번호다. 63회 40의 위 칸이다. 64회 26의 아래 칸이면서 중복타입을 만든다.

36은 61회에서 중복타입을 생성한다. 62회에서도 중타를 만들고 29와 35의 직교 칸이다. 63회, 64회 당첨번호다.

40은 62회에서 중복타입을 만든다. 63회 당첨번호다. 64회 보39의 옆 번호다.

43은 61회 당첨번호다. 63회와 64회 36의 아래 칸이면서 63회에서 중복타입을 만들 수 있다.

이제부턴, 65회 당첨번호들이 어떤 식으로 나타났는지 검토해보자.

전회(64회)를 찬찬히 들여다보자.

18, 26, 36, 보39를 가만히 아래로 1칸 내리면 4, 25, 33, 43이 나타난다. (4개)

이때, 36이 1로 가지 않고 43으로 내려간다는 점을 유의해야 한다.

이어서 63회, 64회 당첨번호인 36을 그대로 선택한다. (5개)

이제 나머지 한 개 번호를 찾으면 되는데 어떻게 구해야 할까.

독자들은 지금까지 계속해서 타입에 대해 연습해왔다. 이제 실력발휘를 할 때다. 소스 회차인 64회 14와 21을 주시하면서, 동시에 65회 36, 43을 바라보자. 뭔가 같은 모양(타입)이 나올 것 같지 않은가? 이제 64회에서 18을 추가해 14, 18, 21이라는 타입을 생각하자.

이 타입을 65회 36, 43에다가 적용해보면, 40이라는 번호를 구할 수 있게 된다는 점이다. (6개)

보다시피, 같은 타입을 만드는 과정에서 찾아야 할 번호를 구할 수 있었다. 이렇게 해서 65회 당첨번호를 모두 찾아봤다.

추가로 설명할 게 있다.

40을 찾아가는 다른 방법이 또 있다. 주의 깊게 관찰하길 바란다. 역시 64회 소스 회차를 다시 보자. 여기서 필자가 강조하고 싶은 내용은 '번호 이동성'이다. 14, 18, 21을 하3우1 칸으로 움직여보자. 그러면 36, 40, 43이 나타난다. 앞에서 타입을 이용해 40을 구할 수 있었는데, 이동을 통해서도 이 번호를 자연스럽게 발견할 수 있었다.

참고로, '타방 법칙'을 이용해 64회 26을 상3좌1 칸으로 이동시켜 본다. 그러면 4가 나온다는 것을 추가로 확인할 수 있다.

지금까지 65회 당첨번호를 찾아가는 방법에 대해 알아봤는데, 마지막으로 설명할 게 하나 더 있다. 바로 65회 4와 40에 관한 것이다.

이 책 앞부분에서 다룬 내용인데, '번호를 왼쪽 또는 오른쪽으로 1칸 차분히 옮기면서 동시에 위 또는 아래로 1칸 이동시켜라'라는 것이다. 따라서, 앞에서 설명한 것처럼 64회 번호들을 다룰 때, 보39를 오른쪽으로 1칸 옮겨 40으로 만들고 동시에 아래로 1칸 내리면 4로 나오게 할 수가 있다.

앞에서 65회 4와 40을 찾는 것에 관해 기술했었는데, 지금 보는 바와 같은 식으로도 구할 수 있다는 것이다.

이 책 여러 군데서 강조하지만 "로또엔 정답이라는 게 존재하진 않지만, 어떤 특성이나 흐름이 있다"라고 말했다. 독자들도 이처럼 다양한 생각으로 로또에 관심을 가지고 바라봤으면 한다.

타입을 검토해보자.

64회 18, 26, 보39와 65회 4, 25, 33은 같은 타입이고,

64회 14, 18, 21과 65회 36, 40, 43도 같은 타입이다.

61회 보8, 15, 19는 65회 4, 36, 43과 같은 타입이고,

62회 8, 15, 보21과 65회 25, 33, 40도 같은 타입이다.

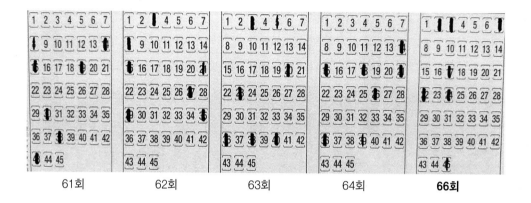

| 61회 | 62회 | 63회 | 64회 | 66회 |

2는 62회, 63회 3의 옆 번호다. 62회, 63회에서 중복타입을 만든다. 64회, 65회에서 쌍둥이 타입(TT)을 만든다.

3은 62회, 63회 당첨번호다. 65회에서 중복타입을 만든다.

7은 63회에서 TT와 중타를 만든다. 64회 14의 위 칸이면서 중복타입을 만든다.

17은 62회, 64회, 65회에서 중복타입을 만든다. 65회에서 방향성 타생 번호다.

22는 62회, 63회에서 중타를 만든다. 64회 15의 아래 칸이면서 21의 옆 번호다. 65회에서 중복타입을 생성한다.

24는 62회, 64회, 65회에서 중복타입을 생성한다. 65회 25의 옆 번호다.

그럼, 위의 번호들이 어떠한 과정을 거쳐 출현하게 되었는지 꼼꼼히 살펴보자.

61회를 음미해보자.

보8을 차분하게 좌로 1칸 옮겨 7로 만들어 둔다. (1개)

이어서 보8, 14, 15, 43을 하1우2 칸으로 이동시켜 보면 3, 17, 23, 24가 나온다. 이때, 미차 운동으로 23이 아닌 22로 된다는 것을 알 수 있을 것이다. (5개)

또, 인력으로 3에 옆 번호인 2가 딸려 나왔다고 생각하면 되겠다. (6개)

이렇게 해서 61회로부터 66회 당첨번호 전부를 구했다.

62회를 알아보자.

8, 15, 35를 하1우2 칸으로 움직여보면 2, 17, 24가 나온다. 이때, 인력으로 3이 함께 나타났다고 생각하면 될 것이다. (4개)

또, 8을 좌로 1칸 차분하게 옮겨 7로 해둔다. (5개)

그런데, 앞에서 작업한 바와 같이 번호들의 이동결과로 17을 구할 수 있었는데, 이 17의 끝수와 같은 번호들 가운데서 8의 옆 번호인 7을 선택하려고 한다.

번호이동 시, 생각한 대로 목적지 번호로 정확히 찾아가지 않고, 도착 예정번호와 한두 칸 정도 차이가 나게 하면서 당첨번호로 나타날 수도 있다.

이런 점을 고려해보면, 위의 번호 이동결과로 24가 나왔을 때 22를 추가로 구할 수도 있다는 점이다. (6개)

이로써 62회로부터 66회 당첨번호를 모두 찾았다.

63회를 감상해보자.

20, 23, 38, 40을 상2좌2 칸으로 움직여보면 4, 7, 22, 24가 나타난다.

한편, 이동결과로 나온 번호들 전부를 무조건 그대로 선택하지 말아야 한다는 점이다. 즉 번호들을 이동시킨 후엔, 번호조정 작업을 해야 할 필요성이 있을 수 있다. 이런 면을 명심하면서 앞에서 구한 4에 관해 생각해보려고 한다.

위의 설명을 염두에 두고, 또 미차 운동을 생각하면서 4를 왼쪽으로 1칸과 2칸 옮겨 각각 2와 3이라는 번호를 만들어내자. (5개)

한편, 번호이동 시에 고려해야 할지도 모르는 '타방 법칙'을 이용하자.

참고로, 이 타방 법칙이 번호이동 시에 항상 나타나는 현상은 아니지만, 그때그때 마다 대비해야 할 필요성은 있다 하겠다.

보5를 위의 그룹이동과는 다르게, 하2좌2 칸으로 움직여보면 정확히 17로 나오게 할 수 있음을 확인할 수 있다. (6개)

이렇게 해서 63회로부터 66회 당첨번호를 추적해봤다.

목표 회차인 66회에 대한 설명이 조금 길어지고 있다. 각 목표 회차에 대한 설명 분량이 어느 정도 일정하게 유지되었으면 좋겠는데, 사정상 불가피하게 분량이 좀 적거나 많아질 수도 있음을 독자들이 이해해 주었으면 한다.

앞에서, 소스 회차 63회를 검토했었는데, 한 번 더 63회를 들여다보자.

3을 그대로 선택한다. (1개)

이어서 3, 23, 38을 위로 3칸 옮기자. 그러면 2, 17, 24가 나온다. (4개)

지금까지 2, 3, 17, 24 네 개의 번호를 찾았다.

이제 나머지 두 개의 번호를 구해야 한다.

이 지점에서, 찾아낸 번호의 끝수를 사용해서 번호를 찾아보면 어떨까 한다.

바로, 17을 이용해 7을 구하고 2를 사용해 22를 선별해내는 것이다. (6개)

그런데, 이런 끝자리 수를 이용하지 않고 다른 식으로 찾아볼 수 있다. 즉, 타입을 이용해서 미지의 번호를 구하는 것이다. 앞의 작업에서 2, 3, 17, 24 네 개의 번호를 구했었다. 여기서 17, 24의 관계를 생각해보면, 63회 3, 38 관계를 이용해볼 수도 있겠다는 느낌이 들 수도 있을 것이다.

63회 3, 36, 38이나 3, 38, 40의 타입을 사용해서 66회 쪽으로 적용해보면, 66회에서 17, 24와 함께 63회의 타입과 같아지게끔 할 수 있는 번호들 가운데 하나가 22라는 것을 독자들은 확인할 수 있을 것이다.

이쯤에서, 예리한 독자들은 물어볼지도 모르겠다. 이 타입과 같게끔 할 수 번호들로는 15, 17, 24 또는 17, 19, 24 또는 17, 24, 26과 같은 것들이 있지 않냐고 말이다. 필자는, 이렇게 질문한 독자에게 박수를 보내고 싶다. 그렇다. 그런데, 왜 22를 선택했을까?

마음으론 독자들이 직접 연구해보라고 말하고 싶은데, 필자가 직접 해결책을 제시하고자 한다. 64회 21, 26, 36타입을 주시하라는 것이다. 이 타입을 66회에 적용해보자. 앞서, 64회 21, 26, 36의 타입을 66회 17에 적용하면 미지의 번호 2개를 구할 수 있다는 점이다. 바로 7 과 22라는 번호다.

그런데, 여기에서도 더욱 깊은 관심을 가진 독자라면 또 궁금해할 것이다. "같은 타입인데, 왜 17, 22, 32 같은 것은 안되는 것인가?"하고 말이다.

필자의 답이다. 필자가 이 책 여러 군데서, "로또는 수학이나 과학이 아니다"라고 언급했었다. 즉, 너무 지나치게 따지면서 로또를 바라보지 말자는 것이다.

그런데, 바로 앞의 질문에 관해서 필자가 한번 언급해보고자 한다. 만일, 어떤 독자가 32를 당첨번호로 예상하고 싶다면 32와 다른 2개 번호를 묶어서 하나의 타입으로 만들어보고, 이어서 나머지 다른 3개 번호를 결합해서 또 하나의 타입으로 생성해보라고 필자는 권유하고 싶다. 관심이 있는 독자는 이런 식으로 작업하면서 66회 번호를 탐색해보길 바란다.

한편, 일반적으로 이전 3, 4회차 내에서의 타입이 다시 나타나는 경향이 있다. 그리고, 최근의 회차일수록 해당 타입이 더 강하게 작용해서 이후 추첨에서 또 출현할 가능성이 있다는 것이다. 물론, 절대적인 이치는 아니지만 말이다. 참고로, 32를 선택해서 하나의 타입으로 만들어보고, 이어서 나머지 3개 번호로 또 다른 타입을 생성해보길 바란다. 이런 후에, 앞선 회차들에서 이 두 개 타입들과 같은 게 있는지 확인해보라. 만일 같은 타입이 존재하지 않는다면, 앞서 언급했던 32는 유력한 예상번호가 아니라는 것이다. 무슨 의미인지 독자들은 이해했을 것이다.

여기선 아쉽게도(!), 당첨번호로 32가 아닌 7이 나왔다고 생각하자는 것이다.

64회를 검토해보자.

15, 18, 21, 36, 보39를 위로 2칸 올려보자. 그러면 1, 4, 7, 22, 25가 나타난다. 여기서 일부 번호를 좌우로 1칸씩만 조정해서 2, 3, 7, 22, 24로 나오게 할 수 있을 것이다. (5개)

이때, 소스 번호 15가 움직이면서 RO 법칙으로 17을 만들어냈다고 생각할 수도 있고, 또는 18을 가만히 왼쪽으로 1칸 옮겨서 17을 생성했다고 판단할 수도 있을 것이다. (6개)

이렇게 해보면, 64회 당첨번호 6개 전부를 구한 셈이 된다.

"어 그렇다면, 다른 쪽에서 여러 방법으로 설명한 내용은 다 뭐야. 가치가 없는 것들인가?" 하고 허무한 감정을 가지는 독자들이 혹시 있을지도 모르겠다.

이에 대한 필자의 한마디다. "결론적으로 보면 바로 앞의 설명처럼 운이 좋게 간단히 해결할 수도 있지만, 기본적으로 여러 방법을 알고 있으면 좋을 것 같다"라는 생각이다. 즉, 어려운 과정을 경험하면서 로또 관련 기술을 자기의 것으로 만들어야, 실력이 향상되리라고 생각해본다.

이렇게 해서 좀 길고 복잡하게 느껴지는 66회 설명을 마치고자 한다.

타입을 보자.

64회 14, 15, 36과 66회 2, 3, 24는 같은 타입이고,

64회 21, 26, 36과 66회 7, 17, 22도 같은 타입이다.

63회 3, 23, 36과 66회 2, 7, 22는 같은 타입이고,

65회 4, 25, 보39와 66회 3, 17, 24도 같은 타입이다.

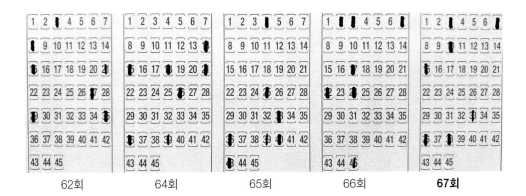

| 62회 | 64회 | 65회 | 66회 | **67회** |

3은 62회, 63회 당첨번호이면서 65회 4의 옆 번호다. 66회 당첨번호다.

7은 63회에서 TT를, 64회에서는 중타와 방타를 각각 만든다. 66회 당첨번호다.

10은 63회, 64회에서 방향성 타입을 만든다. 65회에서 중복타입을 생성한다. 66회 3과 17 사이에 있는데 중복타입이 되게 한다.

15는 62, 64회 당번이다. 65회에서 중복타입을 만든다. 또 66회 17, 22, 24와 결합해서 대칭을 만드는데, 역시 중복타입을 생성한다.

36은 63회, 64회, 65회 당첨번호다. 66회에서 중복타입을 만든다.

38은 63회 당첨번호다. 65회에서 중복타입을 만든다. 66회 3의 위 칸이면서 중복타입을 생성한다.

62회 쪽으로 가보자.

3을 그대로 선택하고, 8을 가만히 좌로 1칸 옮겨서 7로 만들어 놓는다. (2개)

이렇게 한 후 3, 8, 29를 아래로 1칸 그대로 내려본다. 그러면 10, 15, 36이 나온다. (5개)

참고로, 이동해서 나타난 15는 62회 당첨번호이다.

이제 마지막 한 개 번호를 찾으면 된다.

어떻게 작업하면 좋을까? 바로 '타방 법칙'을 이용하는 것이다.

위에서 그룹이동에 참여했던 3을, 앞의 이동과 반대인 위로 1칸 올리면 38을 구할 수 있다. (6개)

이번엔 64회를 분석하자.

14, 18, 21, 26을 상2우3 칸으로 이동시켜 보면 3, 7, 10, 15가 나온다. (4개)

이어서 36을 그대로 선택한다. (5개)

끝으로, 보39를 차분히 좌로 1칸 옮겨 38로 만든다. (6개)

이렇게 해서 67회 당첨번호를 모두 알아냈다.

66회를 탐색해보자.

3, 7을 그대로 선택한다. (2개)

이어서 2, 3, 17, 22를 위로 1칸 움직여보면 10, 15, 37, 38이 나타난다. 이때, 미차 운동으로 37이 36으로 된다는 것을 독자들도 잘 알 것이다. (6개)

이로써, 67회 당첨번호 6개 전부를 찾아봤다.

타입을 알아보려고 한다.

65회 36, 40, 43과 67회 3, 7, 10은 같은 타입이고,

66회 3, 22, 24와 67회 15, 36, 38도 같은 타입이다.

63회 3, 36, 38과 67회 3, 36, 38은 같은 타입이고,

64회 18, 21, 26과 67회 7, 10, 15도 같은 타입이다.

하나 더 예를 들면,

66회 7, 22, 24와 67회 7, 36, 38은 같은 타입이고,

64회 14, 21, 26과 67회 3, 10, 15도 같은 타입이다.

위에서 설명한 것처럼, 타입들이 여러 형태로 얽히고설켜 있는 모습으로 나타나고 있음을 알 수 있다. 지금쯤은, 이러한 번호 타입에 대해서 독자들도 서서히 익숙해져 가고 있으리라고 본다.

번호에 대해 이런저런 방식으로 계속 설명해 오고 있다. 독자들이 내용을 쫓아 오는데 힘들어할 것 같아서, 머리를 식힐 겸으로 잠깐 지면을 내어 옛 추억을 꺼내보려고 한다.

요즘, 손흥민 선수가 영국 프리미어 리그에서 맹활약하고 있지만, 수십 년 전쯤엔 독일에선 차범근 선수가 그랬었다. 지금과 달리, 그땐 실시간 중계가 아닌 녹화 방송이었고 재방송도 없었다. TV 화면도 작았고 더욱이 흑백화면이었다. 독자들도 알다시피, 그때와 비교하면 지금은 좋은 세상임이 분명하다.

그런데, 당시에 M사에서 월요일 밤마다 독일 프로축구 경기를 재방 없이 녹화 방송을 하고 있었다. 그때 고민이 있었다. 필자의 기억으론 고2 때인 것 같은데, 월요일부터 시험 기간이었다. 내일도 시험을 치러야 하는 상황에서 고등학생으로서 볼 것인가 말 것인가 이것이 문제였다.

축구를 좋아했던 필자는 조그만 방에서 학생과 TV 사이에 작은 밥상을 딱 놓고 그 위에 공부할 책을 펼쳐 두었다. 그런 후에 책보단 축구 방송에 더 집중했다. 당연히 시험성적이 좋을 리가 없었다.

오래전이라 기억이 뚜렷하진 않지만, 방송에 나왔던 장면 하나를 소개해보겠다. 이때도 시험 기간이었던지는 정확하게 기억하질 못하겠다. 아마도, 차범근 선수가 독일 프랑크푸르트 소속이었던 것 같다. 당시 나이 35세쯤 되었던 같은 팀의 그라보스키라는 선수가 있었다. 이 선수가 상대진영 안쪽에서 오른발로 올린 공을 차 선수가 점프하면서 왼쪽 머리와 이마로 상대 골문 왼쪽 위 방향으로 공을 날려, 골을 넣은 장면이 아직도 기억에 생생하다.

지금은 어제 읽은 내용이 잘 기억나지 않을 때도 있는데, 수십 년 전의 장면이 아직도 머릿속에 뚜렷이 남아있다. 잠깐 옛 추억을 꺼내봤다.

■ 79회 (19)

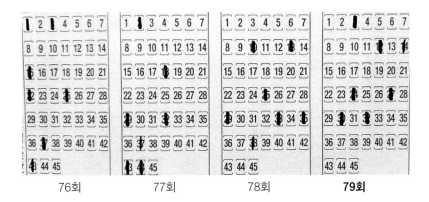

| 76회 | 77회 | 78회 | 79회 |

3은 73회, 76회 당첨번호인데 79회에서도 나타났다. 이른바 P/N(주기번호)이다. 77회에서 중복타입을 만든다. 78회 10과 보38의 '사이' 칸이다.

12는 78회 13의 옆 번호다. 또, 12, 25, 보38이라는 방향성 타입을 만든다. 78회에서 중복타입이 나타나게 할 수 있다.

24는 76회, 77회, 78회에서 중복타입을 생성한다. 78회 25의 옆 번호다.

27은 76회에서 중복타입을 생성한다. 77회에서 방향성 타생 번호다. 78회에서 대칭인 중복타입을 만든다.

30은 76회에서 중복타입을 생성한다. 77회 29 옆이고 보37 위 칸이다. 77회에서 중복타입을 만든다. 78회 29 옆이고 중복타입을 생성한다.

32는 76회에서 중복타입으로 나오게 할 수 있다. 75회, 77회 당첨번호로 주기번호임을 알 수 있다. 78회 25와 33의 직교 칸으로서 이런 관계도 명심해두길 바란다.

이제 어디서 어떤 과정으로 위의 번호들이 출현했는지 분석해보자.

76회를 보자.

1, 3, 15, 25, 37을 상2우1 칸으로 움직여보면 2, 12, 24, 30, 32가 나타난다. 번호 이동 시, 미차 운동이 일어날 수 있다고 했는데 이것을 적용해보면 2가 아닌 3으로 나온다는 점이다. (5개)

그런데, 15를 옮기지 않고 76회 3을 그대로 선택하기만 해도 된다. 따지고 보면, 과정은 다를지라도 결과는 같은 '3'을 구할 수 있다는 사실이다.

그리고 한가지 주의할 내용이 있다. 앞서, 상2우1 칸으로 번호이동 시 3이 45를 거치지 않고 움직인다는 것이다. 한마디로 말하면, 3의 위 칸이 38이라고 생각하자는 것이다. 로또는 수학, 과학 같은 것이 아니라고 필자가 여러 번 말했다. 상황에 따라선 어느 정도의 융통성을 가질 필요도 있는 것이다.

자, 여기까지 76회로부터 79회 당첨번호 5개를 구할 수 있었다.

이제 번호 1개를 더 추적해야 한다. 어떻게 작업해야 할까?
79회 3, 24를 차분히 보면서 76회 1, 22를 들여다보길 바란다. 어떤가. 같은가? 같다. 따라서, 76회 1, 22, 25를 우로 2칸 옮겨 보면 3, 24, 27이 나온다.
3과 24는 앞에서 이미 구했던 번호들인데, 이때 함께 나타난 27을 자연스럽게 당첨번호로 생각해 볼 수 있다는 점이다. (6개)

여기서 잠깐 생각해볼 게 있다. 27을 구할 수 있는 간단한 방법이 있는데, RO 법칙을 이용해, 앞에서 이미 이동시켰던 번호인 25로부터 27을 만들어 낼 수가 있다.

한마디로, 번호이동과 RO 법칙만으로도 79회 번호를 간단히 구할 수 있었지만 번호를 찾아가는 여러 과정을 독자들에게 보여주기 위해, 필자가 RO 법칙을 이용하는 방법을 일부러 마지막에 기술했다는 것이다.

77회를 살펴보자.

77회 18, 29, 32, 보37을 상1우2 칸으로 움직여보면 13, 24, 27, 32가 나타난다. 여기서, 미차 운동으로 13이 아닌 12로 되었다. 또 보너스 번호 37이 이동했었는데, 도착지 번호는 32라는 것이다. 32는 77회 당첨번호다. 이렇게 이동한 후의 도착지 번호가 해당 소스 회차의 당첨 번호로 될 수 있음을 기억하길 바란다. 한마디로, 77회에서 나왔던 번호가 79회에서 다시 나타난 셈이다.

여기까지, 77회에서 구한 번호로는 12, 24, 27, 32다. (4개)

나머지 두 번호는?

77회 2와 29를 각각 우로 1칸씩 차분히 옮겨서, 3과 30으로 만들어 놓으면

된다는 것이다. (6개)

보다시피, 이동으로 4개 번호를 구했고 미세조정으로 2개 번호를 찾아냈다.

78회를 들여다보자.

13, 25, 33을 좌로 1칸 옮기면 12, 24, 32로 된다. 이때 RO 법칙으로 27이 생성되었다. (4개)

참고로, 76회 3, 25, 37과 78회 13, 25, 33은 같은 타입인데 79회에 또 나왔다. 만일 독자들이 위와 같이 작업하고 나서 '반자동'으로 복권을 구매한다면, 어느 정도 가능성이 있지 않을까 생각해본다. 물론, 독자들에게 행운이 같이 와주어야 하겠지만 말이다.

이때, '번호표시 용지'의 맨 왼쪽(첫 번째) 게임 칸에 4개 번호를 표기할 것을 권유한다.

필자의 생각이지만, 용지에서 앞쪽 다른 게임에서 정확하게 번호를 선택하지 못하면, 부정확한(!) 번호들의 조합이 차순위 게임에서 원하지 않는 방향으로 영향을 끼칠 수도 있을 것 같아서이다.

78회 작업을 계속해보자.

10과 보38 사이의 칸인 3을 선택한다. (5개)

마지막으로, 29를 차분하게 우로 1칸 움직여 30으로 만들면 된다. (6개)

이렇게 해서 78회로부터 79회 번호들을 구할 수 있게 되었다.

앞의 78회 작업을 읽은 후, 필자가 다음과 같이 일부러 기술하지 않더라도 독자 스스로가 나름대로 어떤 감을 잡아가면서 '로또기술'을 향상시켜야 할 것이다.

'78회에서 좌우 미세조정으로 5개 번호를 구했고, 빈 행(번호가 나타나지 않은 행)을 생각하면서 10을 1칸 위로 올리거나 보38을 1칸 아래로 내려 나머지 1개 번호를 찾아낸다. 아, 5개를 미세조정하고 1개만 빈 행으로 보내면 되는구나.'

글 자체를 이해하는 것뿐만 아니라, 이처럼 일종의 '재해석'하는 노력을 해야만 할 것이다.

타입을 보자.

78회 13, 25, 33과 79회 12, 24, 32는 같은 타입이고,

78회 25, 35, 보38과 79회 3, 27, 30도 같은 타입이다.

76회 15, 37, 보43과 79회 3, 24, 32는 같은 타입이고,

78회 25, 35, 보38과 79회 12, 27, 30도 같은 타입이다.

79회에서 중복타입이 세 군데서 나타난다.

첫 번째는 3, 12, 27, 32이고, 두 번째는 3, 24, 30, 32다.

마지막은 3, 12, 27, 30이다.

이렇게 해서 79회 당첨번호에 대한 설명을 마무리하려고 한다.

■ 80회 (20)

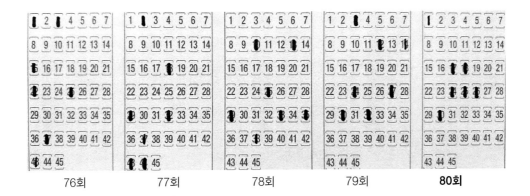

| 76회 | 77회 | 78회 | 79회 | 80회 |

17은 76회에서 중복타입을 만든다. 77회에서 TT를 생성한다. 78회 10의 아래 칸이면서 방향성 타입을 이룬다. 79회 24의 위 칸이고 중복타입을 만든다.

18은 76회에서 중복타입을 생성한다. 77회 당첨번호다. 78회 25의 위 칸이면서 중복타입을 만들어낸다. 79회에서도 중복타입이 나오게 한다.

24는 76회, 77회, 78회에서 중복타입이 생성되도록 한다. 79회 당첨번호다.

25는 76회, 78회 당첨번호다. (징검다리) 79회에서 24와 32의 관계를 보라. 24의 옆이면서 32의 위 칸이다. 또, 79회에서 중복타입을 만든다.

26은 78회 25의 옆 번호이면서 33의 위 칸이다. 79회 27의 좌1 칸이다. 77회, 78회, 79회에서 중복타입을 생성한다.

30은 76회, 77회, 78회에서 중복타입을 만든다. 78회 29의 옆 번호다. 79회 당첨번호다.

※ 다음 회차부터는 앞에서와 같이 각 당첨번호에 대한 선택과정 설명을 지면 관계상 생략하고자 한다. 이점, 독자들에게 양해를 구하고자 한다.

78회로 시선을 돌려보자.

78회 25, 33, 보38을 상1좌1 칸으로 이동시켜 보면 17, 25, 30이 나온다. 이때, 17에 18이 붙어서 출현했다고 보면 되겠다. (4개)

나머지 두 번호는 24와 26이다. 어떻게 구하면 될까. 78회 25를 좌우로 한 칸씩 옮기는 것으로 생각해도 되겠고, 또는 번호 이동 시에 도착지 번호인 25에 24와 26이 붙어 나왔다고 생각해도 되겠다. (6개)

79회 쪽으로 다가가 보자. 30을 차분히 그대로 선택한다. (1개)

이어서 24, 30, 32를 상1우1 칸으로 움직여보면 18, 24, 26이 나온다. (4개)

이때, 이동 시에 18에 17이 붙어 나왔고 (5개),

마찬가지로 24나 26에 달라붙어 25가 함께 나타났다고 볼 수 있다. (6개)

이렇게 해서 80회 6개 번호를 모두 찾았다.

독자들에게 번호 이동에 관해, 하나 더 언급할 게 있다.

78회 25, 33, 보38을 상1좌1 칸으로 움직여보면 17, 25, 30으로 되고,

79회 24, 30, 32를 상1우1 칸으로 이동시켜 보면 18, 24, 26이 나온다.

설명에서 본 바와 같이, 각 회차에서 이동해 나온 번호들을 모아보면 80회 당첨번호로 나타난다는 점이다. 한마디로, 선(先) 회차들의 부분적인 번호 이동의 결과들을 모아보면, 후(後) 회차의 당첨번호로 만들 수 있음을 알 수가 있다.

타입을 보자.

78회 25, 33, 보38과 80회 17, 25, 30은 같은 타입이고,

79회 24, 30, 32와 80회 18, 24, 26도 같은 타입이다.

77회 보37, 43, 44와 80회 17, 18, 25는 같은 타입이고,

78회 25, 33, 35와 80회 24, 26, 30도 같은 타입이다.

마지막으로, 조금 떨어져 있는

76회 1, 3, 보43과 80회 17, 24, 26은 같은 타입이고,

77회 32, 보37, 44와 80회 18, 25, 30도 같은 타입이다.

■ 98회 (21)

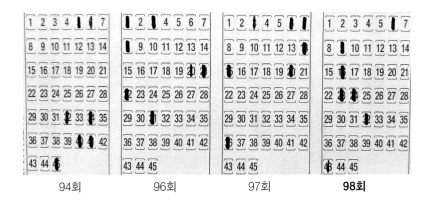

| 94회 | 96회 | 97회 | **98회** |

96회를 탐색해보자.

8, 22, 31을 차분히 오른쪽으로 1칸 옮긴다. 그러면 9, 23, 32가 된다. (3개)

여기서, 어떤 독자는 물어볼 것 같다.

"96회 번호들 가운데 왜 이들 번호를 선택해서 옮겼냐고."

이에 대한 필자의 대답은 이렇다.

"최근의 앞선 회차에서 나왔던 타입들이 다시 출현하는 경향이 있다고."

이런 특성을 고려해본다면, 95회 8, 17, 31이 96회 8, 22, 31이라는 타입으로 나타났고, 계속해서 이것이 98회 9, 23, 32의 타입으로 출현할 수도 있음을 독자들이 이해할 수 있으리라고 본다.

자, 다시 96회를 들여다보자. 앞에서 세 번호를 이동시켰다. 이때, 독자들도 잘 알고 있는 RO 법칙을 이용하자는 것이다. 바로, 8로부터 6을 생성할 수 있다는 내용이다. (4개)

이런 과정을 통해, 지금까지 6, 9, 23, 32 네 번호를 구했다.

자, 이제 어떻게 남은 두 번호를 찾아야 할까? 지금, 소스 회차인 96회에서 작업하고 있는데 94회를 참고하려고 한다. 94회 32, 41을 본 후에, 바로 98회 23, 32 모양을 보자. 어떤가? 같다. 그렇다면 94회에서 어떤 힌트를 얻을 수 있지 않을까? 바로 94회 32, 40, 41타입을 이용하자는 것이다.

이것을 앞에서 찾아낸 네 번호 쪽으로 적용해보면 23, 24, 32를 만들 수 있게 된다. 여기까지 6, 9, 23, 24, 32 다섯 개 번호를 뽑아냈다.

이제 나머지 한 개 번호만 구하면 된다. 다시 94회로 가서 5, 보6, 34, 41 네 번호로 이뤄진 타입을 보자. 이 타입을 앞에서 구했던 98회 5개 번호 쪽으로 보내서 맞추어보면, 16을 찾아낼 수 있을 것이다. 이렇게 해서 번호 이동과 타입을 이용해 98회 당첨번호를 찾아냈다.

97회를 살펴보자.
6을 그대로 선택하고, 15를 차분히 우로 1칸 옮겨서 16으로 한다. (2개)
여기서 '차분히'라고 했는데, 말하자면 번호를 많이 움직이지 말라는 의미다. 이어서 6, 7, 15를 하2우3 칸으로 움직여보면 23, 24, 32가 나온다. 지금까지 5개 번호를 구했다. 이제 나머지 1개 번호만 찾으면 된다.

여기선 RO 법칙을 이용하려고 한다. 바로, 이동에 참여했던 7로부터 9를 구할 수가 있다는 것이다. 또, 타방 법칙을 적용해서 97회 20을 상2우3 방향으로 움직여보면 9가 나온다는 사실이다. 이렇게 해서 97회로부터 98회 당첨번호 전부를 찾아냈다.

타입을 보자.
97회 6, 7, 15와 98회 23, 24, 32는 같은 타입이고,
95회 27, 31, 34와 98회 6, 9, 16도 같은 타입이다.
94회 보6, 32, 40과 98회 16, 24, 32는 같은 타입이고,
95회 17, 31, 34와 98회 6, 9, 23도 같은 타입이다.

■ 120회 (22)

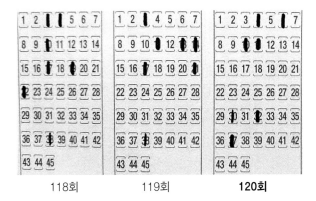

| 118회 | 119회 | **120회** |

118회를 들여다보자.

10을 그대로 두고, 보38를 왼쪽으로 1칸 가만히 옮겨 37로 만든다. (2개)

이어서 10, 17, 보38을 상1우1 칸으로 이동시켜 4, 11, 32로 되게 한다. (5개)

이때, 인력으로 5로 나타나지 않고 1칸 더 가서 6으로 나타났다. (6개)

이렇게 해서 118회로부터 120회 번호를 만들어냈다.

참고로, 118회에서 이동해 나온 세 번호를 좀 더 자세히 관찰해보자.

4는 116회, 118회 당첨번호다. 징검다리다. 119회에서 중복타입을 만든다.

11은 117회에서 TT를 만든다. 118회 10의 옆 번호이면서 4의 아래 칸이다. 중복타입을 생성한다. 119회 당첨번호다.

32는 116회, 117회, 118회, 119회에서 각각 중복타입을 만든다.

한편 위에서처럼 보38을 왼쪽으로 1칸 옮기는 것 대신에, 번호들의 이동 시에 나타날 수 있는 타방 법칙을 적용해보자. 3을 상1좌1 칸으로 보내보면 37로 나오게 할 수 있다는 점이다. 이렇듯, 로또란 오묘한 것이다.

추가로, 118회에서 위의 그룹 이동 방식과는 다르게, 번호를 옮겨서 작업해 볼 수도 있는데 독자들이 한번 차분히 들여다보길 바란다.

전회차(119회)를 알아보자.
3, 11, 13, 17, 보38을 위쪽으로 1칸 올려보면 4, 6, 10, 31, 38이 나타난다. 이때, 미차 운동으로 31이 32로, 38이 37로 바뀐다. (5개)
따라서 최종적으로, 번호이동으로 구한 5개 번호는 4, 6, 10, 32, 37이 되겠다.
(참고로, 3을 사용하지 않고 보38을 좌로 1칸 보내 37로 만들면서 위로 1칸 올리는 작업으로 해도 된다. 이때 미차 운동으로 31이 아닌 32로 나타난다)

남은 번호 하나는 119회 11을 그대로 선택하거나, 17이 위로 1칸 이동할 때
10을 만들면서 인력으로 11을 함께 생성한 것으로 생각해도 되겠다.

이렇게 해서 119회로부터 120회 번호를 만들었다.

타입을 보자.
118회 10, 17, 19와 120회 4, 6, 11은 같은 타입이고,
116회 4, 보17, 37과 120회 10, 32, 37도 같은 타입이다.
118회 3, 4, 10과 120회 4, 10, 11은 같은 타입이고,
116회 25, 34, 37과 120회 6, 32, 37도 같은 타입이다.

■ 121회 (23)

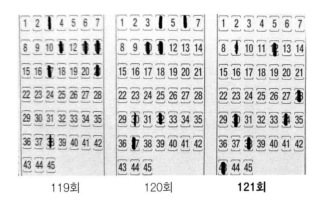

| 119회 | 120회 | **121회** |

119회를 살펴보자.

11, 13, 17, 21, 보38을 하2우3 방향으로 움직여보면 13, 28, 30, 34, 38이 나타난다. 이때, 미차 운동으로 13이 아닌 12로 된다. (5개)

그런데 여기서 자세히 보면, 이동해 나온 38이 원래 119회의 보너스 번호다. 최근에 출현했던 보너스 번호가 이후 추첨에서 당첨번호로 나타난다는 것인데, 위의 보38이 이런 예라 하겠다.

독자들에게 전하고 싶은 게 있다. 바로, '사고의 유연성'을 가지라는 것이다. 이렇게 저렇게, 나름대로 어떤 합당한 원칙으로 작업을 진행하면 된다는 것이다. 즉, 어느 한 방법만으로 해결해야만 하는 것은 아니라는 점이다.

다음의 예를 들어보겠다. 앞에서처럼 보38을 이동시키지 않고 11이나 13을 옆으로 옮겨도 12가 된다. 또 21을 움직이지 않고 보너스 번호 38을 그대로 선택해도 된다.

자, 여기까지 5개 번호를 찾아냈다. 남은 한 개의 번호는 어떻게 구해야 할까.

먼저, 119회부터 보자. 11을 콕 집어내는 게 좀 어려울 수도 있는데, 이것을 앞의 번호이동과는 다르게 타방 법칙을 이용해서 상2좌3 칸으로 보내보자. 그러면 가상번호 46을 거쳐 43으로 되는 것을 확인할 수 있다.

다른 방법으로, 하나 더 살펴보자. 120회에서 구하려고 한다. 120회 6, 32, 37을 하1좌1 칸으로 이동시키면 12, 38, 43이 나온다. 여기에서, 12와 38은 앞에서 이미 찾아 두었던 번호들이다. 따라서 12, 38과 함께 출현한 43이 121회에서 나타날 것으로 예상해볼 수 있을 것이다.

이렇게 해서 121회 당첨번호를 모두 찾아봤다.

위에서 본 것처럼, 로또는 독자들에게 끊임없는 관찰을 요구한다 하겠다. 이런 노력하는 과정을 겪어야, '노하우'라는 결정체 즉 흔히 말하는 '감'이 생기는 것이다. 저절로 만들어지는 것이 아니다.

120회를 분석해보자.
4, 10, 보30 타입을 하3우3 칸으로 이동시켜 보면 12, 28, 34가 나타난다. (3개)
계속해서 보너스 번호 30을 그대로 선택한다. (4개)
이어서, 37을 가만히 우로 1칸 옮겨 38로 만들어 놓는다. (5개)
번호 다섯 개를 구했는데, 일단 이 작업을 멈추자.

이번에도 120회에서 6, 32, 37타입을 활용해보고자 한다. 참고로, 이 타입과 같은 것으론 116회 25, 34, 37과 118회 10, 19, 22가 있다.
120회 6, 32, 37을 하1좌1 칸으로 이동시키면 12, 38, 43이 나온다. (3개)
이때 RO 법칙으로 30을 찾아내거나, 보30을 그대로 선택할 수도 있다. (4개)

위의 두 작업에서 구한 번호들을 모아보면 121회 당첨번호로 됨을 알 수 있다.

타입을 보자.

118회 4, 10, 19와 121회 30, 38, 43은 같은 타입이고,

120회 4, 10, 보30과 121회 12, 28, 34도 같은 타입이다.

117회 10, 22, 보35와 121회 12, 28, 43은 같은 타입이고,

119회 11, 17, 21과 121회 30, 34, 38도 같은 타입이다.

■ 122회 (24)

탐색 전에 잠깐 언급하고자 한다. 지금까지의 설명을 전체적으로 이해한 독자라면, 이젠 어느 정도의 안목이 생겼으리라고 본다. 지면 관계상, 일일이 세심하게 모든 과정을 설명할 수 없음을 독자들이 이해해 주길 바라며, 번호를 찾아가는 방법을 때로는 직접 알아보는 것도 독자들에게 의미가 있을 것이라고 본다.

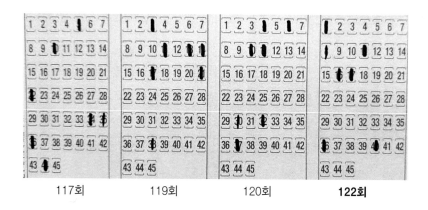

117회를 살펴보자.

5, 10, 34, 44를 주시하자. 이 네 개 번호들을 하1좌1 방향으로 이동시켜 보면 1, 11, 16, 40이 나온다. 이때, 인력으로 16에 17이 붙어 나타났다. (5개)

끝으로, 당번인 36을 그대로 선택한다. 이로써 122회 당번 6개 전부를 찾았다. 참고로, 44가 이동하지 않고 대신에 타방 법칙으로 보35가 하1우1 칸으로 움직여서 1로 되었다고 생각해도 되겠다.

119회를 알아보자.

번호들을 좌우로 2칸 내에서 조정을 정확히 하면, 당첨번호를 만들 수 있다.

120회를 들여다보자.

11을 그대로 선택한다. (1개)

이어서 10, 11, 보30, 37을 하1좌1 칸으로 옮기면 1, 16, 17, 36이 나온다. (5개)

또, 타방 법칙을 이용해 4, 6, 32 개별 번호로부터 40을 구할 수가 있다. (6개)

이렇게 해서 122회 당첨번호를 모두 찾았다.

타입을 보자.

120회 10, 보30, 37과 122회 1, 16, 36은 같은 타입이고,

117회 10, 36, 44와 122회 11, 17, 40도 같은 타입이다.

120회 10, 11, 보30과 122회 16, 17, 36은 같은 타입이고,

119회 13, 14, 17과 122회 1, 11, 40도 같은 타입이다.

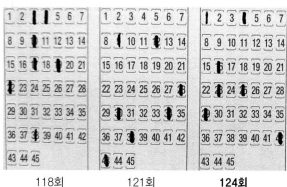

| 118회 | 121회 | **124회** |

약간 떨어져 있는 118회를 탐색하자.

4를 그대로 선택한다. (1개)

이어서 10, 17, 19, 22를 하1좌1 칸으로 움직여보자. 그러면 16, 23, 25, 28이 나오는데, 미차 운동으로 28이 아닌 29로 출현한다.

이렇게 해서 5개 번호를 찾았다. (A 그룹)

121회를 음미해보자.

보9, 28, 30, 34를 상1우2 칸으로 이동시켜 보면 4, 23, 25, 29가 나온다.

이어서 43을 가만히 왼쪽으로 1칸 옮겨 42로 만든다.

여기까지 5개 번호를 구했다. (B 그룹)

위의 내용을 요약하면 이렇다.

118회에서는 4, 16, 23, 25, 29를 찾았고,

121회에선 4, 23, 25, 29, 42를 구했는데, 양쪽 그룹의 번호들을 모아보면
124회 당첨번호가 된다는 것이다.

위 양쪽 소스 회차에서 구한 번호를 보면 알 수 있듯이 A그룹은 16을, B그룹은 42를 각각
단독으로 제공한다.

타입을 보자.
120회 4, 6, 11과 124회 16, 23, 25는 같은 타입이고,
122회 1, 16, 40과 124회 4, 29, 42도 같은 타입이다.
120회 4, 6, 10과 124회 23, 25, 29는 같은 타입이고,
121회 12, 28, 38과 124회 4, 16, 42도 같은 타입이다.

■ 127회 (26)

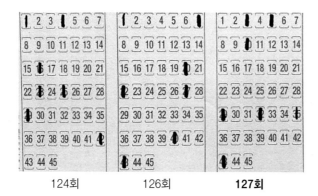

| 124회 | 126회 | **127회** |

124회를 분석해보자.

4, 16, 23, 42를 상2우1 칸으로 이동시켜 보면 3, 10, 29, 33이 나타난다. 이때, 미차 운동으로 33이 32로 된다. (4개)

이어서 차분히 4와 42를 우로 1칸 옮겨 5와 43으로 만들어 놓는다. (6개)

이렇게 해서 이동을 통해 4개 번호를, 미세조정으로 2개 번호를 각각 구했다.

126회를 탐색해보자.

먼저, 43을 그대로 선택한다. (1개)

이어서 7, 20, 22, 27 네 번호를 상2좌3 칸으로 이동시키자.

그러면 3, 5, 10, 32가 나온다. (5개)

이때, RO 법칙으로 27로부터 29를 만들 수 있다. (6개)

이렇게 해서 3, 5, 10, 29, 32, 43 당첨번호 6개를 찾아냈다.

이제 타입을 보자.

124회 16, 23, 25와 127회 3, 5, 10은 같은 타입이고,

125회 보18, 32, 35와 127회 29, 32, 43도 같은 타입이다.

126회 7, 20, 22와 127회 3, 5, 32는 같은 타입이고,

125회 2, 보18, 32와 127회 10, 29, 43도 같은 타입이다.

■ 134회 (27)

"행운에 의해 '당첨'이 결정되더라도, 꾸준히 관심을 가지면서 연구해봐야 독자의 로또 실력이 향상되는 게 아니겠는가"하고 필자는 독자들에게 말하고 싶다.

130회	133회	134회

130회를 살펴보자.

19, 27, 보31, 42를 위로 1칸 그대로 올린다. 그러면 12, 20, 24, 35가 나온다. 이때 미차 운동으로, 24가 아닌 23으로 된다. (4개)

참고로, 23은 130회 당첨번호 24의 옆 번호이면서 133회 당첨번호다.

이어서, 보31을 차분히 그대로 선택한다. (5개)

나머지 번호 하나를 찾으면 된다. 그런데, 아직도 당첨번호만을 바라보면서 고민하는 독자가 있다면, 이런 모습은 필자를 실망스럽게 하는 일이 될 것이다. 최근에 나타난 번호들을 '번호표시 용지'에 반드시 표기한 후, 다양하게 생각해보길 바란다.

위에서, 이미 5개 번호를 손에 넣었다.

이젠 독자들에게도 익숙한, 바로 '타방 법칙'을 이용하려고 한다. "번호가 그룹으로 이동할 때, 해당 회차의 한두 번호가 그룹 이동 방향과는 다르게 움직일 수도 있다"라고 필자는 언급해왔다.

앞에서 네 번호를 위로 1칸씩 올렸었는데, 이번엔 45를 다른 방향으로 즉 아래로 1칸 내리면 3을 만들 수가 있다. (6개)
이렇게 해서 130회 번호들로부터 134회 번호를 뽑아냈다.

독자들의 시야를 좀 더 넓히는 차원에서, 130회를 다시 살펴보고 이어서 133회를 탐색해보려고 한다.

우선, 130회부터 시작하겠다.
19를 가만히 우로 1칸 옮겨 20으로 만들어 놓는다. (1개)
이어서, 7, 19, 27, 보31, 42 다섯 개 번호를 하1좌3 칸으로 움직여보면, 4, 11, 23, 31, 35가 각각 나타난다.

이 상황에서 기억을 되살려보자. 그룹 이동에 참여한 번호들 가운데 3개 번호 정도는 정상적인 움직임을 보이면서 최종 도착지 번호에 다다르고, 나머지 번호들은 한 칸 더 가거나 한 칸 덜 가거나 하는 식으로 나타난다는 것이다. 바로, 미차 운동을 했다는 의미다.

따라서, 앞의 '번호이동 설명'을 참고해서 살펴보면, 진행 방향 쪽으로 한 칸 더 가서 3이 나타났고 한 칸 덜 가서 12가 나왔다. 나머지 세 번호는 정상적으로 해당 목적지 번호에 도착했다.
따라서, 최종 도착지 번호로는 3, 12, 23, 31, 35가 된다. (6개)

이번엔 133회를 탐색하자.

먼저, 4를 왼쪽으로 1칸 차분히 옮겨서 3으로 만들어 놓는다. (1개)

여기서 독자들도 확인해보면 알 수 있듯이 132회에선 3이, 133회에선 4가 당첨번호다. 이런 경우에 번호 선택하기가 쉽지 않을 수도 있을 것이다.

작업을 계속하자. 4, 보13, 15, 23, 26을 하1우1 칸으로 이동시켜 보자. 그러면 12, 21, 23, 31, 34가 나온다. 이때, 미차 운동으로 21이 아닌 20으로 되고, 또 34가 아닌 35로 된다는 것이다. 따라서, 이 번호들을 정리해보면 3, 12, 20, 23, 31, 35가 되는데, 이로써 134회 당첨번호 6개를 만들 수 있게 되었다.

이쯤에서 주의 깊게 살펴볼 게 있다. 이동해서 나온 번호들로만 본다면, 3개는 목적지 번호에 정확히 도착했고 나머지 2개는 미차 운동을 통해 나타나는 것으로 되었다는 것이다.

이런 면에서, 위 130회와 133회 각 소스 회차에서의 134회 번호생성과정이 거의 같은 것으로 볼 수 있다.

로또에선 이렇게, 신기한 상황이 비교적 자주 발생하는 편이라고 말할 수 있겠다. "로또엔 완전한 진리는 없지만 어떤 특성이 있다"라고 독자들에게 자주 언급해왔는데, 위와 같은 내용을 두고 하는 말이라 하겠다.

타입을 보자.

132회 3, 17, 23과 134회 3, 23, 31은 같은 타입이고,

133회 7, 보13, 26과 134회 12, 20, 35도 같은 타입이다.

131회 8, 11, 보37과 134회 20, 23, 35는 같은 타입이고,

133회 4, 18, 23과 134회 3, 12, 31도 같은 타입이다.

연속으로 번호 얘기만 하면서 독자들과 함께 여기까지 달려왔다. 이 책엔 무섭거나 웃기는 내용 등이 있지도 않고, 오히려 딱딱한 번호들이 여기저기에서 끝없이 나오니 뭐 수학 공부하는 것도 아니고 독자들이 많이 피곤해졌으리라고 본다. 그래서, 머리를 '아프게' 하는 '번호 작업'을 잠시 중단하고, 여담으로 필자의 옛 추억을 다시 꺼내보려고 한다.

초등학교, 중학교에 다녔던 시기인 70년대엔 라디오 방송을 자주 청취했었다. 아마 아시아 농구대회였을 것이다.

"드리블하면서 신동파에게 패스, 공을 잡은 신동파, 점프 슛, 골인입니다."

어린 학생이었지만, '한국이 이겨야만 하는데'라는 기대와 긴장감이 중계방송 내내 계속 이어졌다. 다행히도 이 경기에서 우리나라가 승리했던 것으로 기억하고 있는데, 중계방송하는 아나운서의 말이 아직도 귓가에서 맴도는 것 같다.

또 다른 얘기는 라디오 드라마와 관련된 것이다. 필자가 즐겨 들었던 것은 〈일제 36년사〉와 〈광복 20년〉이라는 프로그램이었다. 오래전이라 이젠 기억에 남아있는 게 거의 없지만, 독립지사를 체포하려는 일본 순사와 탈출하려는 애국지사 사이의 긴장감 있는 내용도 있었던 것 같다. 그 당시 라디오 드라마에 푹 빠져, 오늘 듣고선 바로 내일이 기다려지는 그런 프로그램이었다.

아, 옛날이 그리워진다.

■ 137회 (28)

| 131회 | 133회 | 136회 | 137회 |

131회를 음미해보자.

8, 10, 21, 보37을 가만히 좌로 1칸 옮기자. 그러면 7, 9, 20, 36이 되는데, 이때 RO 법칙으로 39가 만들어진다. 여기까지 5개 번호를 구했다.

나머지 한 개 번호를 찾아야 한다. 대칭 타입인, 그러니까 중복타입을 만들 수 있는 번호들 가운데에 25가 있다. 이 번호를 선택하면, 137회 당첨번호 전부를 찾게 되는 셈이다.

133회로 시선을 돌려보자.

번호이동과 관련해서 137회 당첨번호 5개를 구할 수 있다. 일단 7, 보13, 23, 26을 하2좌1 칸으로 움직여보면 20, 26, 36, 39가 출현한다.

이때, 미차 운동으로 26이 아닌 25로 나타난다는 것이다. (4개)

또 RO 법칙을 이용해 7로부터 9를 구할 수 있다. (5개)

이제 번호 하나만 찾으면 된다. 어떻게 해야 할까.

바로, 번호를 이리저리 움직이지 말고, 7을 그대로 선택하기만 하면 된다. (6개)

이렇게 해서 137회 당첨번호를 전부 찾아봤다.

133회에서 또 다른 방향으로의 그룹 이동에 대해 알아보자. 먼저, 보13, 15, 26을 상1우1 칸으로 이동시켜보자. 그러면 7, 9, 20이 나온다. 다음엔, 4, 15, 18을 그대로 아래로 3칸 내려보면 25, 36, 39가 된다. 위 양쪽에서 구한 번호들을 모아보면 즉 합집합 형태로 처리해보면 7, 9, 20, 25, 36, 39라는 137회 당첨번호를 구할 수 있게 된다.

136회를 분석하자.

보11, 16, 30을 하1우2 칸으로 이동시키자. 그러면 20, 25, 39가 나온다. (3개)

참고로, 앞의 설명에서 볼 수 있듯이 이 세 번호는 이른바 결합(연결)번호라고 생각해도 되겠다.

여기서, 이동 시에 RO 법칙으로 9가 만들어짐을 알 수 있다. (4개)

이젠, 독자들도 익숙해졌을 것이다. 아니, 익숙해져야만 한다. 바로 '타방 법칙'을 사용해 2를 하1좌2 칸으로 움직여서 7을 만들 수가 있다. 여기까지 5개 번호를 찾았다.

이제 번호 하나만 더 찾으면 된다.

이 순간에서만큼은 간단하게 작업해보면 어떨까 한다.

바로, 36을 차분히 그대로 선택하면 된다. (6개)

이렇게 해서 137회 당첨번호 6개를 모두 찾아봤다.

타입을 보자.

133회 4, 15, 18과 137회 25, 36, 39는 같은 타입이고,

133회 보13, 15, 26과 137회 7, 9, 20도 같은 타입이다.

134회 20, 23, 35와 137회 9, 36, 39는 같은 타입이고,

136회 2, 보11, 36과 137회 7, 20, 25도 같은 타입이다.

■ 143회 (29)

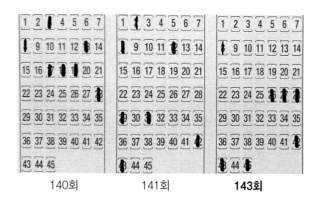

| 140회 | 141회 | **143회** |

140회를 들여다보자.

28을 그대로 선택한다. (1개)

이어서 3, 18, 19를 하3우3 칸으로 이동시켜보면 27, 42, 43이 나타난다.

이때, 인력으로 27에 26이 붙어 나왔고 (5개), 43 근처에 있는 45가 추가로 출현한 것으로 생각할 수도 있겠다.

또는, 앞의 인력을 이용하질 않고, 3을 차분히 45로 대체하는 것이다. (6개) 참고로, 140회 3, 17, 18, 19와 143회 26, 27, 28, 42는 같은 타입이다.

141회를 탐색해보자.

12, 29, 31을 아래로 두 칸 내려본다. 그러면 26, 43, 45로 된다는 것을 알 수 있다. 이때, 인력으로 26에 27과 28이 붙어서 함께 출현한 것으로 생각해도 되겠다. (5개)

끝으로, 42를 차분히 그대로 선택하면 된다. (6개)

그런데, 로또엔 정답이 존재하지 않듯이 독자 스스로 다른 방법으로 생각해볼 수도 있다는 점이다. 이와 관련해서 앞의 설명을 좀 더 이어가겠다. 141회에서의 번호이동 결과로 26이 나타날 때 27과 28이 같이 나왔었다.

그런데, 26과 함께 27이 동시에 출현했고 28은 나오지 않은 것으로 가정해보자. 이 상황에서, 28을 만드는 방법이 있다. 바로 '타방 법칙'을 이용하는 것이다. 141회 42를 위의 이동 방향과 반대인, 위로 두 칸 올려보면 28을 만들 수 있다. 여기서 28을 구하는 또 다른 방법은 29를 왼쪽으로 한 칸 옮겨 놓는 것이다.

이렇게 해서 141회로부터 143회 당첨번호를 찾아낼 수 있었다.

지금부턴, 번호의 그룹 이동과 관련해서 어떤 특이한 방법을 소개하겠다. 141회에서 29, 31, 42, 43을 하나의 그룹으로 생각하고 이동시켜 보려고 한다. 이때, 4개 번호 전체가 일반적인 '평면 이동'을 하는 게 아니라, 오른쪽으로 '회전 운동'을 하면서 143회 쪽으로 움직인다는 것이다.

즉, 141회 31이 143회 26으로, 141회 29가 143회 28로, 141회 43이 143회 42로, 141회 42가 143회 43으로 각각 이동하는 것을 확인할 수 있을 것이다.

따라서, 이동한 후에 나타난 번호들은 143회 26, 28, 42, 43이 된다. (4개)
여기에서, 인력으로 26과 28 사이로 27이 함께 출현했다. (5개)
또, 이동할 때 RO 법칙으로 141회 43으로부터 45를 만들어 낼 수가 있다. (6개)
이렇게 해서 141회에서 143회 당첨번호 6개를 전부 구하게 되었다.

타입을 보자.
141회 29, 31, 43과 143회 26, 28, 42는 같은 타입이고,
138회 27, 37, 39와 143회 27, 43, 45도 같은 타입이다.

141회 29, 31, 42와 143회 26, 28, 43은 같은 타입이고,
142회 16, 보19, 34와 143회 27, 42, 45도 같은 타입이다.

■ 158회 (30)

152회	155회	157회	**158회**

152회를 분석하자.

5를 왼쪽으로 1칸 차분히 옮겨서 4로 해둔다. (1개)

이어서 1, 5, 13, 26을 하1우1 칸으로 이동시키면 9, 13, 21, 34가 나타난다.

여기까지 5개 번호를 찾았다.

이때, 이동해서 나타난 13, 34를 한번 보길 바란다. 소스 회차 152회의 번호다. 즉 이동시켜 봤더니, 원래 152회의 당첨번호라는 것이다.

따라서, 어느 방향으로 번호를 보내야 할지 고심해야 하는 상황이라면, 소스 회차의 당첨번호 쪽으로 번호를 이동시켜 보면 좋을 것 같다. 위에서처럼, 13과 34가 나타나도록 유도하는 식으로 말이다.

참고로, 독자들에게 말해둘 게 있다. 앞에서처럼, 번호선택과 이동 방향을 동시에 정확히 다룰 수 있느냐가 핵심 사항인데, 소스 회차 자체만 보지 말고 인근 회차들의 번호들까지로 시야를 넓혀서 바라보라는 것이다. 3장 앞쪽에서, 개별 번호를 선택하는 과정처럼 차분히 생각하면서 말이다.

위의 작업을 계속 이어가겠다.
타방 법칙을 이용해, 26을 상1좌1 칸으로 움직여 18로 만들어 놓는다. (6개)

155회를 들여다보자.
보4를 그대로 선택한다. (1개)

이어서, 16, 20, 41타입을 생각해보자. 이것은 152회, 153회에서도 나타났었다. 따라서, 이 타입을 이용해서 번호들을 위로 1칸 올리면 9, 13, 34가 나온다. 여기까지 4개 번호를 찾았다.

다음에, 19를 좌로 1칸 옮겨 18로 만들고, 20을 우로 1칸 이동시켜 21로 하면,
즉 번호 2개를 미세조정하면 158회 당첨번호가 된다. (6개)

참고로, 41을 위로 1칸 이동시켜 34로 만들었는데, 33을 우로 1칸 옮겨서 34가 나오도록 작업할 수도 있다.

156회를 분석하자.
보2, 5, 18, 42, 45를 하2우2 칸으로 이동시켜 보면 9, 12, 18, 21, 34가 된다.
여기서, 미차 운동으로 12가 아닌 13으로 나타난다. (5개)

끝으로, 5를 차분하게 옆으로 1칸 옮겨 4로 만드는 방법과 RO 법칙을 이용해 보2로부터 4를 생성하는 방법이 있다. (6개)
이렇게 해서 158회 당첨번호를 모두 얻을 수 있게 되었다.

157회를 알아보자.

19, 30, 35, 39를 하2우2 칸으로 움직여보면 4, 9, 13, 35가 나타난다. 이때, 미차 운동으로 35가 아닌 34로 된다. 여기까지 4개의 번호를 찾아냈다.

이어서 19를 차분하게 좌로 1칸 옮겨 18로 만든다. (5개)

이제 나머지 1개 번호만 남았다. 그런데, 마지막 번호를 구하는데 세 방법이 있다. 바로 RO 법칙과 타방 법칙 그리고 미세조정을 이용하는 것이다. 즉, RO 법칙을 통해서 19로부터 21을, 타방 법칙을 사용해서 보37을 상2좌2 칸으로 움직여보면 역시 21을, 19를 우로 2칸 보내면 또한 21을 구할 수 있다.

이렇게 해서 157회를 통해서도 158회 당첨번호를 얻을 수 있음을 확인했다.

타입에 대해 알아보자.

153회 3, 8, 36과 158회 4, 9, 18은 같은 타입이고,

155회 20, 33, 41과 158회 13, 21, 34도 같은 타입이다.

155회 16, 20, 41과 158회 9, 13, 34는 같은 타입이고,

157회 19, 30, 33과 158회 4, 18, 21도 같은 타입이다.

■ 160회 (31)

필자가 독자들에게 당부할 게 있다. 추첨 전에 예상한 것과 추첨에서 나온 번호들이 다르더라도, 실망하지 말고 꾸준히 관심을 가지면서 생각하길 바란다. 이런 과정을 통해서 독자들의 실력이 점점 향상될 것이라고 본다.

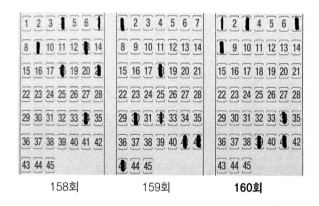

| 158회 | 159회 | **160회** |

158회를 분석해보자.

어떻게 다뤄야 160회 번호로 나오게 할 수 있을까? 생각하지 않으면서 무작정 이런저런 식으로 번호를 다루려고 하지 말고, 일단 차분하게 각 번호의 위치를 파악해 보자.

보7, 9, 13, 18을 상1좌3 칸으로 이동시켜 보면 3, 8, 39, 41이 나온다. (4개)

이때, 인력에 의해 8에 7이 붙어 나왔다고 생각하면 되겠다. (5개)

마지막으로 당첨번호인 34를 차분히 그대로 선택한다. (6개)

이렇게 해서 160회 당첨번호를 구했다.

이번엔, 159회를 알아보자.

30, 보32, 41을 하1우2 칸으로 옮겨보자. 그러면 8, 39, 41이 나온다.

이때, 인력으로 8에 7이 붙어 나왔다. (4개)

또, RO 법칙으로 보32로부터 34를 생성할 수 있게 되었다. (5개)

마지막으로, 3을 구해야만 한다. 두 가지 방법이 있다.

1을 우로 2칸 옮기는 방법과 앞에서의 그룹 이동 방향인 하1우2 칸으로 43을 보내는 방법이 있다. 이렇게 하면 3을 만들 수가 있다. (6개)

그런데, 앞의 번호이동과 같은 방향인데, 왜 이렇게 따로 43을 이동시켰을까? 관심을 가지고 한번 생각해보길 바란다. 엉금엉금 기어가는 독자가 아닌, 이제는 서서 힘차게 걸어 다닐 수 있는 독자로 되었다고 필자는 확실히 믿고 싶다.

타입을 보자.

157회 26, 33, 39는 160회 7, 34, 41과 같은 타입이고,

158회 4, 13, 21과 160회 3, 8, 39도 같은 타입이다.

157회 33, 35, 39와 160회 3, 39, 41은 같은 타입이고,

159회 30, 42, 43과 160회 7, 8, 34도 같은 타입이다.

■ 173회 (32)

167회를 보자.

30, 36, 39를 상1우1 칸으로 옮겨보면 24, 30, 33이 나오는데, 인력에 의해

33에 34가 붙어 나왔다. (4개)

타방 법칙으로 39를 하1좌1 칸으로 보내거나 보4를 차분히 좌1 칸으로 옮겨도 3을 만들 수가 있다. (5개)

끝으로, '직관적인 감'을 이용해서 방향성 타입을 찾아보려고 한다. 24, 39와 결합해 방향성 타입을 만들 수 있는 번호 가운데 하나가 9라는 것이다. (6개)

또, 9는 166회 당첨번호이고 167회에서 중복 타입을 만들 수 있다.

168회를 탐색하자.

10, 31, 40을 그대로 위쪽으로 1칸 올리면 3, 24, 33이 나온다. (3개)

이때, 33에 34가 붙어 나왔다고 생각하면 되겠다. (4개)

(168회 당번인 3쪽으로 10을 보냈다. 이런 과정을 눈여겨보길 바란다)

이어서 10을 왼쪽으로 가만히 1칸 옮겨 9로 만든다. (5개)

(10과 관련해, 10을 좌로 1칸 보내면서 위로 1칸 올리는 작업을 주시하자)

끝으로 보30을 차분하게 그대로 선택한다. (6개)

169회를 들여다보자.

16, 37, 43, 45를 상2우1 칸으로 이동시키자. 그러면 3, 24, 30, 32가 된다.

이때, 미차 운동으로 32가 아닌 33으로 나타난다. (4개)

이어서 타방 법칙을 적용해보면 43이나 45가 9로, 보19가 34로 이동되는 것을 확인할 수 있을 것이다. (6개)

그런데, 미차 운동으로 나온 33에 34가 붙어 출현한 것으로 생각해도 되겠다.

171회를 분석하자.

4, 25, 34, 35를 왼쪽으로 차분히 1칸 옮겨보면 3, 24, 33, 34가 된다. (4개)

34가 그대로 다시 당첨된 모양새다.

이어서, 타방 법칙을 이용해 29를 가만히 오른쪽으로 1칸 옮겨 30으로 만들어 놓는다. (5개)

자, 지금이 중요한 순간이다. 나머지 한 개 번호는 어떻게 구해야 하나.

바로, 16을 그대로 위로 1칸 올려 9로 만들면 된다는 것이다. (6개)

이처럼, 1칸 위나 1칸 아래로 번호를 보내는 작업을 유심히 살펴보길 바란다. 한마디로 말한다면, 5개 번호는 미세조정으로 나머지 1개 번호는 소스 회차의 번호를 위로 1칸 올려서, 173회 당첨번호를 만들었다는 것이다.

독자들에게 당부할 게 있다. 설명한 대로 내용을 이해했다고 그냥 넘어가지 말라는 것이다. 번호 상호 간의 관계(타입), 그룹 이동, 출현 경향, 당번 끝수 등을 유심히 관찰해보는 습관을 유지하는 게 중요하다 할 것이다.

타입을 보자.

170회 2, 보10, 31과 173회 3, 9, 30은 같은 타입이고,

171회 25, 34, 35와 173회 24, 33, 34도 같은 타입이다.

171회 4, 25, 34와 173회 3, 24, 33은 같은 타입이고,

168회 10, 31, 42와 173회 9, 30, 34도 같은 타입이다.

이곳에선 각 소스 회차의 당첨번호 6개 중에서 일부를 구하는 과정을 소개하려고 한다. 나중에 이 번호들을 모아보면 201회 당첨번호가 된다.

| 196회 | 197회 | 198회 | 199회 | 201회 |

196회를 알아보자.

보30, 44, 45를 상1우1 칸으로 이동시키면 24, 38, 39가 된다.

이어서 44를 그대로 선택한다. (4개)

197회를 들여다보자.

바로 앞 196회 소스 회차에서 44를 준비해두었다. 이 번호를 염두에 두면서, 197회 보4, 12, 45를 왼쪽으로 차분히 1칸 옮겨서 3, 11, 44로 되게 한다. 즉, 45가 44로 나타나도록 유도하는 것이다. 그런데, 왜 보4, 12, 45라는 타입을 이른바 꼭 집어서 옮기는 것으로 했을까?

그것은 '최근에 나왔던 타입이 다시 나타나는 경향이 있다'라는 것이다. 따라서 197회 보4,

12, 45와 199회 14, 22, 30과 201회 3, 11, 44는 같은 타입임을 쉽게 알 수 있을 것이다. 197회 소스 회차에서 이러한 특성을 이용해 세 번호를 좌로 1칸 보낸 것이다. 참고로, 이 타입이 징검다리 형태로 출현했다.

198회를 탐색하자.

어떤 식으로 작업해야 할까? 196회에는 35, 36, 41이라는 타입이 있다. 이어서 198회 소스 회차를 바라보면, 같은 타입이 있다는 것을 알 수 있을 것이다. 바로 19, 20, 25라는 타입이다. 이제 이 세 번호와 41을 하3좌2 칸으로 이동시켜 보면 11, 38, 39, 44가 나온다. 여기까지 네 번호를 구했다.

주의할 점은 25와 41이 가상번호를 거쳐 이동한다는 것이다. 참고로, 이동 과정을 통해서 구한 11과 44는 198회 12와 45의 좌1 칸이다.

이제 다른 관점으로 작업해보려고 한다. 1-2-3 법칙을 한번 이용해보자.
보2를 오른쪽으로 1칸 옮겨서 3으로 해둔다. (1개)
이어서 12, 25, 45타입을 차분히 왼쪽으로 1칸 옮겨 11, 24, 44로 만든다. (4개)
추가로 41을 좌로 2칸 옮겨서 39로 만들고, 또 같은 41을 좌로 3칸 이동시켜 38로 옮겨 놓는다. (6개)
이렇게 1-2-3 법칙을 이용해 201회 당첨번호를 구할 수도 있다.

199회를 살펴보자.

14, 22, 30, 보43을 상3우2 칸으로 이동시키자. 그러면 3, 11, 24, 44가 나온다. 그런데, 24는 199회 25의 좌1 칸이고, 44는 199회 보43의 우1 칸이다.
이런 관계를 유심히 살펴보길 바란다. 이제 위의 각 소스 회차에서 설명한 내용을 상호 연결해서 분석해보길 바란다.

타입을 보자.
198회 19, 20, 25는 201회 38, 39, 44와 같은 타입이고,

199회 22, 30, 보43과 201회 3, 11, 24도 같은 타입이다.

197회 보4, 12, 45는 201회 3, 11, 44와 같은 타입이고,

200회 5, 6, 20과 201회 24, 38, 39도 같은 타입이다.

198회	201회	202회	203회

198회를 보자.

12, 20, 41을 상1좌2 칸으로 옮겨보면 3, 11, 32가 나온다. 이때, RO 법칙으로 1이 생성되었다. (4개)

이어서 타방 법칙을 이용해 19와 25를 하1좌2 칸으로 움직여보면 각각 24와 30이 나오는 것을 알 수 있다. (6개)

이렇게 해서 203회 당첨번호를 모두 구했다.

이 지점에서 생각해볼 게 있다. 위에서처럼 RO 법칙을 이용하지 않고, 타방 법칙을 이용해 45를 하1좌2 칸으로 이동시켜서 1을 만들 수도 있다. 또, 보2, 12, 25를 왼쪽으로 1칸 옮기면 1, 11, 24가 되고, 역시 앞의 보2를 반대 방향인 오른쪽으로 1칸 보내면 3이 된다. 이런 식으로, 다양하게 번호 흐름을 파악할 수 있어야 한다는 것이다.

201회를 탐색해보자.

첫 번째 방법이다.

11과 24를 그대로 둔다. (2개)

이어서 24, 보26, 39를 하1좌1 칸으로 이동시켜 보면 3, 30, 32가 된다. (5개)

그런데 3은 소스 회차 201회의 당첨번호다. 한마디로, 최근에 출현했던 번호가 다시 나타나는 경우라고 말할 수 있겠다.

추가로, 44를 그룹 이동의 방향처럼 움직여보면 1이 나타난다. (6개)

두 번째 방법이다.

여기선, 3이 핵심적인 번호가 되겠다.

3을 그대로 선택한다. (1개)

이어서 3, 보26, 39를 상2좌1 칸으로 움직여 11, 24, 30으로 만들어 놓는다.

이때, RO 법칙으로 1이 생성되었다. (5개)

또, 타방 법칙을 이용해 3으로부터 32가 만들어졌다. (6개)

이렇게 해서 203회 번호 6개를 전부 구해봤다.

앞에서의 작업을 보면, '3'을 여러 용도로 사용했음을 알 수 있을 것이다. '이 책에선 이런 식으로 생각할 수도 있구나' 정도로 받아들이자.

세 번째 방법이다.

11을 그대로 둔다. (1개)

이어서 3, 11, 24를 아래로 3칸 내려보면 3, 24, 32가 나온다. (4개)

이때, RO 법칙으로 1을 구할 수가 있다. (5개)

또, 번호들이 그룹으로 이동할 때, 도착지 번호를 기준으로 해서 한두 칸 차이로 번호가 추가로 만들어지는 경우가 있다. 이런 점을 고려해 본다면, 위에서 32가 생성될 때 30이 추가로 만들어졌다고 생각할 수 있을 것이다. (6개)

이렇게 해서 203회 당첨번호를 모두 찾아냈다.

202회를 들여다보자.

12, 14, 27을 하3좌3 칸으로 이동시키면 3, 30, 32가 된다. 한편 12, 14, 27, 33과 203회 3, 11, 30, 32는 같은 타입이라는 것이다. 또, 중복타입으로 나오는 게 있는데, 독자들이 알아보길 바란다.

타입을 보자.

202회 12, 27, 33과 203회 11, 24, 32는 같은 타입이고,

201회 24, 보26, 39와 203회 1, 3, 30도 같은 타입이다.

202회 12, 33, 39와 203회 3, 11, 32는 같은 타입이고,

201회 3, 11, 보26과 203회 1, 24, 30도 같은 타입이다.

■ 311회 (35)

| 306회 | 307회 | 310회 | **311회** |

306회를 탐색하자.

우선, 4, 18, 23이라는 타입을 보자. 이 타입이 목표 회차 311회의 바로 앞 회차인 310회에서 또 나타난 것을 확인할 수 있을 것이다. 바로 5, 19, 28이다. 310회의 이 타입이 311회에서 다시 나타날 것으로 예상하면서, 이 타입이 출현했었던 306회에서 작업을 해도 괜찮을 것 같은 생각을 할 수 있을 것이다. 그런데, 위에서 언급했던 타입이 306회에 또 있다. 바로 4, 18, 41타입이다. 한마디로, 306회에서 같은 타입이 2개 있다는 것이다. 이른바, 중복타입이다.

이 306회 4, 18, 41의 타입을 그대로 위로 2칸 올려보면 4, 27, 32가 나온다. 이때, 기존 4가 떠나가고 그 자리에 다른 번호가 와서 다시 4를 만들었다. 이번엔 306회 18, 30, 34를 상1우1칸으로 옮기면 12, 24, 28이 나타난다. 이동해 나온 앞의 두 그룹의 번호들을 모아보면, 311회 당첨번호가 됨을 알 수 있다.

307회를 살펴보자.

5, 21, 25를 주시하자. 이 번호들을 그대로 아래쪽으로 1칸 내리면 12, 28, 32가 된다. 이때 인력으로 27이 붙어 나왔다. (4개)

참고로, 5가 보12가 있는 쪽으로 갔는데, 결국 307회 보12가 311회 당첨번호로 나타났다. 이런 면을 세심하게 들여다보길 바란다.

'번호를 위아래로 이동시킬 때 동시에 가만히 옆으로 1칸 옮기는 작업'을 기억하고 있다면, 4와 24를 만드는 것은 어렵지 않을 것이다. (6개)

일반적 관점으로 본다면, 여기서도 이동과 미세조정이라는 두 작업을 병행했다. 이렇게 해서 311회 번호를 모두 찾았다.

308회를 들여다보자.

17, 37, 보40, 45를 상2우1 칸으로 이동시켜 보면 4, 24, 27, 32가 나타난다. 이때, 인력으로 27에 28이 붙어 나왔다. (5개)

310회를 알아보자.

1, 5, 19, 28, 41을 상2좌1 칸으로 움직여보자. 그러면 4, 13, 26, 28, 32가 나온다. 여기서 미차 운동으로 13이 12로, 26이 27로 된다는 것이다. (5개)

이제 308회와 310회에서 구한 번호들을 중복 없이 모아 보면 311회 당첨번호로 된다는 것을 알 수 있다. 위의 내용에서 알 수 있듯이, 번호를 구하는 데 있어서 정답은 없다. 소스 회차들의 번호 흐름을 유기적으로 상호 연결해봄으로써, 우리가 찾고자 하는 번호를 구할 수 있다는 점이다.

타입을 보자.

308회 37, 보40, 45와 311회 24, 27, 32는 같은 타입이고,

310회 보16, 28, 34와 311회 4, 12, 28도 같은 타입이다.

309회 1, 2, 5와 311회 24, 27, 28은 같은 타입이고,

310회 5, 19, 41과 311회 4, 12, 32도 같은 타입이다.

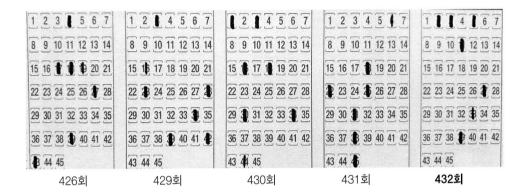

| 426회 | 429회 | 430회 | 431회 | 432회 |

426회를 살펴보자. 약간 떨어져 있다.

18, 보19, 27, 43을 상2좌2 칸으로 이동시켜 보면 2, 3, 11, 27이 나온다. (4개)

타방 법칙을 이용해 17을 상2우2 칸으로 움직여 5로 만들거나, 4를 차분하게 오른쪽으로 1칸 옮겨 역시 5로 나오게 할 수도 있다. (5개)

이어서 39를 가만히 그대로 선택한다. (6개)

이렇게 해서 432회 번호를 모두 구했다.

이 소스 회차에선 더 설명하지 않고 넘어가려고 했는데, 추가로 기술해보겠다.

426회에서 4를 좌우로 가만히 1칸씩 옮겨서 각각 3과 5로 만들어 놓는다. (2개)

계속해서 27과 39를 그대로 선택한다. (4개)

번호를 크게 휘두르지 말고, 이런 식으로 미세한 작업만으로도 벌써 4개 번호를 구하게 되는 것이다.

필자의 예상이지만 만일 이렇게 4개 번호를 선택해서 '반자동'으로 복권을 구매한다면, 또 여기에다가 운까지 들어와 준다면 독자들이 원하는 결과를 얻을 수도 있다고 본다.

428회를 들여다보자. (도표생략)

보8, 12, 16, 22, 37을 상2우3 칸으로 이동시키자. 그러면 1, 5, 11, 26, 39가 나온다. 여기서 미차 운동으로 1이 아닌 2와 3으로 되고, 26이 아닌 27로 바뀐다. 이렇게 해서 432회 번호를 전부 구했다.

429회를 알아보자.

우선, 3과 39를 '안내 번호'로서 차분히 그대로 선택한다.

자, 위에서 안내 번호를 정해놓았으니, 이젠 어느 번호들이 이동해서 이 안내 번호 쪽으로 도착할 수 있는지 독자들이 확인해봐야 한다. 28, 34, 42를 하2좌3 칸으로 움직여보자. 그러면 3, 11, 39가 나온다. 앞에서 마련해둔, 바로 그 3과 39라는 안내 번호 쪽으로 나타난 것이다. 일단, 당첨 가능성이 있는 것으로 생각하고, 같이 나타난 11도 선택해보자. 여기까지가 안내 번호와 관련된 내용으로, 모두 3개 번호를 구했다.

계속해서 인력으로 3에 2가 붙어 나왔다. (4개)

이어서, 타방 법칙을 이용해서 보16을 상2우3 칸으로 하면 5가 나타난다. (5개)

끝으로, 28을 침착하게 좌로 1칸 옮겨 27로 만든다. (6개)

이렇게 해서 432회 번호를 전부 찾았다.

430회를 탐색하자.

1을 가만히 오른쪽으로 1칸 옮겨 2로 해둔다. (1개)

이어서 3을 그대로 선택하고 (2개), 3을 우로 2칸 이동시켜 5로 만들어 놓는다. 즉, 미세조정을 한 것이다. 여기까지 3개 번호를 마련해두었다.

이제 18, 30, 보44 타입을 주시해보자. 이 타입을 하1우2 칸으로 보내려고 한다. 이때 주의할 점이 있다. 보44를 앞에서 언급한 방향으로 이동시켜서 4로 만들지 말아야 한다는 것이다.

자, 그래서 보44의 대체번호인 2를 만든 후에, 여기로부터 하1우2 칸으로 이동시켜서 11로 보내야만 하는 것이다. 어렵지 않다.

이런 식으로 이동작업을 해보면 11, 27, 39가 나옴을 알 수 있을 것이다. (6개)

정리하면, 미세조정으로 3개 번호를 구하고 이어서 번호이동으로 역시 3개 번호를 찾아서, 432회 번호 6개를 모두 만들어 낼 수 있게 되었다.

431회를 분석하자.

이동작업으로만, 432회 번호 6개를 구하려고 한다. 18, 22, 25, 31 네 번호를 상3우1 칸으로 이동시킨다. 그러면 2, 5, 11, 40이 나온다. 이때, 미차 운동으로 40이 39로 된다. (4개)

또, 인력으로 2에 3이 붙어 나왔다. (5개)

마지막으로, 이동 시에 나타날 수 있는 'RO 법칙'으로 27이 생성되었다. (6개)

이렇게 해서 432회 번호 전부를 찾아볼 수 있게 되었다.

위에서 설명한 바와 같이, 각 소스 회차에서 432회 번호를 구하는 과정을 살펴봤다.

여기서, 독자들에게 당부할 게 있다. 소스 회차 자체를 분석하는 것도 중요하다. 하지만 각 소스 회차의 번호 특성 및 이동(흐름) 등을 다른 소스 회차의 그것들과 서로 엮어보면서, 어떤 번호가 나올지 예상해보면 어떨까 한다. 이런 과정을 꾸준히 하다 보면, 일정 수준 이상으로 독자들의 실력이 향상되리라고 본다.

타입을 보자.

429회 보16, 28, 34와 432회 3, 27, 39는 같은 타입이고,

431회 22, 25, 31과 432회 2, 5, 11도 같은 타입이다.

430회 1, 3, 보44와 432회 3, 5, 39는 같은 타입이고,

431회 보6, 22, 31과 432회 2, 11, 27도 같은 타입이다.

432회 3, 5, 11, 39는 중복타입이다.

■ 532회 (37)

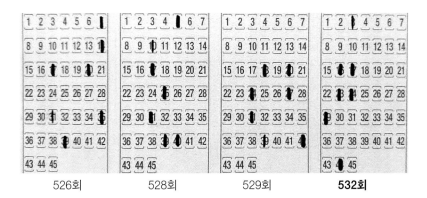

| 526회 | 528회 | 529회 | **532회** |

526회를 살펴보자. 약간 떨어져 있는 소스 회차다.

7, 14, 20, 35를 하1우2 칸으로 이동시켜 보면 16, 23, 29, 44가 나온다. (4개)

이때, 인력으로 16에 17이, 23에 24가 각각 붙어 나왔다. (6개)

528회를 분석해보자.

5, 보10, 25, 39, 40을 하3좌2 칸으로 이동시켜 보면 16, 17, 24, 29, 44가 나온다. 이때, 인력으로 24에 23이 딸려 나왔다. (6개)

여기서 유의해야 할 사항이 있다.

25가 가46을 거쳐 44로 나온다는 것과 39와 40이 가상번호를 지나가지 않으면서 도착지 번호 16과 17로 나타난다는 점이다. '왜 이렇게 되느냐고 따지지 말고, 이럴 수도 있구나' 정도로 생각하면 되겠다. 이렇게 해서 532회 당첨번호를 모두 구했다.

529회를 알아보자.

18, 24, 보39를 하1좌2 칸으로 옮겨보자. 그러면 23, 29, 44가 나온다. (3개)

이때, RO 법칙으로 16이 생성되었다. (4개)

이제 미세조정으로 나머지 2개 번호를 찾아보자.

18을 가만히 좌로 1칸 옮겨서 17로 해둔다. (5개)

이어서 24를 차분히 그대로 선택한다. (6개)

여기서, 18의 쓰임새를 잘 관찰해보길 바란다. 이렇게 해서 532회 당첨번호를 모두 찾았다.

참고로, 532회 16, 17, 23, 24가 중복타입으로 나타났다.

타입을 보자.

528회 25, 31, 40과 532회 16, 24, 29는 같은 타입이고,

529회 18, 31, 보39와 532회 17, 23, 44도 같은 타입이다.

528회 5, 39, 40과 532회 16, 17, 24는 같은 타입이고,

529회 18, 24, 보39와 532회 23, 29, 44도 같은 타입이다.

■ 862회 (38)

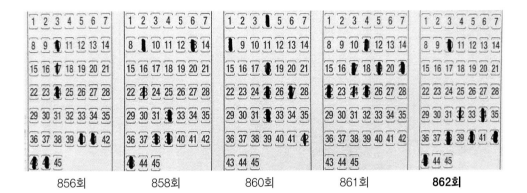

| 856회 | 858회 | 860회 | 861회 | 862회 |

856회를 알아보자.

약간의 거리감이 느껴진다. 이 회차에선 미세조정을 위주로 작업하려고 한다.

먼저 10, 40, 43 세 개 번호를 차분히 그대로 선택한다. (3개)

이어서 40을 좌로 2칸 옮겨서 38로 만든다. (4개)

마지막으로, 41을 가만히 우로 1칸 옮겨 42로 만들면서, 동시에 위로 1칸 올려 34가 나오게 한다. (6개)

857회를 보자. (도표생략)

10, 34, 38, 보43을 그대로 선택한다. (4개)

858회를 살펴보자.

여기서도 미세조정으로만 862회 당첨번호를 구할 수 있다.

9를 가만히 우로 1칸 옮겨 10으로 해 둔다. (1개)

이어서 32를 우로 2칸 이동시켜서 34로, 39를 우로 1칸 보내서 40으로 각각 만들어 놓는다. (3개)

계속해서 38과 43을 침착하게 그대로 선택한다. (5개)

끝으로 43에 42를 붙여 놓는다. (6개)

이렇게 해서 862회 번호를 모두 알아봤다.

860회를 분석하자.

먼저, 보42를 가만히 오른쪽으로 1칸 옮겨 43으로 만들어 놓는다. (1개)

(참고로, 42를 우로 1칸 이동시켜서 1로 해 둘 수도 있지만 여기선 43으로 이동시키는 것으로 하자.)

이제 남은 번호 5개는 이동과 관련되어 있다.

4, 8, 18, 보42를 상1좌1 칸으로 움직여보면 10, 34, 38, 42가 나타난다. (5개)

이때, RO 법칙이나 타방 법칙을 이용해서 40을 만들 수가 있다. (6개)

앞의 내용에 대해, 지금쯤은 독자들도 어느 정도 익숙해져 있을 것으로 본다. 이렇게 해서 862회 당첨번호 6개를 전부 구했다.

861회를 주시하자.

첫 번째 방법이다.

11을 가만히 왼쪽으로 1칸 옮겨서 10으로 만든다. (1개)

이어서 17, 19, 21, 22를 그대로 아래로 3칸 내려보면 38, 40, 42, 43이 나온다. 여기까지 5개 번호를 찾아냈다.

두 번째 방법이다.

11을 차분히 왼쪽으로 1칸 옮겨서 10으로 만든다. (1개)

이어서 11, 17, 19를 하3우2 칸으로 이동시켜 보면 34, 40, 42가 나타난다. 이때, 인력으로 42에 43이 붙어 나왔다. (5개)

이제 '타방 법칙'을 사용해서 19를 상3좌2 칸으로 보내면 38을 만들 수 있다. 이렇게 해서 862회 당첨번호를 모두 구했다.

참고로, 861회 11, 17, 19, 21과 862회 34, 38, 40, 42는 같은 타입이다.

타입을 보자.
861회 11, 19, 21과 862회 34, 38, 40은 같은 타입이고,
858회 13, 38, 39와 862회 10, 42, 43도 같은 타입이다.
860회 18, 27, 32와 862회 10, 38, 43은 같은 타입이고,
861회 11, 17, 19와 862회 34, 40, 42도 같은 타입이다.

■ 863회 (39)

856회 857회 859회 860회 **863회**

856회를 알아보자.

소스 회차와 목표 회차의 사이가 좀 멀다. 하지만 당첨번호가 어떤 식으로 나오는지 파악하려는 입장에선, 한번 이런 회차를 다루어 보는 것도 괜찮을 것 같다.

보17, 40, 44를 왼쪽으로 1칸 옮기면 863회 16, 39, 43이 된다. (3개)
(44를 이동시키지 않고 43을 그대로 선택하는 것으로 해도 된다)
즉, 앞의 856회 타입을 좌로 1칸 이동시켜서 863회 번호들로 만드는 것이다.

또 10, 보17, 24를 하2좌3 칸으로 이동시키면 863회 21, 28, 35가 된다. (6개)

따라서, 위의 양쪽 작업에서 찾아낸 번호들을 모아보면 863회 당첨번호로 나타난다.

857회를 살펴보자.

16, 28, 보43을 그대로 선택한다. (3개)

이어서 34, 38을 우로 1칸 옮겨서 각각 35, 39로 만든다. (5개)

이제 21을 구하면 되는데, 다른 소스 회차의 번호를 이용해보려고 한다.

856회나 860회에 나오는 타입을 이용하거나 861회 21을 참고하면 되겠다.

859회를 관찰하자.

이 회차에선 '이런 식으로도 번호를 분석할 수 있구나' 정도로 생각하면 될 것 같다. 너무 복잡하거나 어렵다고 생각하지 말고, 편안하게 읽어보길 바란다.

보24, 35, 39를 하1좌3 칸으로 이동시키자. 그러면 28, 39, 43이 나온다. (3개)

이어서, 22를 가만히 좌로 1칸 옮겨서 21로 만들고, 35를 차분하게 그대로 선택한다. (5개)

이제 약간 어려워 보일 수 있는 내용을 설명하려고 한다. 3개 이상의 번호들이 무리(그룹)를 이루어 움직이는 '일반 이동'이라는 게 있고, 반면에 어떤 특정 번호를 구하기 위해 이용되는 '특수 이동'이라는 것이 있다. 특수 이동에선, 번호 2개를 움직여 어떤 번호로 나타나는지 확인하는 것이다.

이제 특수 이동을 통해 16을 구하는 방법을 아래와 같이 소개하려 한다.

첫 번째 방법이다.

8, 35를 하1우1 칸으로 보내보자. 그러면 16, 43이 나타난다.

알다시피, 43은 앞에서 이미 선택해두었던 번호다.

35가 43쪽으로 가도록 유도하면서, 동시에 8을 같은 방향으로 움직여보면 16이 나타나는데 이 번호를 자연스럽게 찾을 수 있게 되었다. (6개)

두 번째 방법이다.

22와 41을 상1우1 칸으로 이동시켜, 16과 35로 만들면 된다.

860회를 탐색하자.

4, 8, 보42를 위로 1칸 올려보면 1, 35, 39가 된다. 그런데, 여기서 1을 그대로 확정하지 않고, 1의 대체번호인 43을 선택해야 한다는 것이다.

이렇게 하면 863회 35, 39, 43타입을 만들 수 있게 된다. (3개)

이어서 18, 25, 32를 우로 3칸 이동시키면 21, 28, 35가 된다. (5개)

이때, 이동 시 RO 법칙으로 16이 생성된다. (6개)

참고로, 양쪽 작업에서 35를 생성했음을 유의하길 바란다.

이제 1-2-3 법칙으로 번호를 구해보자.

보42를 우로 1칸 옮겨서 43으로 만든다. (1개)

이어서 18을 좌로 2칸 이동시켜 16으로 해 둔다. (2개)

계속해서 18, 25, 32를 우로 3칸 움직여서 각각 21, 28, 35로 생성한다. (5개)

마지막으로, 보42를 좌로 3칸 보내면 39를 구할 수 있다. (6개)

다음엔, 859회와 860회의 소스 회차 타입을 이용해 863회 번호를 구해보자. 859회 보24, 35, 39를 하1좌3 칸으로 옮겨보면 863회 28, 39, 43으로 된다. 또 860회 4, 18, 27을, 같은 타입인 863회 16, 21, 35로 만들 수가 있다. 보다시피, 양쪽 두 그룹의 번호를 모아보면 863회 당첨번호가 된다.

한편, 앞의 863회 두 타입을 엮어주는 게 있는데, 바로 860회 18, 25, 32타입이 863회 21, 28, 35라는 연결 타입으로 다시 나타났다고 보면 되겠다. 방향성 타입이다.

타입을 보자.

857회 16, 38, 보43은 863회 16, 21, 43과 같은 타입이고,

860회 8, 18, 25와 863회 28, 35, 39도 같은 타입이다.

859회 보24, 35, 39와 863회 28, 39, 43은 같은 타입이고,

860회 4, 27, 32와 863회 16, 21, 35도 같은 타입이다.

■ 892회 (40)

886회 | 888회 | 890회 | **892회**

886회를 알아보자.

23, 28, 37, 45를 상3우2 칸으로 이동시켜 보면 4, 9, 18, 26이 나온다. (4개)

이때, 인력으로 18에 17이 붙어 나왔다. (5개)

이어서 차분히 42를 그대로 선택한다. (6개)

888회를 살펴보자.

3, 12, 보32를 그대로 아래로 2칸 내린다. 그러면 4, 17, 26이 나온다. (3개)

이때, 17에 18이 붙어 나타난 것으로 생각하면 되겠다. (4개)

여기서, 다른 소스 회차인 891회에서 9를 그대로 선택하고 41을 우로 1칸 옮겨서 42로 만들면, 즉 미세조정하면 892회 당첨번호를 만들 수 있게 된다. (6개)

한마디로, 888회에서 번호이동으로 4개 번호를 구했고, 891회에서 미세조정으로 2개 번호를 만들었다. 이렇게 해서 892회 당첨번호 6개를 모두 찾았다.

여기서 주의 깊게 볼 것이 있다. 미세조정했던 곳이 891회인데, 목표 회차인 892회의 전회차라는 점이다. 전회차의 번호 몇 개를 미세조정해서 추첨 예상번호로 만드는 경우가 있는데, 891회에서의 미세조정이 이런 예라 말할 수 있다.

890회를 분석하자.

먼저, 번호를 구하는 과정에 관해 독자들에게 말해둘 게 있다.

바로, 두세 개 정도의 번호를 미세조정한 후에 이동작업을 해도 되겠고,

그 반대의 순서로 진행해도 상관없다는 것이다.

즉, 독자들이 작업하고자 하는 순서대로 하면 될 것이다.

1을 가만히 왼쪽으로 1칸 옮겨서 42로 해둔다. (1개)

이어서 4를 차분히 그대로 선택한다. (2개)

여기선, 이런 식으로 미세조정을 통해 2개 번호를 마련해두었다.

다음엔, 번호이동 작업을 해보자.

4, 29, 37을 상3우1 칸으로 이동시켜 보면 9, 17, 26이 나온다. (5개)

여기서, 인력으로 18이 붙어 나왔다고 생각해도 되겠고 아니면 18을 그대로 선택하는 것으로 해도 되겠다. (6개)

이렇게 해서 892회 당첨번호를 모두 찾았다.

참고로, 892회에서 9, 17, 18, 26과 9, 17, 26, 42는 각각 중복타입이다.

타입을 보자.

891회 13, 보19, 41과 892회 4, 18, 26은 같은 타입이고,

890회 4, 29, 37과 892회 9, 17, 42도 같은 타입이다.

891회 13, 보19, 28과 892회 4, 9, 17은 같은 타입이고,

891회 13, 보19, 31과 892회 18, 26, 42도 같은 타입이다.

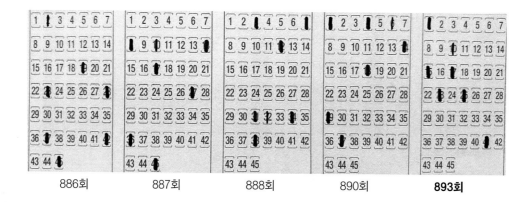

| 886회 | 887회 | 888회 | 890회 | **893회** |

좀 떨어져 있는 회차이지만, 886회를 살펴보자.

23, 37, 45를 상3좌1 칸으로 이동시켜 보자. 그러면 1, 15, 23이 나온다. (3개)

이때, RO 법칙으로 25가 생성된다. 여기까지 4개 번호를 구했다.

이제 미세조정을 해보자. 언뜻 보기엔 이런 작업이 쉬워 보일 수도 있지만, 실제로 직접 작업하려고 하면 어렵게 느껴질 수도 있음을 독자들도 잘 알 것이다.

19를 좌로 2칸 조심스럽게 움직여서 17로 만들어 놓는다. (5개)

이때, 도표를 보면 893회 15, 17, 23, 25라는 중타가 만들어졌음을 알 수 있다.

이어서 42를 왼쪽으로 1칸 차분히 옮겨서 41로 해둔다. (6개)

887회를 탐색하자.

8, 보10, 17, 36을 그대로 아래로 1칸 내려본다. 그러면 1, 15, 17, 24가 나온다.

이때, 번호가 예상한 대로 24로 정확하게 나타나지 않고, 좌우로 1칸씩 차이를 두면서 각각 23, 25로 출현했다는 점이다. (5개)

즉, 독자들도 잘 알고 있는 미차 운동이 일어난 것이다.

이제 남은 번호는 1개다. 이것을 어떻게 구해야 할까?

다음과 같이 3가지 방법을 제시하려고 한다.

첫 번째 방법이다. 893회 기준으로, 전전 회차(891회)의 당첨번호인 41을 그대로 선택한다.

두 번째 방법이다. 중복 타입을 만들 수 있는 번호를 찾아본다. 888회, 889회, 890회에서 41이 중복 타입을 만든다.

세 번째 방법이다. 이곳 887회에서 소스 회차 4개 번호를 아래로 1칸 내렸었다. 이때, 특이 현상으로 27을 아래로 2칸 내리면 41이 된다는 것이다. 즉, 다른 번호들은 1칸 내려올 때, 27 은 혼자 삐딱하게(!) 움직였다는 것이다. 한마디로, '추첨기가 1등 번호를 쉽게 내주지 않으려 고 하는구나'라고 생각하자.

888회를 알아보자.

3, 12, 34를 상1좌4 칸으로 이동시키자. 그러면 1, 23, 41이 나타난다. (3개)

이어서 보32, 34, 38타입을 893회 쪽으로 전개해서 같은 타입인 15, 17, 25로 나올 수 있도 록 만들면 된다. (6개)

앞의 내용으로부터 알 수 있듯이, 소스 회차 2개 타입으로 목표 회차(893회) 타입을 만들면 서 6개 번호를 구했다. 이런 과정도 차분하게 음미해보길 바란다.

890회를 추적하자.

1을 가만히 그대로 선택한다. (1개)

이어서 4, 보6, 14, 29를 하2좌3 칸으로 움직여보자. 그러면 15, 17, 25, 40이 나온다. 이때

미차 운동으로 40이 41로 된다. (5개)

　　마지막으로, 중복타입이나 다른 소스 회차의 번호 흐름 등을 이용해서 23을 구하려고 한다. 지금, 우리는 로또를 공부하고 있다. 프로바둑기사들이 대국을 끝낸 후에 복기하면서 연구하듯이, 우리도 생각을 해보자. 자, 구해야 할 번호는 23이다. 어떻게 하면 찾을 수 있을까.

　　먼저, 중복타입을 이용해보자. 889회, 890회, 891회, 892회에서 23이 각각 중복타입을 만들 수 있다.
　　다음엔, 번호이동 작업을 해보자. 892회 4, 18, 26을 좌로 3칸 옮겨보면 1, 15, 23이 나온다. 이렇게 나온 번호와 앞에서 이미 구했던 1과 15를 바라보면, 23을 선택해도 무난하다는 생각을 할 수 있을 것이다. (6개)

　　이곳 893회에서 몇 가지의 중복타입이 나타났다. 어떤 번호들일까. 독자들이 직접 하나하나 확인해보길 바란다.

　　타입을 보자.
　　892회 4, 18, 26과 893회 1, 15, 23은 같은 타입이고,
　　891회 13, 보19, 31과 893회 17, 25, 41도 같은 타입이다.
　　891회 31, 39, 41과 893회 15, 23, 25는 같은 타입이고,
　　891회 9, 39, 41과 893회 1, 17, 41도 같은 타입이다.

■ 895회 (42)

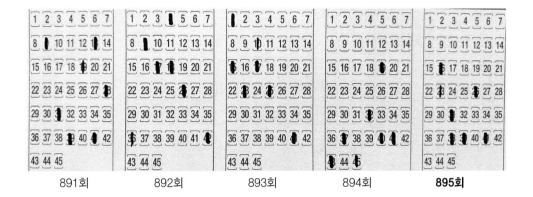

| 891회 | 892회 | 893회 | 894회 | **895회** |

891회를 알아보자. 1-2-3 법칙을 사용하려고 한다.

13을 우로 3칸 옮겨서 16으로 만든다. (1개) 좀 어려운 작업일 수 있다.

이어서 28을 좌로 2칸 이동시켜서 26으로 해둔다. (2개)

계속해서 31, 39, 41의 세 번호를 그대로 선택한다. (5개)

891회를 추첨한 지 4주 후에, 3개 번호가 그대로 다시 출현하게 된 것이다.

끝으로, 39를 좌로 1칸 움직여(39에 붙여) 38이 나오는 것으로 한다. (6개)

이번엔 간략히 다른 방법을 소개하겠다.

31, 39, 41을 그대로 선택한다. (3개)

이어서 9, 보19, 31을 아래로 1칸 내려 16, 26, 38로 만든다. (6개)

앞 작업에서 구한 번호들을 모아보면, 895회 번호를 찾을 수 있게 된다.

892회를 살펴보자.

42를 차분하게 왼쪽으로 1칸 옮겨서 41로 만든다. (1개)

이어서 4, 9, 17, 보36을 하3우1 칸으로 이동시키면 16, 26, 31, 39가 나온다.

이때, 인력으로 39에 38이 붙어 나왔다. (6개)

앞에서와 같이 41을 만들지 않고, 다른 방법은 없을까. 한번 생각해보길 바란다.

893회를 탐색하자.

15를 우로 1칸 옮기거나 17을 좌로 1칸 해서 16으로 만들어 놓는다. (1개)

이어서 25를 침착하게 우로 1칸 움직여 26으로 해둔다. (2개)

마지막으로 15, 23, 25를 하2우2 칸으로 이동시켜서 31, 39, 41로 나오게 한다.

이때 인력으로 39에 38이 붙어 나왔다. (6개)

참고로 25가 893회 41쪽으로 갔다. 즉, 소스 회차 번호로 이동했다는 점이다. 한마디로, 893회 41이 895회에서 다시 출현한 것으로 볼 수 있다. (징검다리)

그런데 위의 내용보다 더 간단하게 다음과 같은 식으로 번호를 구할 수 있다.

좌 또는 우로 1칸 해서 16으로 만든다. (1개)

이어서 보10, 15, 23, 25 네 개 번호를 이동시키면 된다. (4 + 1개)

894회를 분석하자.

41을 침착하게 그대로 선택한다. (1개)

이어서 32, 37, 보45를 상1우1 칸으로 이동시킨다. 그러면 26, 31, 39가 나타난다. (4개) 이때, 인력으로 39에 38이 딸려 나왔다. (5개)

참고로, 이동에 관련된 번호들의 타입에 관해 알아보자. 891회, 892회, 893회, 894회, 마지막으로 895회(목표 회차)에서 연속으로 해당 타입이 출현했다는 점이다.

이렇게, 어느 특정 타입이 특정 시기에 자주 나타나는 경향을 보여주고 있음을 독자들은 알 수가 있을 것이다.

자, 이제 나머지 1개 번호를 찾으면 되는데 어떻게 구해야 할까. '각 소스 회차의 번호 흐름을 유기적으로 연결해봐야 한다'고 필자가 언급했었다. 이점을 염두에 두고 892회 쪽으로 눈을 돌려보자. 어떤 식으로 작업해야 16을 구할 수 있는지, 독자들이 직접 알아보길 바란다.

한편, 이곳 894회 소스 회차에서 16을 찾아낼 방법이 있다. 바로, 특수 이동을 이용하면 된다. 두 번호 19와 41을 좌로 3칸 보내면 16과 38이 나타나는데, 38이 나오는 것을 확인함으로써 16을 자연스럽게 고를 수 있다는 것이다. 또 다른 특수 이동으로는 19와 43을 하3우1 칸으로 이동시켜 보는 것이다.

타입을 보자.
891회 9, 보19, 31과 895회 16, 26, 38은 같은 타입이고,
893회 15, 23, 25와 895회 31, 39, 41도 같은 타입이다.
893회 보10, 15, 25와 895회 16, 26, 31은 같은 타입이고,
894회 40, 41, 43과 895회 38, 39, 41도 같은 타입이다.

■ 992회 (43)

| | 988회 | 990회 | 991회 | 992회 |

988회를 살펴보자.

13, 20, 31, 41을 하2좌1 칸으로 움직여보자. 그러면 12, 26, 33, 44가 나온다.

이때 44에 45가 붙어 나왔다. (5개)

마지막으로, 20을 차분히 그대로 선택한다. (6개)

자세히 보면 988회 번호들을 미세조정하면 992회 번호들로 만들 수 있다. 그런데, 이해를 돕기 위해 좀 더 설명한다면 무리하게 41을 이용하지 말고 2의 대체번호인 44를 사용하면 된다. 이렇게 하면 44와 45를 뽑아낼 수 있다.

990회를 알아보자.

26을 차분히 그대로 선택한다. (1개)

이어서 4, 25, 36, 37을 하1우1 칸으로 이동시키자. 그러면 12, 33, 44, 45가 나온다. (5개)

이때 타방 법칙을 이용해서 26이나 보28을 20쪽으로 이동시킨다. (6개)

991회를 탐색하자.

번호를 좌우로 움직여보면, 즉 미세 조정하면 992회 당첨번호를 모두 구할 수 있다. 어렵지 않다. 독자들이 직접 해보길 바란다.

이번엔 다른 방법으로 작업해보자.

18, 25, 31, 보38을 상1우2 칸으로 이동시키자. 그러면 13, 20, 26, 33이 나온다. 이때 미차 운동으로 13이 12로 된다. (4개)

이어서 44를 가만히 그대로 두면서(5개), 옆 번호인 45까지 선택한다. (6개)

정리하면, 원 소스 번호 인근 쪽으로 번호들이 이동해 나타났다는 점이다.

타입을 보자.

991회 25, 31, 보38과 992회 20, 26, 33은 같은 타입이고,

989회 17, 18, 29와 992회 12, 44, 45도 같은 타입이다.

988회 13, 30, 31과 992회 20, 44, 45는 같은 타입이고,

988회 20, 보27, 41과 992회 12, 26, 33도 같은 타입이다.

991회를 살펴보자.

13, 25, 31을 그대로 위로 1칸 올린다. 그러면 6, 18, 24가 나타난다. (3개)

이때, 13을 위로 1칸 하면서 우로 1칸 침착하게 옮겨 14로 만든다. (4개)

자, 이제 2개 번호를 더 찾아야 한다. 어떻게 작업해야 할까? '추첨에서, 중복타입이 비교적 자주 출현한다는 점'을 독자들도 이제는 잘 알고 있을 것이다. 여기선 이런 타입을 이용해 번호를 찾아보고자 한다.

앞에서 구해 놓은 6, 18, 24를 '번호표시 용지'에 표기해 보기를 바란다. 이어서, 이 번호들과 어울려 중복타입을 만들 수 있는 번호를 생각해보자. 그러면, 36과 42가 가능성이 있는 번호임을 확인할 수 있을 것이다. 그러면 이 두 개의 번호 가운데, 과연 어느 것일까.

이 지점에서, 독자들에게 말해둘 게 있다. 어떤 특정 소스 회차에서만 예상번호를 전부 구하려고 하지 말아야 한다는 점이다. 즉, 991회 소스 회차를 떠나서 992회 쪽으로 다가가 살펴보자는 것이다.

992회 12, 20, 26이라는 타입이 있다. 이 타입이 993회에 다시 출현한다고 생각해보자. 그러면 어떤 번호들로 이뤄져 있어야 하는가이다.

앞에서 찾아냈던 993회 6과 14를 주시하자. 이 두 번호와 결합해서 앞의 12, 20, 26의 타입과 같은 것으로 나오게 하려면, 36과 42 가운데 42를 선택해야만 한다는 것을 알 수 있을 것이다. (5개)

끝으로, 991회 25, 31, 33과 같은 타입이 나오게 하려면 18, 24와 결합 되어야만 할 번호들 가운데 하나가 16이다. 또, 992회 20, 보24, 26과 같은 타입이 되게 하려면 6, 14가 역시 16과 결합 되어야만 한다는 것을 이해할 수 있으리라고 본다.
이렇게 타입을 비교하면서, 드디어 16을 구할 수 있게 되었다. (6개)

992회를 음미해보자.
최근에 출현했던 타입이 다시 나오는 경향이 있다고 했는데, 이점을 이용하자. 989회 17, 27, 33과 992회 12, 20, 보24는 같은 타입인데 993회에서 또다시 출현할 것으로 예상해보자.

따라서 12, 20, 보24를 상1우1 칸으로 움직여보면 6, 14, 18이 나온다. (3개)
이때, 인력으로 18에 붙어서 17로 되지 않고, 한 칸 더 떨어져 16으로 번호가 나타난다고 생각하자. (4개)

그러나 앞의 과정처럼 작업하지 않겠다면, 다른 방법이 있다. 바로, 이동 시에 일어날 수도 있는 타방 법칙을 사용하는 것이다. 즉, 보24를 상1좌1 칸으로 이동시켜 보면 간단히 16을 구할 수도 있다. 이동에 관련된 작업은 여기까지다.

프로바둑기사가 바둑판 전체를 들여다본 후 신중히 자신의 돌을 두듯이, 이제 992회차에서 차분히 숨을 가다듬고 보24를 침착하게 그대로 선택한다. (5개)

이제 나머지 1개 번호는 타입을 활용해서 구할 수가 있다. 992회 12, 20, 26과 993회 6, 14, 42가 같은 타입이라는 것을 이용해서 42를 무난하게 구할 수 있을 것이다. (6개)

타입을 보자.

991회 25, 31, 33과 993회 16, 18, 24는 같은 타입이고,

992회 12, 20, 26과 993회 6, 14, 42도 같은 타입이다.

991회 13, 25, 31과 993회 16, 24, 42는 같은 타입이고,

992회 12, 20, 보24와 993회 6, 14, 18도 같은 타입이다.

■ 997회 (45)

드디어, 마지막 목표 회차까지 다다랐다. 그동안 로또 번호를 이리저리 따라다니느라고 고생했을 독자들을 생각하면, 미안한 마음을 갖지 않을 수가 없다. 하지만 '고진감래'라는 말이 있듯이, 이 책을 통해서 독자들이 크나큰 즐거움을 만끽하길 필자는 진심으로 바란다.

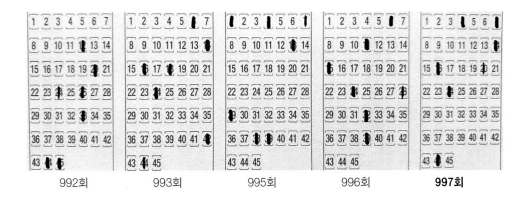

| 992회 | 993회 | 995회 | 996회 | 997회 |

992회를 살펴보자.

독자들에겐 까다로울 수 있는 소스 회차로서, 좀 어렵게 느껴질 것이다. 힘들더라도 필자와 함께 997회 당첨번호를 찾으러 떠나가 보자.

우선, 어떤 특정 타입을 알아보자.

992회 12, 보24, 33과 994회 3, 8, 24와 995회 1, 29, 38과 996회 6, 11, 39는 모두 같은 타입이다. 독자들이 직접 타입을 확인해보길 바란다.

지금, 992회 소스 회차에서 앞에서 언급한 타입을 이용하려고 한다. 바로 12, 보24, 33이라는 타입과 20을 상2좌3 칸으로 이동시켜 보자.

그러면 3, 7, 16, 44가 나타나는데, 이때 미차 운동으로 3이 4로 된다. (4개)

여기서, RO 법칙으로 12로부터 14가 만들어진다. (5개)

참고로, 12가 이동해서 도착한 44는 992회 소스 회차 당첨번호라는 것이다. 또 앞에서, 미차 운동으로 4를, RO 법칙으로 14를 각각 구했는데 끝수가 같다. 독자들은 이런 점에도 유의하길 바란다.

마지막으로, 보24를 차분히 그대로 선택한다. (6개)

993회를 들여다보자.

2개 번호를 미세조정하면, 997회 번호를 모두 구할 수 있게 된다.

6을 좌로 2칸 옮기면 4가 되고, 같은 6을 우로 1칸 보내면 7이 된다. (2개)

이어서 14, 16, 24, 보44를 그대로 선택한다. (6개)

이렇게 해서 997회 번호를 모두 구했다.

995회를 탐색하자.

차분하게 보7을 그대로 선택한다. (1개)

(추가로 4를 선택할 수도 있으나 생략했는데, 이동작업을 통해 구할 수 있다)

이어서 13을 우로 1칸 옮겨서 14로 해둔다. (2개)

이제 번호이동 작업을 해보자.

1, 29, 38을 하2우1 칸으로 보내면 4, 16, 44가 나온다. (5개)

이때, 타방 법칙으로 39로부터 24가 생성되었다. (6개)

이렇게 해서 997회 번호 6개를 전부 확인할 수 있게 되었다.

996회를 분석하자.

11, 15, 24, 32를 상1좌1 칸으로 이동시키자. 그러면 3, 7, 16, 24가 나온다.

이때, 미차 운동으로 3이 4로 된다. (4개)

또, 타방 법칙을 이용해서 6을 14로 보내거나, 15를 좌1 칸으로 보낸다. (5개)

자, 이제 나머지 한 개 번호만 남았다. 어떻게 구해야 할까?

여기에선, 세 가지 방법을 소개하려고 한다.

첫 번째 방법이다. 복잡하게 생각하지 말고 단순하게 '끝수'를 사용하자는 것이다. 즉 4, 14, 24의 끝수가 4인 점을 이용해서 44를 구할 수도 있을 것이다.

997회에서 끝수가 4인 당첨번호가 4개나 출현했다.

두 번째 방법이다. 지금쯤은 독자들도 잘 알고 있을 것으로 보는데 바로 특수 이동을 이용하자는 것이다. 즉, 임의의 2개 번호를 같이 이동시켜서, 찾고자 하는 번호를 구하는 것이다.

예를 들어 996회 11, 39를 하1좌2 칸으로 움직여보면 16, 44가 나타난다. 16은 앞에서 이미 구해 놓은 번호다. 따라서, '16과 같이 나온 44를 당첨번호로 선택해도 되겠다는 합리적 사고'를 할 수도 있을 것이다.

세 번째 방법이다. 996회 6, 11, 15타입이 997회에서도 나올 것으로 예상하면서 번호를 만들어 보자는 것이다. 번호표시 용지에 표기해서 보면 알 수 있듯이, 996회 6, 11, 15와 997회 4, 14, 44가 같은 타입임을 확인할 수 있을 것이다.

이런 식으로, 세 방법을 통해서도 44를 찾을 수 있게 되었다. (6개)

타입을 보자.

996회 15, 24, 32와 997회 7, 16, 24는 같은 타입이고,

996회 6, 11, 15와 997회 4, 14, 44도 같은 타입이다.

995회 1, 4, 39와 997회 4, 7, 14는 같은 타입이고,

996회 11, 24, 32와 997회 16, 24, 44도 같은 타입이다.

4 장

복권이 알고 싶다

제4장의 명칭을 '복권이 알고 싶다'로 정했다. 2017년 8월 10일 구매한 복권부터 최근에 구매한 복권에 이르기까지, 복권을 활용해 어떻게 1등 당첨번호를 만들어내는지 알아보는 것이다. 모두 3, 000원어치씩의 자동 복권이다.

'확률로 봤을 때, 구매한 복권이 5등 당첨도 되기가 쉽지 않다'라는 것을 전제로 해당 회차(목표 회차)의 복권번호를 조정해가는 과정을 다룬다. 독자들에게 새로운 안목을 가져다줄 것으로 믿는다.

3장에서처럼 4장에서도, 소분류 없이 구매복권의 번호를 이용해서 해당 회차의 당첨번호를 찾아가는 과정을 처음부터 끝까지 다루고 있다.

※ 주의사항
독자들의 가독성을 위해 767회 (1)에선 복권번호조정에 대한 설명이 '당첨번호, 복권번호, 눈' 다음에 오도록 배치되어 있는데, 각 복권번호에 대한 조정작업을 자연스럽게 이해하기 위해선 복권번호조정에 대한 설명을 '771회 (2)'의 뒷부분에서와 같이 두도록 했어야만 한다는 것이다. 이점, 유의하길 바란다.

참고로, 예시된 복권들은 필자가 완전자동으로 구매했던 것임을 밝혀 둔다.

■ 767회 (1)

767회 당첨번호: 5, 15, 20, 31, 34, 42

2017/08/10(목)

A:	09,	13,	15,	17,	23,	37
B:	02,	06,	08,	12,	33,	39
C:	15,	22,	29,	30,	39,	42

〈눈〉

C-L에서 22를 좌로 2칸, 30을 우로 1칸 각각 옮기면 4개 번호를 구한 셈이다. 발매기가 15와 42를 당첨번호로 내주었다.

C-L에서 15부터 42까지 보자. 15, 30, 42에서 30을 오른쪽으로 1칸 옮기면 31이 된다. 즉 15, 31, 42를 만들어서 당첨번호 3개를 구하게 되었다.

독자들도 이런 식의 번호 관계를 많이 접해봤을 것이다. 여기에 복권번호 22까지 조정한다면, 당첨번호 4개를 찾은 것이 된다. ← 복권번호조정에 대한 설명

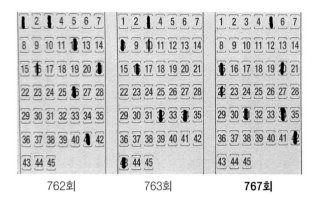

762회   763회   **767회**

그럼, 어떻게 이 번호들을 생각하게 되었을까?

763회 16, 32, 43을 좌로 1칸 이동시켜보면 15, 31, 42로 된다는 것을 알 수 있을 것이다.

또, 앞의 15와 42로 나오도록 유도해보자. 762회 1, 보16, 21을 좌로 1칸 하면 15, 20, 42가 된다. 여기서, 양쪽 15, 31, 42와 15, 20, 42를 중복되지 않게 모아보면 15, 20, 31, 42를 구할 수 있다. 여기까지 4개 번호를 구했다.

자, 이제 나머지 2개 번호를 찾아야만 한다. 어떻게 작업해야 할까? 먼저, 독자들에게 당부할 게 있다. '용지'의 해당 번호란에 표기(마킹)를 해놓고, 여러 다양한 시각으로 분석해보는 것이 좋을 듯하다.

위의 작업을 이어가겠다. 앞에서 구한 4개 번호 중 15, 20, 31 형태를 보자. 이것과 763회 3, 8, 34는 같은 타입임을 알 수 있을 것이다.

따라서 네 번호 중에서 앞의 세 번호를 제외하면 남아있는 번호는 42뿐이다. 이 42와 구해야 할 두 번호를 묶어 어떤 타입이 나오는지 확인해보면 된다. 바로, 763회 3, 8, 16과 같은 타입을 만들어보면 되는데 5, 34, 42라는 타입이다. 이런 과정을 통해서 자연스레 5와 34를 구할 수 있게 되었다.

앞의 15, 20, 31과 5, 34, 42 두 그룹의 번호를 모아보면 767회 당첨번호가 된다.

참고로, 766회 보21, 35, 41과 767회 20, 34, 42는 같은 타입으로, 바로 앞의 세 번호로 이뤄진 두 타입을 결합하는 연결 타입이라는 것이다.

위와 같이 작업한 후에, B-L과 C-L의 번호를 앞에서 찾아낸 번호들 쪽으로 조정하면 되겠다.

771회 당첨번호: 6, 10, 17, 18, 21, 29

	2017/09/06(수)							2017/09/08(금)					
A:	17,	20,	36,	37,	41,	44	A:	03,	04,	11,	14,	20,	34
B:	07,	17,	18,	20,	24,	35	B:	07,	10,	12,	21,	28,	41
C:	09,	10,	12,	20,	32,	35	C:	05,	19,	35,	36,	43,	44

〈눈〉

수요일 복권 B-L에서 7을 좌로 1칸, 20을 우로 1칸 각각 옮기면 4개 번호를 구한 셈이다.

금요일 복권 B-L에서 7을 좌로 1칸, 28을 우로 1칸 각각 옮기면 4개 번호를 구한 셈이다.

수요일 B-L과 금요일 B-L 번호들을 앞에서처럼 조정해서 모아보면 771회 당첨번호를 만들어 낼 수 있다.

| 769회 | 770회 | 771회 |

우선, 769회 보4, 5, 7, 16을 하2좌1 칸으로 움직여보자. 그러면 17, 18, 20, 29가 나타난다. 이때 미차 운동으로 20이 아닌 21로 된다. 정리하면, 769회 이동의 결과로, 4개 번호인 <u>17, 18, 21, 29</u>를 구하게 되었다.

다음엔, 770회 1, 9, 12, 39를 하1우2 칸으로 이동시키자. 그러면 6, 10, 18, 21이 나온다. 이때 인력으로 18에 17이 붙어 나타났다고 생각하자. 또, 21이 출현한 것을 볼 수 있을 텐데, 앞의 769회 미차 운동의 결과로 나온 21과 같음을 확인할 수 있을 것이다. 정리하면, 770회 이동의 결과로 5개 번호인 <u>6, 10, 17, 18, 21</u>을 구할 수 있게 되었다.

위의 밑줄번호들을 모아보면 6, 10, 17, 18, 21, 29가 되는데, 771회 당첨번호임을 알 수가 있다. 자, 이런 내용을 알고 있는 독자라면, 위의 복권번호를 어떻게 조정해야 할까?

수요일 B-L을 보자. 7을 좌로 1칸 옮겨 6으로 해둔다. 이어서 17과 18을 그대로 선택한다. 마지막으로 20을 우로 1칸 옮겨서 21로 만들어 놓는다. 독자들도 알다시피, 만일 이렇게 하면 4개 번호를 찾은 것이 된다.

금요일 B-L을 보자. 7을 좌로 1칸 해두어 6으로 정해놓는다. 이어서 10과 21을 그대로 선택한다. 끝으로 28을 우로 1칸 해서 29로 만든다. 이렇게 해서 4개 번호를 구할 수 있게 되었다.

이제 앞의 두 복권에서 번호조정작업을 해서 나온 번호들을 중복 없이 모아보면, 771회 당첨번호를 구할 수가 있다. ← 복권번호조정에 대한 설명

772회 당첨번호: 5, 6, 11, 14, 21, 41

	2017/09/14(목)								2017/09/15(금)				
A:	06,	15,	17,	19,	34,	37		A:	08,	19,	22,	28,	36,	44
B:	08,	10,	11,	15,	19,	42		B:	05,	09,	10,	11,	31,	35
C:	05,	18,	21,	28,	31,	34		C:	03,	04,	05,	09,	14,	30

〈눈〉

당첨번호가 한두 개씩 분산되어 있다.

771회차에서 복권 2장으로 설명했는데 772회차에서도 마찬가지로 2장이다.

복권번호가 전체적으로 까다롭게 나타났는데, 일부러 이 회차를 선택했다.

어려운 것을 경험해야 실력이 좀 더 향상될 것으로 보기 때문이다.

목요일 복권을 보자.

A-L에서 6이 있다.

B-L에서 11, 15, 42가 보인다.

C-L에서 5, 21이 찍혀 있다.

이번엔, 금요일 복권을 살펴보자.

A-L에서 당첨번호가 안 보인다. 기껏해야 22인데, 좌측으로 1칸 옮겨서 21로 만드는 것밖에

없다.

　B-L에서 5, 11이 나와 있다. (769회에서 5, 11, 41이 당첨번호다)

　C-L에서 5, 14가 보인다.

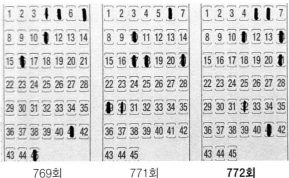

769회　　　　　771회　　　　　**772회**

　자, 이제 772회 번호를 찾으러 떠나보자. 바로 앞 회차인 771회에서, 6, 18, 21, 29를 그대로 위로 1칸씩 움직여보자. 그러면 11, 14, 22, 41이 나타난다. 이때, 미차 운동으로 22가 21로 된다. (4개)

　(또는 29를 옮기지 않고 771회 21을 그대로 선택하는 것으로 해도 되겠다)

　끝으로 771회 6을 그대로 뽑아내고, 옆에 5를 붙인다. (6개)

　이렇게 작업하면 772회 번호를 모두 구한 것이 된다.

　이제 복권번호를 조정해보자.

　목요일 복권을 보자.

　A-L에서 6을 그대로 선택하고, 15를 좌로 1칸 해서 14로 만든다.

　B-L에서 11을 그대로 하고, 15와 42를 좌로 1칸 각각 옮겨 14, 41로 해둔다.

　C-L에서 5와 21을 그대로 선택한다.

금요일 복권을 보자.

B-L에서 5와 11을 선택한다.

C-L에서 5와 14를 뽑아낸다.

마지막으로 앞에서처럼 목, 금요일 복권에서 조정한 번호를 중복 없이 모아보면, 772회 당첨 번호 6개를 만들 수 있다.

■ 787회 (4)

787회 당첨번호: 5, 6, 13, 16, 27, 28

2017/12/27(수)

A:	07,	09,	11,	17,	24,	41
B:	05,	21,	22,	23,	27,	29
C:	01,	03,	13,	18,	27,	33

〈눈〉

A-L과 B-L 양쪽에서 번호를 조정해서 모아보길 바란다.

B-L에서 연속번호 21, 22, 23에 손을 대면 안 된다. 피해야 한다.

C-L에서, '1등 당첨'을 만들 수 있지만, 쉬운 작업은 아닐 것이다.

A-L에서 7을 좌로 옮겨 5와 6으로 나타나게 한다. 이어서 11을 우로 2칸 보내 13으로 해두고, 17을 좌로 1칸 이동시켜서 16으로 만든다. (4개)

B-L에서 5를 선택하면서 6을 붙인다. 또, 27을 뽑아내면서 28까지 나오게 한다. C-L에서 3을 조정해서 5와 6이 나타나도록 한다. 계속해서 차분하게 13을 뽑고, 18을 좌로 2칸 옮겨 16으로 되게 한다.

끝으로, 27을 그대로 선택하고 28을 붙인다. (6개)

참고로, 두세 개의 번호를 확실하게 골라낼 수 있다면, 그것은 중요한 의미를 지닌다고 말할 수 있을 것이다. 즉, 두세 개 번호로 '반자동'으로 처리할지라도, 좋은 결과를 얻을 수도 있기 때문이다.

자, 시작해보자.

B-L에서 차분히 5를 선택한다.

C-L에서 13을 뽑아낸다.

마지막으로, B-L과 C-L 양쪽에 나와 있는 27을 고른다.

독자들도 알다시피, 위와 같이 번호를 선별해내는 것이 쉬운 일이 아닐 수 있다. 어쨌든 이렇게 해서 3개 번호를 준비해 둔다. 목표 회차(787회) 이전에 시행된 추첨 회차의 번호를 이용해서 앞 복권에서 구해 둔 5, 13, 27로 나오도록 유도하려고 한다.

| 784회 | 785회 | 786회 | **787회** |

784회에서 3, 23, 24, 31을 상3우3 칸으로 이동시켜보자. 그러면 5, 6, 13, 27이 나타난다. 이때, 인력으로 27에 28이 붙어 나왔다고 생각하자.

이렇게 해놓고 보니, 원했던 세 번호가 출현하는 식으로 작업이 이뤄졌음을 알 수 있다. 여기서, 6과 28을 추가로 찾아낼 수 있었다. (5개)

이번엔 785회 번호들을 이용해보자. 6, 25, 26, 33을 상3우1 칸으로 움직여보면 5, 6, 13, 28이 나타난다. 이때도, 28에 27을 붙인다. 이런 방법으로도 앞에서 제시했던 세 번호를 구할 수 있다는 점이다.

이제 마지막 1개 남은 번호는 16이다. C-I에서 18을 좌로 2칸 옮겨 16으로 만들면 되겠지만, 실제로 추첨 전에 이런 식으로 번호를 만들기가 쉽지 않을 수도 있다.

785회 4, 15, 26을 우로 1칸 옮기면 5, 16, 27이 되는데, 앞의 784회에서 구했던 번호 중에서 5와 27이 보인다. 이로써, 같이 출현한 16을 자연스럽게 구할 수 있게 되었다.

전회차인 786회를 분석하자.

차분하게 16을 그대로 선택한다. (1개)

이어서 16, 24, 보38 타입을 이동시켜보려고 한다. 참고로, 이 타입이 784회에서도 이미 출현했었다. 따라서 앞 세 번호를 상2우3 칸으로 보내보면 5, 13, 27이 나오는 것을 알 수 있을 것이다. 이때, 인력으로 5에 6이, 27에 28이 각각 붙어 나타났다. (6개)

끝으로, 복권번호를 각 소스 회차에서 찾아낸 번호들 쪽으로 조정하면 되겠다.

788회 당첨번호: 2, 10, 11, 19, 35, 39

2018/01/01(월)

A: 10, 19, 24, 29, 40, 43

B: 01, 10, 12, 19, 27, 30

C: 04, 06, 21, 27, 34, 42

〈눈〉

A-L에서 10과 19를 선택한다. 40을 좌로 1칸 옮겨 39로 만든다.

B-L에서 1을 우로 1칸 보내서 2로 정해둔다. 10과 19를 선택한다.

계속해서 A-L이나 B-L에서 10에 붙이거나, 또는 B-L에서 12를 좌로 1칸

옮겨서 11로 되게 한다.

월요일 복권이다. 위에서 볼 수 있듯이, A-L과 B-L에서 10과 19가 보인다. 10과 19를, 복권이 제공한 일종의 '안내 번호'라고 생각하자.

| 781회 | 784회 | 786회 | 788회 |

10과 19에 관해서 잠깐 언급해보려고 한다.

시선을 784회로 돌려보면 10이 있다. 786회, 787회에서 중복타입을 만든다. 또, 786회 12의 아래 칸이면서 20의 좌1 칸에 19가 있는데, 이런 식의 '번호 위치 관계'도 유념해두길 바란다. 여기선 19가 직교 칸이라는 것이다.

또, 19는 787회 5, 13, 27과 결합해 중복타입을 이룰 수 있다.

이런 내용을 바탕으로, 10과 19를 선택해도 괜찮을 것 같다는 생각을 해볼 수 있을 것이다.

이제 약간 떨어져 있는 781회를 살펴보자. 781회 11, 16, 24를 위로 두 칸 올린다. 그러면 2, 10, 39가 나온다.

여기서 잠깐 생각해 볼 게 있다. 왜, 앞에서 세 번호를 두 칸 올려놨을까? 그것은 788회 추첨에 앞서서, 이미 시행되었던 786회의 타입과 관련이 있다. 바로, 786회 15, 24, 30이라는 타입이다.

최근에 나타난 타입이 다시 출현할 가능성이 있다는 로또 특성을 이용하기 위해, 786회 타입과 같은 것이 있는 781회차 쪽으로까지 거슬러 간 것이다.

가서 보니, 중복타입으로 나타나 있다. 좀 더 자세히 보면 781회 11, 16, 24와 11, 19, 24는 같은 타입으로서, 각 타입의 일부가 겹쳐져 있는 형태로 11, 16, 19, 24라는 4개 번호로 이뤄져 있다.

781회 11, 16, 24를 2칸 위로 올리면 788회 2, 10, 39로 되는데, 우리가 알고 있는 그림자 타입으로 된다는 점이다. 한마디로, '번호표시 용지'에서 명시적으로 나타나지 않는 타입이라는 것이다.

이번엔 다른 식으로 생각해서 783회 16, 17, 45를 상1우1 칸으로 이동시키자. 그러면 10, 11, 39가 나온다. 이때, RO 법칙으로 19가 생성되었다. (4개)

이렇게 해서 복권에 나와 있는 번호인 10과 19를 만들 수가 있었다.

784회를 알아보자. 10, 23, 24, 31을 상2우1 칸으로 보내보자. 그러면 10, 11, 18, 39가 나타난다. 이때, 미차 운동으로 18이 19로 된다. (4개)

참고로, 이동해 나온 10과 39는 소스 회차의 당첨번호였는데, 다시 나타났다.

이동 시, 타방 법칙으로 보22를 하2좌1 칸으로 보내서 35를 구한다. (5개)

마지막으로, 3을 차분하게 좌로 1칸 옮겨 2로 만들어 놓는다. (6개)

이렇게 해서 788회 번호를 모두 구했다.

한편, 35를 선택하는 방법에 관해 좀 더 설명하고자 한다. 위에서 35를 구하는 게 좀 까다로울 수 있을 것이다. 만일 복권 자체번호를 이용해본다면, C-L에서 34와 42의 관계를 고려해서 35를 구할 수도 있을 것이다. 즉, 직교 칸을 이용하는 것이다.

다음으론, 이 책에서 많이 다루고 있는 타입으로 구할까 한다. 786회 15, 20, 24와 788회 2, 35, 39가 같은 타입임을 알 수 있듯이, C-L의 34를 우로 1칸 옮겨 35로 되도록 한다. 또, 787회 당첨번호인 28의 아래 1칸이 35라는 점을 이용해서 C-L의 34를 우로 1칸 보내서 35로 만들 수도 있다.

추가로 언급하면, 위 C-L에서 34를 우로 1칸 옮기기만 하면 35를 구할 수 있지만, 실제로 이렇게 번호작업을 하는 게 쉽지가 않다는 것을 아마 독자들도 잘 알고 있을 것이다. 이처럼, 비록 1칸 차이이지만 바둑에서처럼 '깊은 수'를 파악할 줄 알아야만 한다는 점이다.

독자들의 의지대로 번호를 다루려고 할 경우, 비록 옆으로 1칸 옮기더라도 앞에서처럼 어떤 '생각하는 과정'을 거치는 것이 좋을 것 같다는 생각이 든다.

한마디로, 복권번호를 이용하기 위해선 기존 당첨번호의 흐름과 특성 등을 잘 파악할 줄 알아야만 한다는 점을 강조하고자 한다.

마지막으로, 786회 쪽으로 다가가 보자. 15, 16, 24를 상1우2 칸으로 이동시켜 보자. 그러면 10, 11, 19가 나온다. 이때, 타방 법칙으로 30으로부터 35와 39를 각각 생성할 수 있다. (5개)

또, 미지의 번호를 찾기 위해 중복타입을 이용할 수도 있다. 복권 B-L의 01, 10, 12, 19 네 번호를 조정해 2, 10, 11, 19라는 중복타입으로 나오게 할 수도 있는 데, 이를 통해 자연스럽게 2라는 번호를 구할 수 있게 되었다. (6개)

참고로, 788회 19, 35, 39에 관해서 언급하려고 한다. 바로, 782회 18, 34, 38을 우로 1칸 옮기면 19, 35, 39를 얻을 수가 있다. 여기에서, 19와 39는 끝수가 같음을 보여주고 있다.

마지막으로, 각 소스 회차에서 구해낸 번호 쪽으로 복권번호를 조정하면 되겠다. 전체적으로 어려운 복권작업이다.

참고로, 타입을 보자.
786회 15, 24, 30과 788회 2, 10, 39는 같은 타입이고,
786회 12, 24, 30과 788회 11, 19, 35도 같은 타입이다.
786회 15, 16, 24와 788회 10, 11, 19는 같은 타입이고,
786회 15, 20, 24와 788회 2, 35, 39도 같은 타입이다.

■ 833회 (6)

833회 당첨번호: 12, 18, 30, 39, 41, 42

2018/11/15(목)

A: 01,   04,   09,   20,   28,   39

B: 07,   15,   18,   31,   34,   44

C: 12,   23,   24,   30,   33,   42

〈눈〉

A-L에서 39를 뽑아낸다. 어려운 작업인데, 참고로 39는 831회 당번이다.

B-L에서 18을 그대로 선택하고, 31을 좌로 1칸, 44를 좌로 2칸 한다.

C-L에서 12, 30, 42를 그대로 선택한다. 당첨번호 3개가 나타났다.

42에 41을 붙인다. 이렇게 하면 4개 당첨이 된다.

목요일 복권이다. C-L이 당첨번호 3개를 보여주고 있다. 필자도 사람인지라, 이 복권을 이용해서 1등 번호를 구하지 못했다.

공부한다는 의미로 잠깐 살펴보려고 한다.

A-L의 39와 B-L의 18은 해당 L에서 유일한 당첨번호인데, 이들 번호와 C-L의 12, 30, 42(41 포함)를 모아보면 833회 당첨번호가 된다.

이런 관계를 차분히 생각해보길 바란다.

참고로, 필자의 복권구매에 관해 잠깐 언급해보려고 한다.

평일 5일간, 두 번 정도 복권구입을 한다. 물론 완전자동으로 삼천 원씩만 한다. 그런데, 추첨이 진행될수록 1주당 평균 복권구매액이 줄어드는 경향을 보인다. 특히 요즘(22년도 이후)엔, 평일에 복권 판매점에 가지 않거나 1장(삼천 원어치)만 구매하는 때도 많다.

토요일엔 반자동으로 하는데, 딱 오천 원어치만 한다. 토요일에 이런 식으로 복권을 구매한 지 대략 7년 정도 되는 것 같다. '돈이 있다, 없다'라는 사정이 아니고, 필자의 성격이나 습관이 이런 식으로 복권구매를 하는 데 있어서 자연스럽게 나타나는 게 아닌가 생각한다. 이처럼, 필자에겐 토요일에 단 한 번의 '번호 선택 기회'가 있을 뿐이다.

더욱이, 요즘엔 글을 작성하는 과정(집필)에 신경을 쓰다가 보니, 핑계로 보일지 모르겠지만 심지어 1전 회차의 번호도 제대로 알지 못하고 복권 판매점에 가는 경우도 좀 있는 편이다.

좀 더 말한다면, 필자는 노트북이나 컴퓨터도 가지고 있지 않았었다. 심지어 그 흔한 스마트폰은 얼마 전까지 보유하고 있지 않았었는데, 이 책에 도표사진을 삽입하기 위해 최근에야 가지게 되었다.

로또에 관해 종이에 수기로 작성해 두었던 내용을 노트북으로 옮기기로 마음먹었었는데, 이때(21년)에야 비로소 노트북을 집에 들여다 놓게 된 것이다. 이후로, 직장에서 근무를 마친 뒤 집에서 시간이 나는 대로 노트북으로 집필활동을 해왔었다.

따라서, 힘들어서인지 또는 제대로 관심을 두지 못해서인지 몰라도 근 1년 동안 최근의 당첨번호에 관해 잘 알고 있지 못하면서 복권을 구매했었다는 점이다. 이런 점에 관해, 어떤 독자들은 의외라고 생각할지도 모르겠다. 필자는 대체로 3, 4회 전회차까지의 번호는 외우고 있는 편이었었다.

자, 다시 833회차 복권 쪽으로 가보자.

A-L에서 39를 뽑아낸다. 이렇게 하나만 선별하는 게 쉬운 작업이 아닐 수 있다. 필자가 보기엔, 이 복권에선 39를 고르는 게 핵심이라고 말할 수 있겠다.

B-L에서 18을 그대로 나오게 하고 30과 42가 되도록 번호를 미세조정한다.

C-L에서 12, 30, 42를 그대로 선택한다. 이어서 42에 41을 붙인다.

위의 각 L에서 조정하거나 선택된 번호를 모아보면 833회 당첨번호로 된다.

3천 원어치 복권을 구매해서 만일 앞에서처럼 작업했다면 그 누군가는 1등 당첨이라는 행운을 거머쥐게 되는 것이다. 하지만 이런 식으로 세상일이 그리 쉽게 이루어지지 않는다는 것을 우리는 잘 알고 있다. 꾸준한 관심과 노력이 필요하고, 아울러 행운도 찾아와야지 된다는 것을 우리는 명심해야 할 것이다.

830회   832회   **833회**

830회를 찬찬히 살펴보자. 18을 차분히 그대로 선택한다.

이어서, 38을 가만히 우로 1칸 옮겨서 39로 만든다. (2개)

이렇게 2개 번호를 준비해둔다.

이어서 5, 6, 18, 37을 상1우1 칸으로 이동시키자. 그러면 12, 31, 41, 42가 나타난다. 이때, 미차 운동으로 31이 아닌 30으로 나온다. (6개)

이렇게 해서 833회 당첨번호를 모두 구했다.

목표 회차 바로 앞에서 시행되었던 832회를 분석해보자. 13, 19, 40, 43을 가만히 좌로 1칸 옮겨보자. 그러면 12, 18, 39, 42로 된다. 여기서 다른 식으로 생각해보면, 43을 제외하고 세 번호를 이동시킬 때 RO 법칙을 이용해서 40으로부터 42를 구할 수도 있다.

한마디로, 어떻게 생각하든지 처리절차에 맞으면 되는데, 42가 나오는 경우가 이런 예라고 말할 수 있겠다. 지금까지, 832회 번호들을 좌로 1칸 움직이는 작업을 보여주었다.

이번엔, 같은 832회에서 위로 올리는 작업을 해보려고 한다.
13, 14, 26, 43을 위로 2칸 그대로 올려본다. 그러면 12, 29, 41, 42가 나온다. 이때, 미차 운동으로 29가 아닌 30으로 된다.

앞의 832회에서 작업을 통해 찾아낸 두 그룹의 번호를 중복 없이 모아보면, 833회 당첨번호 6개가 된다는 것이다. 마지막으로, 각 소스 회차에서 작업을 통해 구해낸 번호들 쪽으로, 복권번호를 조정하면 되겠다.

참고로, 특정 회차에서 작업하려는 경우에, 먼저 어떤 몇 개의 번호를 선택해야 하는지가 독자들의 관심 사항일 것으로 본다. 그런데, 현실적으로 특정 번호 몇 개를 콕 집어내기가 어려울 것이다. 따라서 6, 7개 번호 전체를 복권번호들 쪽으로 임의로 옮겨보는 식으로 작업해 보는 것이 좀 더 편리할지도 모르겠다.

앞의 내용과 관련해서 좀 더 언급해보고자 한다.
복권에 나와 있는 번호들과 각 회차의 소스 번호에 대한 이동작업이나 조정 등을 통해 나온 번호들과 비교하면서, 양쪽 번호들 몇 개가 서로 일치되는 게 나타날 때까지 각 소스 회차에서 작업을 반복해 진행하면 된다는 것이다.
만일 어떤 소스 회차에서 어느 정도 일치되는 작업번호들이 나온다면, 복권번호를 이 번호들 쪽으로 조정하면 될 것이다.

주의할 사항이 있다. 여기서 복권번호란 특정 L의 6개 번호만이 아닌, 3개 L 전체의 복권번호를 의미한다.

■ 836회 (7)

836회 당첨번호: 1, 9, 11, 14, 26, 28

2018/12/04(화)

A: 01, 02, 03, 08, 10, 25
B: 02, 07, 12, 18, 22, 29
C: 03, 06, 22, 24, 37, 41

〈눈〉

A-L에서 1을 그대로 선택한다. 이어서 8, 10, 25를 우로 1칸 옮긴다.

B-L에서 당첨번호가 나오지 않았다. 1-2-3 법칙으로 836회 번호를 만들 수 있지만, 실제로 이런 식으로 조정하기가 쉽지는 않을 것이다.

이 복권에서 A-L과 B-L을 주시하길 바란다.

A-L에서 번호 조정을 해보자. 1을 그대로 선택하고 8, 10, 25를 우로 1칸 옮겨 각각 9, 11, 26으로 만들어 놓는다. 여기까지 4개 번호를 찾았다.

B-L에서 2, 12, 29를 좌로 1칸 하면 1, 11, 28이 된다.

양쪽 L에서 1과 11을 구할 수 있게 되었다는 점을 유념하길 바란다.

추가로, B-L에서 12를 우로 2칸 보내서 14로 만들면 '참 잘했어요'다.

그런데, 독자들 앞에 '번호표시 용지'를 준비해 두었는지 궁금하다. 만일 그렇지 않다면, 필자로선 실망감을 표할 수밖에 없다. 1등 번호를 모아 놓은 자료(리스트)를 보면서 어떻게 해보려고 하는 것 같은데, 큰 행운이 독자들에게 찾아오면 몰라도, 이런 방법으론 원하고자 하는 일이 일어나기가 힘들 것이다.

또 지금까지의 필자 경험상으로, 단순 나열만으로 이뤄진 번호들은 참고자료로 볼 수는 있지만, 어떤 흐름이나 의미 파악 등 분석을 위해서는 바로 이 '용지'를 잘 활용해야 한다는 것이다.

자, 어느 소스 회차의 번호를 어떻게 작업을 해야 복권번호 쪽으로 나오게 할 수 있을까 생각해보자.

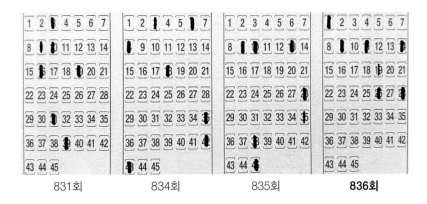

831회   834회   835회   **836회**

약간 떨어져 있는 831회를 보자. 여기선 2개 타입에 관해 말해보려고 한다.
바로 16, 19, 31과 16, 31, 39라는 타입이다.

먼저, 16, 19, 31을 상1우2 칸으로 이동시키자. 그러면 11, 14, 26이 나온다. 이번엔 16, 31, 39를 하2좌2 칸으로 옮겨보자. 그러면 1, 9, 28이 나타난다.

위 내용을 정리해보면, 831회에서 2개 타입을 만든 뒤에, 원하는 방향으로 각각 이동시켜본다. 이어서, 앞의 작업에서 볼 수 있는 것처럼 양쪽 도착지 번호 전부를 모아보면 836회 당첨번호를 구할 수 있다는 점이다.

이제 복권번호를 앞에서 찾아낸 번호 쪽으로 미세조정 해보면, A-L에서 1, 9, 11, 26이라는 4개 번호를 B-L에서 1, 11, 14, 28이라는 4개 번호를 찾을 수 있게 되었다. 따라서, 이렇게 조정되어 나타난 번호들을 중복 없이 모아보면, 836회 당첨번호를 만들 수 있다는 것이다.

이번엔 834회를 알아보자.
보3, 6, 18, 35를 하1우1 칸으로 보내면 1, 11, 14, 26이 나타난다.

여기서 잠깐, 1이 나오는 경우를 한번 보자. 앞에서처럼 이동을 통해서 또 42를 우로 1칸 옮겨서, 그리고 43의 대체번호가 1이라는 점을 이용해서 각 경우로부터 1을 얻을 수가 있다.
또 있다. 바로 RO 법칙이다. 위 네 번호를 이동시킬 때 보3으로부터 1을 구할 수 있다는 점이다. 이런 식으로 다양하게 생각해 볼 필요가 있는 것이다.

1과 관련해서 마지막으로 하나 더 작업해보려고 한다. 834회 8을 가만히 오른쪽으로 1칸 옮겨 9로 만들고, 이어서 8, 18, 35를 위로 1칸 그대로 올려서 1, 11, 28로 나오게 한다. 보는 바와 같이, 자연스럽게 1을 구할 수 있으면서 동시에 11, 28을 얻게 되는 것이다. 따라서, 834회에서 양쪽 작업을 통해 나타난 번호들을 모아보면 836회차 번호를 구할 수 있게 된다는 것이다.

이런 설명이 독자들에겐 좀 어렵고 복잡하게 느껴질 수도 있을 것이다.
하지만 여러 번 반복해서 내용을 음미해나간다면, 언젠가는 로또에 대한 전체적인 안목이 향상되리라고 본다.

마지막으로, 835회를 살펴보자. 목표 회차(836회)의 바로 앞 회차다.
당첨번호로 9, 10, 13, 28, 38, 45, (보35)가 나타났다.
이 번호들을 미세조정해서 836회 번호로 만들려고 한다.

9를 그대로 선택한다.
10을 우로 가만히 1칸 옮겨 11로 만든다.

13도 우로 차분히 1칸 이동시켜 14로 해둔다.

28을 좌로 2칸 보내어 26으로 생성해둔다.

28을 그대로 선택한다.

끝으로, 이게 좀 까다로운 방법일 수 있는데 45를 대체번호인 3으로 바꾸어 놓는다. 이런 후, 3을 좌로 2칸 옮겨서 1로 만들면 된다.

이제 각 소스 회차에서 구해낸 번호 쪽으로 복권번호를 조정하면 되겠다.

841회 당첨번호: 5, 11, 14, 30, 33, 38

2019/01/08(화)

A:	02,	05,	21,	26,	33,	36
B:	12,	13,	17,	30,	33,	43
C:	04,	05,	06,	15,	26,	32

〈눈〉

각 L의 일부 번호를 미세조정해서 중복 없이 모아보면, 841회 당첨번호를 구할 수 있다.

A-L에서 5와 33을 선택하고 36을 우로 2칸 옮겨 38로 만든다.

B-L에서 12를 좌로 1칸 해서 11로, 13을 우로 1칸 해서 14로 한다. 30과 33을 그대로 선택한다.

C-L에서 5를 선택한다. 15를 좌로 1칸 옮겨 14로, 32를 우로 1칸 이동시켜 33으로 각각 만든다.

위에서처럼, 각 L의 미세조정된 번호들을 중복 없이 모아보면, 841회 당첨번호를 찾을 수 있다.

먼저 A-L, B-L, C-L을 모두 살펴보자. A-L과 B-L에서 33이 나오고, A-L과 C-L에선 5가 보인다. 이렇게 봤을 때, A-L의 5와 33을 선택하는 것도 무난할 것 같다. 참고로, 꼭 이런 식으로 번호를 골라야 하는 건 아니다. 정답은 없다고 했다.

이제 나머지 4개 번호를 구해야 하는데, 생각나는 대로 작업해서는 곤란하다. 누차 언급했는데, 로또에도 어떤 흐름이나 특성이 있다고 말했다.

우리는 지금, 841회 당첨번호를 찾고 있다. 앞에서, 5와 33을 선택했었는데 이 번호들이 당첨되어 나온 곳이 어디인지 알아본 후, 해당 회차에서 작업하기가 합당하다면 그곳에서 원하는 방식으로 진행해 나가면 될 것이라고 본다.

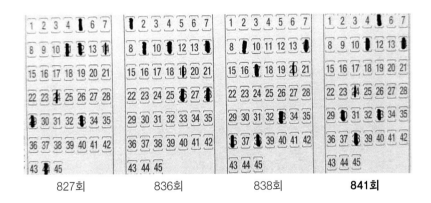

827회　　　　836회　　　　838회　　　　**841회**

838회를 분석해보자.

33이 당첨번호로 나왔다. 그런데 여기에서 14가 보인다. 따라서 이 번호를 목표로 삼아서 B-L의 13이나 C-L의 15를 각각 옆으로 1칸 옮겨 14로 만들 수 있을 것이다. 또 38을 볼 수 있을 것이다. 이 번호와 일치하도록 A-L의 36을 38로 바꾸면 된다. 여기까지 5와 함께 14, 33, 38 네 번호를 찾아냈다.

이렇게 해놓고, 836회 쪽으로 시선을 돌려보자.

11, 14, 보19, 28을 하3좌2 칸으로 움직여보자. 그러면 5, 30, 33, 38이 나온다. 이동해서 나온 이들 번호를 위 838회에서 구한 번호들과 비교해보면, 30이 새롭게 나타났음을 알 수 있을 것이다. 따라서, 이 30이라는 번호를 선택하는 것도 무난한 판단으로 생각하리라고 본다. 지금까지, 5개 번호를 구해냈다. 그럼, 나머지 1개 번호는 어떤 것일까?

추첨 때마다 나타나는 현상은 아니지만, 종종 어떤 타입이 이중으로 나온다는 것이다. 즉, 이 책에서 언급하고 있는 이른바 쌍둥이 타입(TT)이 때때로 특정 회차에 출현한다는 것이다. 이점을 참고해서 나머지 1개 번호를 찾아보려고 한다.

위에서 찾아낸 번호 5개를 '용지'에 표시해보자. 그런 후에 30, 33, 38이라는 타입과 같게끔, 5와 14에 번호 하나를 추가해보자. 어떤 번호를 골라야 할까? 바로 11을 선택하면 된다. 우리가 찾아야만 했던 번호로서 11은 전회차(840회)의 당첨번호다. 이렇게 해서 841회 당첨번호를 모두 구했다.

참고로, 그 어떤 방법이 합리적일 것으로 독자들이 생각한다면, 원하는 방식대로 작업을 진행하면 될 것이다.

827회에서 번호를 탐색해보자. 복권 회차인 841회로부터 거리가 꽤 있지만, 한번 소개해보려고 한다. 5, 11, 보14, 33을 그대로 선택한다. 이어서, 29를 가만히 오른쪽으로 1칸 옮겨서 30으로 만들어 놓는다. 여기까지 5개 번호를 찾았다.

이제 번호 1개를 더 구하면 된다. 어떻게 작업하면 될까?

이쯤에서, 잠깐 이런 얘기를 해보려고 한다. 정상적인 사회활동을 통해 집을 사려면 얼마나 노력을 해야만 하는가. 독자들이 잘 알 것이다. 물론, 로또에서 1등으로 당첨되는 게 어렵지만, 당첨자로서는 그야말로 큰 행운을 얻은 것임에는 틀림이 없을 것이다.

지금부턴, 필자가 정말 하고 싶은 말이다. '비록 행운에 의할지라도 큰돈을 가져다주는 것이니만큼, 로또 시스템이 그렇게 쉽게 1등 번호를 내놓지 않으려고 할 것이다'라고 생각하자는 것이다.

위와 같은 식으로 일부러 생각해 보면서, 827회에서 마지막 번호를 구해보자. 앞에서 이미 5개 번호를 구했었다. 이제 어떤 한 번호를 찾아야 하는데, 여기에서만큼은 좌우로 미세

조정을 해서는 안 된다고 말하고 싶다. (앞에서, 1등 번호를 얻어내기가 어렵다고 했다)

따라서, 미세조정으로 비교적 쉽게(!) 번호를 만들지 말고 827회 44를 당첨번호가 없는 빈 행 쪽인 1칸 위나 대각 방향으로 이동시키는 것이다.

즉, 44를 37이나 38로 옮기면 되는데 어디로 보내야만 할까?

여기선, 번호의 특수이동을 이용하자. 특수이동은 일반이동과는 달리, 우리가 찾고자 하는 번호를 구하기 위해서 두 개의 번호를 이동시켜 본다는 것이다. 따라서 827회 11과 44 두 번호를 상1우1 칸으로 보내보면, 각각 5와 38을 얻을 수 있다.

여기서 5는 당첨번호로 이미 준비해두었던 번호이므로, 38이 자연스럽게 841회 당첨번호로 선택되어도 괜찮을 것 같다는 생각이 들 것이다.

(827회에서 38이 중복타입을 만들 수 있다. 이점에 관해 생각해보길 바란다)

설명이 좀 길어졌는데, 이런 내용을 생각해 볼 수 있다면 복권 A-L에서 36을 우로 2칸 옮겨 38로 만들면 된다는 점을 이해할 수 있을 것이다.

이렇게 해서 827회에서 841회 당첨번호를 모두 구할 수 있게 되었다.

끝으로, 각 소스 회차에서 찾아낸 번호 쪽으로 복권번호를 조정하면 되겠다.

■ 850회 (9)

850회 당첨번호: 16, 20, 24, 28, 36, 39

		2019/03/14(목)							2019/03/15(금)			
A:	01,	12,	16,	23,	38,	39	A:	08,	12,	16,	17,	19,	24
B:	02,	05,	39,	41,	42,	45	B:	05,	06,	10,	23,	37,	40
C:	02,	13,	23,	28,	31,	42	C:	08,	09,	18,	20,	27,	28

〈눈〉

목요일 A-L에서 16을 만날 수 있다.

A-L과 C-L의 23이 고민되게 한다.

A-L, B-L에서 39를 볼 수 있을 것이다.

C-L에서 28이 나와 있다.

금요일 A-L에서 16과 24가 보인다.

B-L에서 23을 24로, 37을 36으로, 40을 39로 하면 되는데 실제로 이렇게 작업하기가 쉽지 않을 것이다.

C-L에선 20과 28이 나와 있다.

목요일 복권이다.

A-L에서 16을 그대로, 23을 우로 1칸 해서 24로, 39를 그대로 해둔다.

B-L에서 39를 그대로 선택한다.

C-L에서 23을 우로 1칸 옮겨 24로 만들고, 28을 그대로 선택한다.

이렇게 해서 목요일 복권으로부터 16, 24, 28, 39를 구했다.

금요일 복권이다.

A-L에서 16을 그대로, 19를 우로 1칸 해서 20으로, 24를 그대로 각각 해둔다.

B-L에서 23을 우로 1칸 옮겨 24로, 37과 40을 좌로 1칸 이동시켜 36과 39로 각각 만들어 놓는다.

C-L에서 18을 좌로 2칸 옮겨 16으로 만들고, 20과 28을 그대로 선택한다.

이렇게 해서 금요일 복권으로부터 16, 20, 24, 28, 36, 39 당첨번호를 만들어 낼 수 있다. 미세조정에 관해 잠깐 언급하겠는데, A-L의 19와 C-L의 20을 살펴보길 바란다.

참고로, 23에 관해 잠깐 언급하겠다.

목요일 A-L과 C-L에서 23이 좀 까다로운 번호다. 왜냐하면, 848회 16의 아래 칸이면서 22의 옆 칸으로서 이른바 수직 수평 교차 칸이기 때문이다. (직교 칸)

따라서 이것을 선택할 수도 있을 것이다. 나름대로 어떤 기준에 의해 결정한 것이면 말이다. 한마디로, 23을 선택해도 잘못된 결정이라고 말할 수는 없다고 본다. 단지, 운이 없다고 말할 수밖에 없을 것이다.

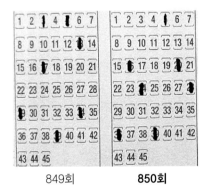

849회   **850회**

그럼, 어디서 어떻게 해야 복권번호 쪽으로 유도해낼 수 있을까?

복권 회차(850회)의 바로 앞 회차인 849회를 들여다보자.

5, 13, 17, 29를 하2좌3 칸으로 옮겨보자. 그러면 16, 24, 28, 40이 나온다. 여기서 미차 운동으로 40이 39로 된다. 이렇게 놓고 보니, 39는 849회 소스 회차의 당첨번호인 것이다. 즉, 850회를 기준으로 보면 전 회차의 당번(39)이 다시 나타난 셈이다. 지금까지, 4개 번호를 찾아냈다. 2개 번호를 더 구하면 된다.

역시 849회를 다시 한번 보자.

5, 13, 39를 하3우2 칸으로 이동시켜 보면 20, 28, 36이 나온다. (1차 이동)

여기서, 앞에서 찾아낸 4개 번호를 찬찬히 살펴보면, 28이 포함된 것을 볼 수 있을 것이다. 즉, 28은 이미 구해 두었던 번호다. 이제 '28이라는 번호가 나온 것을 확인하고, 같이 출현한 20과 36을 과연 그대로 선택해도 되는가'의 문제가 우리 앞에 놓여 있다.

간단히 생각하는 것으로 하면 20과 36을 그대로 선택할 수도 있지만, 번호를 구하는 어떤 방법론상에서 좀 더 설명하고자 한다.

849회 13, 17, 29를 아래로 1칸 내려보면 20, 24, 36이 나온다. (2차 이동)

지금 1차, 2차 이동 후에 나타난 번호를 보면, 20과 36이 공통으로 나타났다. 또, 1차 이동에서 28이, 2차 이동에서 24가 각각 나왔는데, 독자들도 알다시피 이 두 번호는 이미 찾아 두었던 것들이다. 따라서, 함께 나온 20과 36을 자연스럽게 선택해도 되겠다는 합리적인 생각을 해볼 수 있을 것이다.

마지막으로, 목요일과 금요일 복권번호를 앞에서 찾아낸 6개 번호 쪽으로 조정하면 되겠다.

■ 856회 (10)

856회 당첨번호: 10, 24, 40, 41, 43, 44

	2019/04/25(목)

```
           2019/04/25(목)
A:    13,  15,  25,  35,  41,  43
B:    05,  25,  33,  36,  40,  45
C:    04,  10,  12,  16,  21,  24
```

〈눈〉

A-L에서 13을 10으로 만들 수 있는지가 관건이다.

25를 옆으로 1칸 옮기고, 41과 43을 그대로 뽑아낸다.

이때, 41에 40을 43에 44를 각각 붙여 놓는다. (6개)

B-L에선 25, 40, 45를 주시하자. 그리고 A-L을 다시 보길 바란다.

C-L에선 10, 24를 선택하는 게 중요하다.

정리하면, A-L에서 15, 25, 35라는 끝수에 말려들면 안 된다.

A-L, B-L의 25를 잘 피해야 한다.

A-L, B-L에서 공통으로 나올만한 번호를 살펴보길 바란다.

A-L에서, 약간 어려울 수도 있지만 13을 10으로 보낼 수 있으면 좋겠다. 만일, 이렇게 하지 못하더라도 C-L에서 10을 구할 기회는 있다. 25를 좌로 1칸 해서 24로 만든다. 이어서 41과 43을 그대로 선택한다. 계속해서 41에 40을, 43에 44를 각각 붙인다. 이렇게 작업하면, 속된 표현인 '꽝'으로부터 '1등 당첨'이라는 대박으로 바꿀 수가 있다는 것이다. 쉬운 작업은 아니겠

지만 말이다. B-L에서 25, 40, 45에 대해 미세조정을 잘 하면, 5개 번호를 구할 수 있다. C-L에서 10과 24를 정확히 선별해서 A-L의 조정번호와 일치하게 한다.

목요일에 발행된 복권이다. 추첨 전에 위에서 설명한 대로 작업했다면 얼마나 좋을까마는, 독자들도 알다시피 '추첨 전과 후'는 다르다. 즉, 추첨 전에 번호를 예상하는 것은 어려워도, 추첨 후에는 나온 번호에 대해 생각하는 것은 상대적으로 쉽게 느껴지기 때문일 것이다.

우선 C-L부터 생각해 보자. 10과 24를 구하려면 어디서 어떤 식으로 번호를 움직여야 할까. 그전에, 왜 10, 24를 선택하려고 하는가.

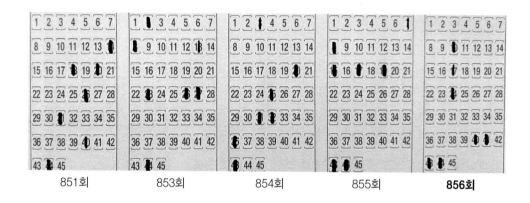

전회차인 855회 8, 15, 17과 결합해서 중복타입을 만들 수 있는 번호들 가운데 하나가 10이다. 또 855회 17의 위 칸이 10이다. 한편, 854회 25, 31, 32와 결합해서 역시 중복타입을 만들 수 있는 번호 중 하나가 24다. 자세히 보자. 사각형 형태(중복타입)로 만들려면 각각 이 번호들로 채워야만 한다는 것을 알 수 있을 것이다. 따라서, 우선 10과 24가 나타날 수 있도록 작업해보자.

853회에서 보13, 27을 좌로 3칸 움직이면 10, 24가 된다. 여기에 2를 똑같이 좌로 3칸 이동시키면, 41을 구할 수 있는데 인력으로 40이 붙어 나왔다. 이제 같은 853회에서 23, 26, 27을 하2우3 칸으로 옮기면 40, 43, 44가 나오는데 40에 41이 달라붙어 나왔다고 생각하면 되겠다.

결국, 위의 양쪽 작업에서 찾아낸 번호들을 중복되지 않게 모아보면 856회 당첨번호를 만들 수가 있다는 점이다. 추가로, 목표 회차인 856회 당첨번호를 구하는 과정을 다시 한번 검토해보자.

851회 14, 26, 보40을 상2좌2 칸으로 옮겨보자. 그러면 10, 24, 40이 나타나는 것을 알 수 있을 것이다. 또, 853회 2, 보13, 27을 좌로 3칸 움직이면 10, 24, 41이 나오는 것을 보여준다.

자세히 살펴보면, 이동작업을 통해 851회와 853회 각 회차에서 같은 10과 24를 구했고, 851회에선 40을 853회에선 41을 각각 찾아냈다는 것이다.

마지막으로, 번호이동과 관련해 853회를 한 번 더 알아보자.

8, 23, 26, 27을 하2우3 칸으로 움직여보자. 그러면 25, 40, 43, 44 네 개의 번호가 나온다. 이때 미차 운동으로 25가 아닌 24로 된다는 것이다. (4개)

또한, 인력으로 40에 41이 붙어 나왔다고 생각할 수 있을 것이다. (5개)

마지막으로, RO 법칙으로 8로부터 10을 생성할 수 있게 되었다. (6개)

이제 위에서 준비해 놓은 6개 번호 쪽으로, 복권번호를 조정하면 되겠다.

(참고로 853회, 854회, 855회에서 중복타입을 이용해 41을 구할 수가 있다)

858회 당첨번호: 9, 13, 32, 38, 39, 43

	2019/05/09(목)							2019/05/10(금)					
A:	12,	20,	23,	26,	27,	40	A:	02,	03,	19,	33,	34,	37
B:	09,	14,	20,	34,	38,	41	B:	02,	08,	13,	26,	35,	40
C:	10,	13,	16,	27,	42,	43	C:	18,	29,	33,	37,	39,	42

〈눈〉

목요일의 B-L과 C-L, 금요일의 B-L과 C-L 각각을 살펴보길 바란다.

목요일 복권

B-L에서 9를 그대로 선택한다.

이어서 14를 좌로 1칸 옮겨 13으로 만든다.

34를 좌로 2칸 움직여 32로 해둔다.

38을 차분히 그대로 선택하고 39를 붙여 놓는다.

41을 우로 2칸 이동시켜 43으로 만든다.

이렇게 하면, B-L에서 6개 번호를 모두 구할 수 있게 되는 것이다.

C-L에서 10을 좌로 1칸 옮겨 9로 한다. 이어서 13과 43을 그대로 선택한다.

13, 43의 끝수는 '3'이다.

금요일 복권

A-L에서 33을 좌로 1칸 옮겨 32로 한다. 37을 우로 1칸, 우로 2칸 각각 보내서 38, 39로 만든다.

B-L에서 8을 우로 1칸 이동시켜 9로 만든다.

13을 그대로 선택한다. 35를 좌로 3칸 옮겨 32로 바꾼다.

이어서 40을 좌로 1칸과 2칸 각각 옮기고, 또 40을 우로 3칸 보내서 43으로 해둔다. (6개)

사실, 어려운 작업이다.

C-L에서 33을 좌로 1칸 움직여 32로 준비해 둘 수 있을 것이다.

이어서, 37을 우로 1칸 옮기거나 39를 좌로 1칸 보내서 38로 만든다.

계속해서 39를 그대로 선택한다.

마지막으로, 42를 가만히 우로 1칸 움직여 43으로 만들어 놓는다.

이렇게 해서 C-L에서 4개 번호를 구할 수 있게 되었다.

복권의 각 L에서 미세조정한 것들을 모아서, 858회 번호가 되도록 작업해본다.

자, 어떻게 작업해야 복권번호 쪽으로 유도할 수 있을까?

공부한다는 마음으로, 기존 당첨번호를 들여다보자.

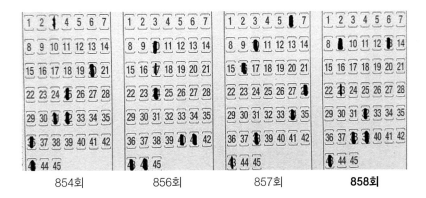

854회　　　856회　　　857회　　　**858회**

857회를 살펴보자. 여기선 직관적으로 즉 '감'으로 번호를 구하려고 한다.

10의 옆이고 16의 위 칸이 9다. 즉, 9는 직교 칸이다. (1개)

6의 아래 칸이 13이다. (2개)

34를 좌로 2칸 보내 32로 만들어 놓는다. (3개)

38과 보43을 그대로 선택한다. (5개)

이어서 38에 39를 붙여 놓는다. (6개)

856회를 주시하자. 10을 좌로 1칸 옮겨 9로 만든다. 이때, 10을 13으로 옮길 수도 있을 것이다. 40, (41)을 미세조정해서 38, 39로 작업해둔다. 이어서 43을 그대로 선택한다. (5개)

이제부터가 필자가 강조하고 싶은 부분이다.

24로부터 하1우1 칸이 32이고, 이 32로부터 다시 하1우1 칸이 40임을 잘 알 것이라고 본다. 따라서, 856회 당첨번호인 24와 40 사이의 번호인 32를 뽑아내면 되는데, 32는 이 책에서 언급하고 있는 방향성 타입을 만든다는 점이다.

이렇게 해서 856회에서 6개 번호를 찾아냈다.

이번엔, 4주 전에 시행된 854회차를 들여다보자.

보3, 25, 31, 32, 36 다섯 개 번호를 아래로 1칸 내려본다. 그러면 10, 32, 38, 39, 43이 나온다. 이때, 미차 운동으로 10이 9로 바뀐다.

참고로, 854회에서 43이 당번인데, 앞에서처럼 36을 아래로 1칸 이동시키거나 43을 그대로 선택해서 43을 구할 수도 있다. 여기까지 5개 번호를 찾았다.

그럼, 나머지 1개 번호는 어떻게 찾아야 할까?

로또란 참 묘하다. 앞에서 5개 번호를 아래로 1칸 내렸었다. 이제 타방 법칙을 이용해 20을 위로 1칸 올려 13으로 만들면 858회 당첨번호 전부를 구하게 되는 셈이다.

856회에서 작업할 때 주로 미세조정으로 번호를 구했었는데, 여기선 이동을 통해 번호를 찾아보려고 한다.

집중하길 바란다. 856회 보17, 24, 40, 43을 하2우1 칸으로 움직여보자. 그러면 9, 13, 32, 39가 나온다. 이때, 인력에 의해 39에 38이 붙어 나왔다. 여기까지 5개 번호를 찾았다.

이제 번호 한 개만 구하면 되는데 바로 856회 자체 당첨번호인 43을 차분히 그대로 선택하면 된다는 것이다. (6개)

끝으로, 각 소스 회차에서 구한 번호들 쪽으로 복권번호를 조정하면 되겠다.

862회 당첨번호: 10, 34, 38, 40, 42, 43

	2019/06/05(수)					
A:	02,	09,	25,	28,	35,	40
B:	04,	11,	25,	29,	34,	40
C:	01,	16,	20,	27,	29,	34

〈눈〉

이런 복권이 까다롭다.

A-L과 B-L을 동시에 살펴보길 바란다. 어떤가.

미세조정을 통하면, 지금까지의 설명으로 볼 때 거의 같은 것이라고 말

할 수 있겠다.

이런 식으로 나오면, 양쪽 L에서 공통 가공번호가 많이 나타날 수밖에 없다. 그래서 어려운

복권이라고 생각한다.

하지만 반대로 생각해 보면, 양쪽 L에서 공통 조정번호로 만드는 게

좀 더 쉬우므로, 번호를 예상하기가 오히려 수월할 수도 있을 것이다.

한마디로, 어떤 관점으로 생각하느냐의 문제인 것이다.

C-L에서 34만 당첨번호로 나왔다. 그 외 번호는 가치가 없다.

이런 C-L의 특성도 눈여겨보길 바란다.

여기서, C-L의 34가 A-L과 B-L에서 34로 나오도록 유도하고 있다.

A-L에서 9를 우로 1칸 옮겨 10으로 한다. 35를 좌로 1칸 움직여 34로 만든다. 40을 그대로 선택한다. 40으로부터 42와 43을 만들면 좋겠지만 어렵다.

B-L에서 11을 좌로 1칸 보내 10으로 해둔다. 34와 40을 그대로 선택한다.

C-L에서 34만 당첨번호다. 다른 번호들은 가치가 없다.

이제 복권번호를 조정하기에 앞서서, 목표(타깃) 번호를 준비해야만 한다. 그런 후에 복권번호를 이 목표 번호에 맞춰서 작업하면 되는 것이다. 복권 A-L과 B-L에서 34, 40 두 번호를 뽑아내서 '목표 번호'로 삼자. 이제 이 2개의 번호가 어떤 과정을 통해 나타나는지 알아보려고 한다.

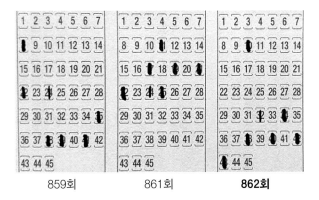

859회   861회   **862회**

862회의 바로 앞 회차인 861회를 분석해보자.

861회에서, 어느 번호들을 이동시켜 34와 40으로 도착하게 할 수 있을까?

여기서, 862회 34와 40의 위치 관계와 861회 11과 17의 그것을 생각해 보자.

첫 번째 이동이다.

11, 17, 19, 21을 하3우2 칸으로 움직여보자. 그러면 34, 40, 42, 44가 나온다. 이때, 미차 운동으로 44가 43으로 된다. 결국, 42에 43이 붙어서 나온 셈이다. 보다시피, 여기서 34와 40이 나타난 것을 확인할 수 있다. (4개)

여기서, 861회 11, 17, 19, 21은 862회 34, 38, 40, 42와 같은 타입으로, 이를 비교해봄으로

써 자연스럽게 38을 추가로 구할 수 있게 되었다. 또, 타방 법칙을 이용하는 것인데 19를 하3 좌2 칸으로 이동시켜 38로 나오게 할 수도 있을 것이다. (5개)

마지막으로, 11을 차분하게 왼쪽으로 1칸 옮겨 10으로 만들면 된다. (6개)

두 번째 이동이다.

861회 17, 19, 21, 22 네 번호를 그대로 아래로 3칸 내려본다. 그러면 862회 38, 40, 42, 43 으로 나온다는 것을 알 수 있을 것이다. (4개)

이어서, 861회 11, 17, 19, 21과 같은 타입이 되려면 862회 38, 40, 42에 어떤 번호가 들어가 야 하나. 이 번호들 가운데 하나가 34라는 것이다. 또한, '첫 번째 이동'에서도 34를 찾았었다. (5개)

이어서, 11을 침착하게 왼쪽으로 1칸 보내 10으로 나오게 한다. (6개)

독자들은 기억할 것이다. 어떤 소스 회차에서 번호들이 그룹으로 움직일 때, 종종 한두 개 의 소스 번호가 그대로 있거나 옆 번호로 옮겨진다는 것이다. 862회 추첨에서도 861회 번호 들이 이동했었는데, 이때 11이 좌로 1칸 보내져 10으로 되었음을 알 수 있다는 것이다.

859회를 보자.

35, 39, 41이라는 타입을 좌로 1칸 옮기면 34, 38, 40이 된다. 이때 RO 법칙으로 43이 만들 어졌다. (4개)

지금부터는, 번호를 크게 휘두르지 말고 차분히 다루어야 할 순간이다. 8을 우로 2칸 보내 어 10으로 해둔다. (5개)

참고로, 10은 856회, 857회 당첨번호인데, 이렇게 연관 지어 생각하면서 접근해가면 될 것 이다. 또 858회, 859회, 860회, 861회에서 10이 중복타입을 이룬다.

끝으로, 41을 차분히 우로 1칸 옮겨 42로 나오게 하면 된다. (6개)

이 지점에서 알 수 있는 사실은, 861회의 비교적 어려운(!) 이동을 통해 862회 번호를 찾을 수 있지만 859회의 비교적 쉬운(!) 일종의 미세조정만으로도 862회 번호를 구할 수도 있다는 점이다. 물론 앞 내용 들을 동시에 생각할 수 있다면 더 좋을 것이다.

최종적으로, 여러 소스 회차들에서 작업해놓은 번호들 쪽으로 복권번호를 조정하면 될 것이다.

■ 882회 (13)

882회 당첨번호: 18, 34, 39, 43, 44, 45

<pre>
                2019/10/25(금)
    A: 10,   24,   28,   34,   39,   42
    B: 05,   07,   30,   31,   34,   45
    C: 17,   18,   21,   28,   36,   38
</pre>

〈눈〉

A-L에서 34와 39가, B-L에선 34, 45가, 그리고 C-L에선 18이 당첨번호로 찍혀 나왔다.

A-L에서 전형적인 낙첨 현상이 일어났는데 34, 39, 42를 보면 이해할 수 있을 것이다. 34, 39를 그대로 선택한다. 이어서 42를 차분히 우로 1칸 옮겨서 43으로 만들어 놓는다. 이렇게 하면, 일단 5등 당첨에 해당한다. 추가로, 44, 45를 뽑아낼 수도 있지만 사실 이렇게 하기가 어려울 것이다.

B-L에서 34, 45를 뽑아낸다. 계속해서 45를 좌로 2칸, 좌로 1칸씩 각각 밀어서 43, 44가 되게 할 수도 있지만, 역시 쉬운 작업은 아니다.

C-L에서 18을 선택한다. 이어서 36을 차분히 좌로 2칸 보내서 34로 해두고, 38을 우로 1칸 옮겨 39로 만들어 놓는다. 번호 18만이 유일하게 당첨됐으며, 또한 복권 전체에서도 C-L에서만 18이 나와 있다. 이점을 유념하길 바란다.

위의 각 복권의 당첨번호들만 모아보면 18, 34, 39, 45 네 번호가 나온다.

추가로, A-L이나 B-L에서 43과 44를 구해내면 882회 당첨번호를 만들 수 있다.

　필자가 복권을 예로 들면서, 지금까지 10여 회 분량을 설명해 왔다. 사실, 재미있는 내용으로 구성된 소설 등과 같은 것이라면 좋을 터인데, 번호들을 이리저리 보내고 또한 타입이 어떻다 등 머리를 아프게 하는 게 한둘이 아니다.

　그래서 이 책이 독자들을 피곤하고 복잡하게 느껴지도록 할 것이라고 본다.

　따라서 필자는 이런 점을 염두에 두고, 독자들이 이해하기 쉽도록 집필하기 위해 노력하고 있음을 밝혀 둔다.

　앞에서 설명한 대로, 구매한 복권에서 18, 34, 39, 45 네 번호를 찾았다. 이제 어느 회차에서 어떻게 작업을 해야만, 이 번호들 쪽으로 나오게 할 수 있는지 알아보자.

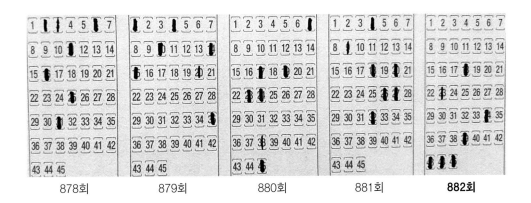

| 878회 | 879회 | 880회 | 881회 | **882회** |

　876회를 보자. (도표생략)

　5, 21, 26을 하2좌1 칸으로 이동시키면 18, 34, 39가 되는데, 이때 42를 차분히 우로 1칸 옮겨 43으로 만든다. (4개)

　여기에다 44, 45를 연이어 나오게 하면 1등 당첨번호인데.

　추첨 전에 이런 식으로 번호를 고르는 게 쉽지가 않을 것이다. 그렇지만 다양한 방법으로 '당첨번호 출현과정'을 연구하는 것이, 이후에 번호를 예상하는 데 도움이 될 것으로 본다.

877회로 가보자. (도표생략)

18과 43을 차분히 그대로 선택한다. (2개)

이어서 보12, 17, 22, 23 네 번호를 하3우1 칸으로 이동시켜 본다.

그러면 34, 39, 44, 45가 나온다. (6개)

참고로, 보12, 17, 22 타입과 같은 게 875회, 876회, 878회, 879회, 881회, 882회에 각각 나와 있다. 또, 4개 번호로 이뤄진 같은 타입이 있는데 877회, 881회, 882회에서 볼 수 있을 것이다. 이런 점에도 눈여겨보길 바란다.

이렇게 해서 882회 당첨번호를 구했다.

878회를 살펴보자.

6, 11, 16의 타입을 이동시키려고 한다. 6과 16의 끝수가 같다.

이 번호들을 위로 3칸 올려보면 34, 39, 44가 나온다. 이때, 인력으로 44에 43과 45가 붙어 나왔다. (5개)

이제 번호 하나만 구하면 된다. 무엇일까?

바로, 18이다. 위 번호 3개를 이동시킬 때 RO 법칙이 일어나는데, 16으로부터 18을 만들 수가 있다. 참고로, 881회 당첨번호이기도 하다. (6개)

879회를 음미하자.

10, 14, 보20, 35를 상3좌3 칸으로 옮겨보자. 그러면 11, 35, 39, 45가 나온다. 이렇게 작업하면 되는 건가? 아니다.

어느 방향으로 움직였던지 이동 전과 후의 '타입'이 같아야 하는데, 앞의 14, 보20, 35와 11, 39, 45 두 그룹을 비교해보길 바란다. 882회 당첨번호를 기준으로 본다면, 11을 아래로 1칸 내려서 18로 조정해야만 한다는 것을 알게 될 것이다.

즉, 35를 제외한 세 번호가 45 및 가상번호를 거쳐서 이동하기 때문이다. 이에 대해, 차분히 생각해 보길 바란다. 한편, 미차 운동으로 이동 후에는 35가 34로 된다. 여기까지 18, 34, 39, 45 네 번호를 찾아냈다. 마지막으로 45에 번호를 연이어 붙여 43, 44를 만든다. 이렇게 해서

882회 당첨번호를 모두 구했다.

참고로, 앞에서 11을 18로 조정해야 하는 것에 대해 언급했는데, 이와 관련해 말할 게 있다. 어떤 타입으로 정할 것인가는 7행 칸을 이용할지 말지에 달려있는데, 그때그때의 상황에 맞춰서 타입을 세팅하면 되겠다.

880회를 분석하자.

먼저 미세조정을 해보자. 17이나 19를 옆으로 1칸 옮겨 18로 만들어 놓는다. 이어서 45를 그대로 선택한다. (2개)

이제 번호이동 작업을 해보자. 19, 23, 24를 하3좌1 칸으로 움직여보면 39, 43, 44가 나온다. 여기까지 5개 번호를 찾았다.

마지막으로, 타방 법칙을 이용해 7을 상3좌1 칸으로 옮겨야 하는데, 이때 가상번호 49를 거쳐 움직이게 해야 한다는 점이다. 이렇게 작업하면 34를 만날 수 있다. (6개)

881회를 알아보자.

881회 4, 27, 32와 882회 18, 34, 39 두 그룹을 비교해보면서 어떻게 생각해야 이것들이 같은 타입으로 될 수 있는지 연구해보길 바란다.

이와 관련해 미리 강조하지만 로또엔 정답이 없다고 했다. 완벽을 추구하다 보면 답을 못 찾을 수가 있다. '이럴 땐 이렇게, 저럴 땐 저렇게 나오는구나'하는 식으로 융통성을 가지면서 생각하길 바란다. 이렇게 해야, 필자가 건넨 과제(!)에 답할 수가 있다는 점이다.

한편, 881회 보9, 18, 26, 27과 882회 34, 39, 44, 45는 같은 타입이다.

정리하면, 여러 작업을 통해 본 바와 같이 각 회차에서 미세조정이나 이동을 통해 나온 번호들 쪽으로 복권번호를 조정하면 되겠다.

이번 목표 회차에서 타입에 관해 좀 언급했었는데, 타입결합을 한번 알아보자.

880회 17, 23, 45와 882회 18, 39, 45는 같은 타입이고,

880회 19, 23, 24와 882회 34, 43, 44도 같은 타입이다.

881회 18, 26, 27과 882회 39, 44, 45가 같은 타입인데, 882회에서 서로 다른 타입을 묶어주는 결합 타입으로 나타났다.

896회 당첨번호: 5, 12, 25, 26, 38, 45

2020/01/30(목)

A: 01, 08, 12, 13, 25, 37
B: 10, 18, 27, 37, 44, 45
C: 02, 10, 15, 24, 25, 32

〈눈〉

A-L과 B-L에서 37이, B-L과 C-L에서 10이, A-L과 C-L에서 25가 각각 공통으로 나왔다. 이 세 번호 가운데 25만이 당첨되었다. 보이지 않는 5를 뽑아야만 한다.

A-L에서 8을 좌로 3칸 옮겨 5로 만든다. 이게 좀 어려운 작업이다. 이어서 12와 25를 그대로 선택한다. 뒤이어, 25 옆에 26을 붙여 놓는다.

이제 선택의 순간이 왔다. 37이 나와 있는데, B-L에도 있다고 그대로 선택한다면 후회할 것이다. 37을 차분히 우로 1칸 보내 38로 만들어야 한다. (5개)

B-L에서 10을 우로 2칸 이동시켜 12로 나오게 한다. 계속해서 27을 왼쪽으로 움직여서 25와 26 두 번호를 차례로 만들어낸다. 이런 식으로 작업하는 경우도 있음을 유념하길 바란다.

또, 37을 위(A-L)와 마찬가지로 오른쪽으로 1칸 옮겨 38로 해둔다. 마지막으로, 이 복권 전체에서 딱 하나뿐인 45를 차분하게 그대로 선택한다. 한마디로, 이 번호를 믿어보자는 것이다.

이렇게 해서 B-L에서 5개 번호를 찾아냈다.

C-L에서 2를 우로 3칸 보내 5로 되게 한다. 이어서 10을 오른쪽으로 2칸 옮겨 12로 만든다. 계속해서 24와 25를 우로 1칸씩 이동시켜 각각 25와 26으로 나오게 한다.

(또는 24, 25를 움직이는 대신에 25를 그대로 선택하고 옆 번호인 26을 추가로 뽑아낼 수도 있다)

이렇듯, 바로 앞의 설명으로부터 알 수 있듯이, 번호작업 과정은 달라도 결과는 같다. (4개)

위의 각 L에서 구한 번호를 중복이 되지 않게 나열해보면 896회 당첨번호를만들 수 있다.

사실, 복권번호를 다루는 게 쉽지는 않다. 당첨번호를 구하기 위해서 복권번호를 조정하는 어떤 이론적인 방법이 딱히 정해져 있는 것도 없다. 더욱이, 추첨 예상번호를 준비해 놓기도 어렵다. 추첨번호를 어느 정도 예상해봐야 복권번호를 그쪽으로 조정할 수 있는 게 아닌가.

이처럼, 복권번호를 작업하는 과정이 쉽지가 않은 것이다.

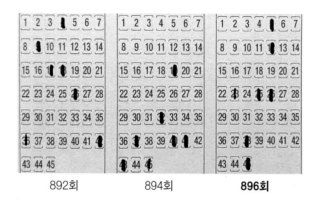

892회   894회   **896회**

892회를 음미해보자.

4를 차분히 우로 1칸 옮겨 5로 만든다. (1개)

이어서 4, 17, 18, 보36을 하1우1 칸으로 이동시켜 보면 12, 25, 26, 44가 나온다. 이때, 미차 운동으로 44가 45로 된다. (5개)

또, RO나 타방 법칙을 이용해 38이 나오게 작업하면 된다. (6개)

복권 A-L에서, 12와 25를 정확히 선택하고 25의 옆 번호인 26도 뽑아낸다.

이어서 37을 차분히 우로 1칸 옮겨서 38로 만든다. (4개)

그러면, 왜 이렇게 조정해야 하는지 알아보자. 894회 작업을 보면 이해할 수 있을 것이다.

894회를 들여다보자.

19, 32, 보45를 그대로 위로 1칸 올려보면 12, 25, 38이 나타나고, 인력으로 25에 26이 붙어 나왔다. (4개)

참고로, 앞의 38을 만나기 위해서 복권 A-L의 37을 우로 1칸 옮겨 38로 만들어야 한다는 점이다. 독자들은 이런 과정을 찬찬히 다시 음미해보길 바란다.

한편, 복권에 나와 있지 않은 것을 당첨번호로 만드는 방법이 있다. 위에서, 세 번호를 위로 1칸 올릴 때, 타방 법칙을 이용해 40을 아래로 1칸 내려서 5로 나오게 하는 것이다. (5개)

마지막으로, 소스 회차에서 번호 한두 개가 그대로 나오거나 옆으로 1칸 옮겨져서 나타나는 경향이 있다고 언급해 왔다. 이런 점을 고려하면서 894회에서 보45를 그대로 선택하면 된다. (6개)

이제 위의 각 소스 회차들에서 만들어 놓은 번호들 쪽으로, 복권번호를 조정하면 896회 당첨번호를 만날 수 있다.

■ 899회 (15)

899회 당첨번호: 8, 19, 20, 21, 33, 39

2020/02/20(목)

A:	03,	13,	18,	19,	21,	24
B:	08,	14,	22,	30,	38,	40
C:	21,	25,	36,	38,	42,	43

〈눈〉

21이 전회차의 당첨번호인데, A-L과 C-L에 나와 있다.

또, 38이 896회 당번이고 898회 37의 옆 번호인데 B-L과 C-L에 있다.

이 두 번호를 어떻게 처리해야 할까.

참고로, A-L의 18이 898회 당첨번호이고, B-L의 22는 897회 당번이다.

또, C-L을 보면 25가 896회에서, 36이 897회에서, 42가 898회에서 각각

당첨되어 나타났다. 이들 번호는 가능성이 있는가? 결과는 '없다'다.

A-L에서 19와 21을 선택하고, 20을 붙여 둔다.

B-L에서 8을 그대로 선택한다. 22를 좌로 1칸 옮겨 21로 만든다. 이때, 20까지 선택할 수도 있을 것이다. 끝으로, 38이나 40을 옆으로 1칸 옮겨서 39로 나오게 한다.

C-L에서 21을 선택한다. 이어서 38을 우로 1칸 움직여서 39로 되게 한다.

이렇게 해서 미세조정한 번호를 중복 없이 모아보면, 899회 당첨번호 5개를 구하게 되는 것

이다.

지금부터가 어렵다. B-L의 30이나 C-L의 36을 옆으로 3칸 이동시켜 보면 33이 나오는 것을 알 수 있다. 그런데, 실제로 이렇게 작업하는 게 쉽지 않을 것이라고 본다.

아무튼, 이런 식으로 작업해보면 899회 당첨번호를 만날 수 있게 된다.

그럼, 아래 소스 회차의 번호를 어떻게 유도해야 복권번호 쪽으로 나오게 되는지 알아보자.

896회   899회

896회를 알아보자. 12, 25, 26, 38, 45를 상1우2 칸으로 움직여보자. 그러면 7, 20, 21, 33, 40이 나오는데, 미차 운동으로 7이 8로 되고 40이 39로 된다. (5개)

즉, 이동 방향으로 따져볼 때, 7이 8로 된 것은 원래의 계산치보다 1칸 더 간 셈이고 40이 39로 된 것은 반대로 1칸 덜 간 것으로 된다는 것이다. 참고로, 896회에서 45를 이동시키지 않고, 원래 당첨번호인 38을 우로 1칸 옮겨서 39로 만들었다고 생각해도 되겠다.

필자는 계속 언급해 왔다. 진리로 이뤄진 수학이나 과학 분야와는 다르게, 로또엔 완벽한 법칙이 존재하진 않지만 어떤 특성이나 흐름 등이 있다고 말이다. 이런 면을 고려해 볼 때, 독자들도 로또에서 고정관념 등을 갖지 말고 사고의 유연성을 발휘해서 이런저런 식으로 다양하게 생각해 보길 바란다.

앞서, 896회에서 이동작업을 했었는데, 이로부터 나온 최종번호는 8, 20, 21, 33, 39 다섯 개 번호다. 여기에서 20에 19를 붙여 놓으면 899회 당첨번호로 된다. 한마디로, 앞에서 5개 번호가 움직일 때 인력에 의해 20에 19가 붙어 나왔다고 생각하면 되겠다. 보다시피, 특정 방향으로 896회 소스 번호 5개를 이동시켜서, 899회 번호 6개를 모두 구한 셈이 되었다.

마지막으로, 작업을 통해 나온 번호들 쪽으로 복권번호를 미세조정하면 된다.

■ 905회 (16)

905회 당첨번호: 3, 4, 16, 27, 38, 40

	2020/03/30(월)					
A:	24,	25,	30,	38,	39,	43
B:	04,	09,	11,	35,	41,	43
C:	04,	19,	26,	34,	36,	38

〈눈〉

추첨 전에, 이런 복권을 보면 고민해야 할 것 같다. 공통으로 나온 번호를 살펴보면, A-L과 B-L에서 43이, A-L과 C-L에서 38이, 그리고 B-L과 C-L에선 4가 각각 나타났다.

전 회차의 당번인 43을 덥석 물지 않고, 잘 회피하는 게 핵심이다. 위에서 공통번호로 43이 찍혀 있지만, 일종의 '미끼 번호'다. 반면, 역시 공통번호인 4와 38은 당첨되었다. 로또라는 게 이런 것이다.

자세히 살펴보면, A-L은 27, 38, 40을, B-L은 3, 4, 38, 40을,

C-L은 3, 4, 16, 27, 38, 40을 각각 조정번호로 제공할 수 있게 되었다.

이 세 L의 관계를 차분하게 생각해 보길 바란다. C-L이 핵심임을 알 수 있다.

A-L에서 25를 27로, 38을 그대로, 39를 우로 1칸 보내 40으로 각각 만든다. B-L에서 4를 선택하고, 이어서 4에 3을 붙인다. 좀 어려운 작업인데 35를 38쪽으로 옮겨야 한다. 끝으로, 41을 40으로 되게 한다.

C-L에서 4를 역시 차분히 선택하고, 옆에 3을 붙이고, 19를 16으로 만든다. 계속해서 26을 우로 1칸 움직여 27로 나오게 한다. (4개)

마지막으로, 38을 선택한 후에, 이 38을 우로 2칸 보내 40이 되게 한다.

특히, C-L에서만 6개 번호를 모두 구했다. 1-2-3 법칙이다.

사실, 구매한 복권을 보고서 어떤 번호가 추첨에서 나올지 예상하기가 쉽지 않다. 그렇다 할지라도, 소극적으로 행운이 찾아오길 기다리기보다, 반대로 적극적으로 복권을 이용해서 예상 당첨번호를 만들어 가는 것도 필요하지 않을까 생각해 본다.

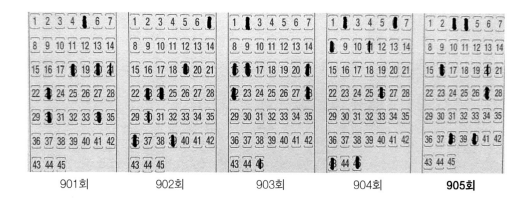

901회를 살펴보자.

5, 18, 23을 하3우1 칸으로 이동시키자. 그러면 3, 27, 40이 나오는데, 이때 인력으로 3에 4가 붙어 나왔다. (4개)

또, 앞에서 번호들을 옮길 때 RO 법칙과 타방 법칙이 일어났는데, RO 법칙으로 18로부터 16을 구할 수 있고 타방 법칙으로 18로부터 38을 찾아낼 수 있다는 점이다. (6개) 이렇게 해서 905회 당첨번호를 모두 만날 수 있게 되었다.

902회를 탐색하자. 19, 23, 24, 36을 상3우1 칸으로 움직여보면 3, 4, 16, 41이 나타나는데, 미차 운동으로 41이 40으로 된다. (4개)

소스 회차인 901회에서의 설명처럼, 여기에서도 RO 법칙으로 36으로부터 38을 얻어낼 수 있고, 타방 법칙으로 7로부터 27을 만들어 낼 수 있다는 점이다. (6개)

903회를 알아보자.

먼저 미세조정을 해보자. 2를 옆으로 옮겨서 3과 4 두 개의 번호가 나오게 한다. (2개)

이어서, 16을 그대로 선택하고, 28을 차분히 좌로 1칸 옮겨 27로 만든다. (4개)

참고로, 16을 반드시 선택하지 않아도 된다.

이번엔 이동작업을 해보자.

2, 15, 16, 28을 상2우2 칸으로 보내보면 3, 4, 16, 39가 나온다. 앞의 미세조정 설명에서 16을 꼭 선택하지 않아도 된다고 언급했었는데, 바로 여기에서도 16을 구할 수 있기 때문이다. 물론, 양쪽의 경우에서처럼 16이 이중으로 나오는 것으로 생각할 수도 있다.

마지막 작업이다. 위에서, 이동 시에 미차 운동이 일어나는데 계산대로 39로 나오지 않고 39의 좌우 옆 칸인 38과 40으로 각각 나타난다는 것이다. (6개)

904회를 분석하자. 먼저, 복권 C-L의 04, 19, 26, 34, 36, 38을 한번 음미해보려고 한다. 당첨되지 않은 복권에서, 흔히 볼 수 있는 번호형태다. 즉, 4를 선택하고 26을 우로 1칸 옮겨서 27로 만들어 놓는다. 이어서 38을 그대로 뽑는다. 이렇게 하면 3개 번호가 당첨된다는 것이다.

이런 낙첨 복권의 유형을 독자들은 자주 접해 봤을 것이라고 본다. 자, C-L을 중심으로 해서 본격적으로 설명을 시작하겠다. 복권에 38이 보인다. 만일 이것이 유력한 예상번호라면, 904회차에서 어떻게 작업하면 될까?

904회 43을 상1우2 칸으로 옮겨보면 38로 나온다. 그럼 43과 어느 번호를 함께 이동시켜야 하는가. 프로바둑 기사들이 반상 전체를 차분하고 신중하게 살펴보듯이, 우리도 곰곰이 생각하면서 번호를 다뤄야 한다는 것이다.

이동 시에, 이웃 번호들이 함께 움직이는 경향이 있으므로, 우리도 이 성질을 이용해보자. 앞에서, 904회 43을 움직여 905회 38이 나오게끔 생각해봤었다.

한편, 904회에서 43으로부터 우로 2칸에 45가 같이 나와 있음을 볼 수 있다. 따라서 이 두 번호를 이동시켜 보는 것이 어떨까 한다.

우리는 지금 잘 진행해 오고 있다. 여기서, 또 한 가지 생각해야 할 점이 있다. 특수이동과는 달리 일반이동에선 적어도 3개 이상의 번호가 움직인다는 것이다. 따라서, 이런 점을 고려하면 일단 1개 번호를 더 찾아야 한다.

최근(905회 추첨일을 기준)에 시행된 회차들을 한번 살펴보자. 901회 18, 20, 34와 904회 8, 43, 45는 같은 타입인가? 그렇다. 같은 타입이다. 출현했던 타입이 이후 추첨에서 다시 나타난다는 특성을 이용해, 904회 8, 43, 45의 타입이 905회에서 다시 나타날 수 있도록 유도하자는 것이다.

따라서, 904회 8, 43, 45를 상1우2 칸으로 이동시키면 3, 38, 40으로 나오는데, 이때 인력으로 3에 4가 붙어서 출현하게 되었다. (4개)

이제 16을 찾을 수 있느냐가 문제인데, 타방 법칙을 이용해서 904회 보11을
하1좌2 칸으로 보내보면 16을 구할 수 있게 된다. 16을 구하는 방법에 관해 기술하고 있는데, 방법이 하나 더 있다. 바로, 2개 번호를 움직여 찾고자 하는 번호를 알아낼 수 있는 특수이동을 이용하는 것이다.

앞에서, 일반이동을 통해 미리 40을 구해 두었음을 우리는 잘 알고 있다. 이제 두 번호 2와 26을 그대로 아래로 2칸 내리면 16과 40이 나타나는 것을 확인할 수 있다. 이렇게 해서 자연스럽게 16을 구할 수 있게 되었다. (5개)

이제 마지막으로 1개 번호만 더 찾으면 된다. 어떻게 작업하면 되는 것일까.

그것은 미세조정을 통하는 것인데, 904회 26을 차분히 우로 1칸 옮겨서 27로 만드는 것이다. (6개)

최종적으로, 소스 회차에서 찾아낸 번호들 쪽으로 복권번호를 조정하면 되겠다.

■ 907회 (17)

907회 당첨번호: 21, 27, 29, 38, 40, 44

2020/04/16(목)

A: 18, 22, 24, 34, 38, 39
B: 13, 14, 25, 29, 33, 42
C: 01, 09, 17, 22, 27, 36

〈눈〉

A-L, C-L에 22가 나와 있다. 이 번호를 선택하면 작업이 헝클어지게 된다. 전회(906회)에서 14의 아래 칸이면서 28의 위 칸이 21이라는 것을 볼 수 있을 것이다. 물론 중복타입을 고려한다면 22를 선택할 수도 있지만, 여기선 21을 선택하는 것으로 하겠다. 따라서, 22의 유혹을 물리치고 이 번호(22)를 차분히 좌로 1칸 옮길 수 있느냐가 해결의 열쇠다. 각 L에서 당첨번호가 1개씩 나왔다.

A-L에서 22를 좌로 1칸 보내 21이 나오게 한다. 이어서 38을 차분히 선택한다. 끝으로, 39를 우로 1칸 옮겨 40으로 만든다.

B-L에서 25를 우로 2칸 이동시켜 27로 해둔다. 이어서, 골라내기가 어렵겠지만 29를 그대로 선택한다. 마지막으로, 42를 우로 2칸 움직여 44로 만든다.

C-L에서 22를 좌로 1칸 옮겨 21이 되게 한다. 이어서 27을 그대로 뽑아낸다. 끝으로 36을 우로 2칸 이동시켜 38로 만든다.

앞에서 본 것처럼, 각 L의 조정번호(그대로 선택된 번호도 포함)를 중복 없이 모아보면, 907회 당첨번호로 된다는 것을 알 수 있다. 번호 흐름을 파악하기 위해선, 보통 5, 6회 전 회차부터 죽 훑어보는 것이 좋을 듯하다. 따라서 902회부터 살펴보는 것으로 하겠다.

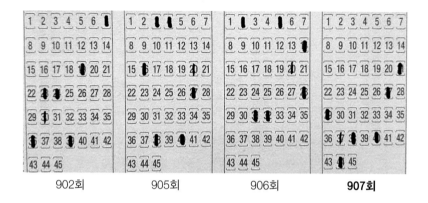

| 902회 | 905회 | 906회 | **907회** |

902회를 알아보자.

19, 보30, 36을 하1우1 칸으로 이동시키자. 그러면 27, 38, 44가 나온다. 이때, RO 법칙으로 19로부터 21을 만들어 낼 수가 있다. (4개)

또, 타방 법칙으로 23으로부터 29가 나오게 할 수도 있고, 또는 보30을 좌로 1칸 보내서 29로 만들 수도 있다. (5개)

끝으로, 39를 차분히 오른쪽으로 1칸 옮겨 40으로 만들어 놓으면 된다. (6개)

참고로, 이동에 관해서 하나 더 언급해보면 902회 7, 24, 보30을 그대로 아래로 2칸 내리면 21, 38, 44가 나타난다. 복권 A-L에서 22와 38을 볼 수 있을 텐데, 앞에서처럼 이동해서 나온 번호를 이용해, 복권의 22를 21로 자연스럽게 바꿀 수 있다는 것이다.

완벽한 타입결합이 모든 회차에서 나타나지는 않지만, 여기에선 타입을 이용해 위에서 작업한 게 제대로 이뤄졌는지 확인해보자.

앞에서, 902회 19, 보30, 36을 이동시켜 907회 27, 38, 44를 구했었다. 이 세 번호를 어느 하나의 타입으로 한번 생각해 보자. 그러면 나머지 3개 번호는 907회 21, 29, 40으로 되는데, 역시 이것도 1개 타입으로 보자. 이 타입과 같은 게 902회 자체에 있다. 바로 7, 24, 보30이다.

따라서, 902회 19, 보30, 36과 907회 27, 38, 44는 같은 타입이고, 902회 7, 24, 보30과 907회 21, 29, 40도 같은 타입이다. 이로써 907회를 위한 작업이 무난하게 이뤄졌음을 타입을 통해 확인해보았다.

지금까지 본 바와 같이, 복권에 대한 설명이 어렵게 느껴질 수도 있을 것이다. 책에서 언급된 내용을 모두 반드시 알아야만 하는 건 아니다. 복잡하거나 어렵다고 생각하는 것들은 건너뛰고, 마치 '여행 이야기'를 읽어가듯이 편안하게 읽어봐 주었으면 좋겠다.

905회를 탐색해보자.
미세조정으로 5개 번호를 만들어 낼 수 있다. 보20을 우로 1칸 옮겨 21로 만든다. 이어서 27, 38, 40을 그대로 선택한다. 또, 27을 우로 2칸 이동시켜 29로 해둔다. (5개)
지금 우리는 905회를 살펴보고 있다. 여기까지 5개 번호를 찾아냈다. 구해야 할 1개 번호를 위해서 905회 27, 38, 40의 타입을 활용하려고 한다.

즉 907회 27, 29, 38, 40처럼, 중복타입을 하나 더 만들어보자는 것이다. 907회에서 어느 번호를 묶어야만 할까. 그것은 앞에서 구했었던 27, 29, 40과 함께 44를 하나의 중복타입으로 만들면 된다는 것이다. 이런 과정을 통해 44를 구할 수 있다는 점이다. (6개)

마지막으로, 906회차를 분석하자.
2, 5, 14, 보20을 하3우3 칸으로 이동시켜 보자. 그러면 26, 29, 38, 44로 된다. 이때, 미차 운동으로 26이 27로 된다는 것이다. (4개)

이어서, 보20을 우로 1칸 움직여서 21로 만들어 놓는다. (5개)

이제 마지막 한 개 번호만 남았다. 과연 어떤 번호일까?

다른 시각으로, 906회를 한 번 더 보자.
14, 보20, 31을 그대로 아래로 1칸 내려보면 21, 27, 38이 나온다. (3개)
이때 RO 법칙이나, 28을 우로 1칸 옮겨서 29를 만들 수 있다. (4개)
이제 타방 법칙이나 특수이동을 이용해서 2와 5를 위로 1칸 올려본다면, 2가 44로 가고 5가 40으로 움직인다는 점이다. (6개)
이와 관련해서는 '이런 식으로 생각할 수도 있구나' 정도로 받아들이자.

앞에서, 특수이동을 언급했었다. 독자들도 알다시피, 찾고자 하는 번호가 있을 때 어떤 두 개의 번호를 이동시켜 본다고 설명했었다. 여기선 2와 5가 이에 해당한다. 즉 2와 5를 동시에 위로 1칸 올릴 때, 2가 44라는 당첨번호로 나온다는 것을 확인함으로써, 이와 함께 움직였던 5의 도착 번호인 40도 당첨번호로 생각할 수 있게 되었다는 점이다. 이렇게 해서 앞에서 번호 1개를 찾고자 했었는데, 구해낸 번호는 40이라는 것이다.

마지막으로, 위 소스 회차들에서 작업을 통해 나온 번호들 쪽으로 복권번호를 조정하면 될 것이다.

■ 911회 (18)

911회 당첨번호: 4, 5, 12, 14, 32, 42

2020/05/15(금)

A:　14,　17,　18,　27,　31,　34
B:　03,　12,　14,　21,　35,　40
C:　02,　25,　34,　35,　39,　45

〈눈〉

위에서, 2개의 L에 걸쳐서 공통으로 나타난 번호는 각각 14, 34, 35인데, 14만 당첨되었다. 비록 추첨 후에 분석하는 것이지만, C-L에 마음을 집중한다면 번호작업이 실패로 끝나게 된다. C-L엔 당첨번호가 하나도 없는 반면에 A-L과 B-L엔 있다.

A-L에서 14를 그대로 선택하고 31을 차분하게 우로 1칸 옮겨 32로 만든다.

B-L에서 3을 우로 1, 2칸 보내서 각각 4, 5로 만들어 둔다. 이어서 12와 14를 그대로 선택한다. (4개)

또, 이렇게 하기가 좀 어려울 수 있는데, 35를 좌로 3칸 이동시켜 32로 나오게 한다. (5개)

마지막으로, 끝수를 이용해서 작업해보려고 한다. 바로 앞에서 구한 32의 끝수 '2'와 같게끔, 40을 우로 2칸 움직여 42가 되게 한다. (6개)

한마디로 B-L 자체에서 1-2-3 법칙을 이용해 당첨번호를 구할 수도 있다는 점이다.

그럼, 소스 회차 번호를 어떤 식으로 작업해야, 복권번호 쪽으로 나오게 할 수 있는지 알아보자.

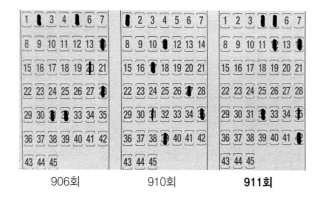

906회   910회   **911회**

전회차인 910회를 들여다보자. 17, 27, 보31, 39를 하2우1 칸으로 이동시키자. 그러면 4, 12, 32, 42가 나오는데, 인력으로 4에 5가 붙어 나타났다. (5개)

이제 1개 번호만 더 찾으면 된다. 어떻게 구해야 하는지 알아보자.

두 가지 방법이 있다.

첫 번째 방법으론, 번호이동의 특성을 이용하는 것이다. 즉, 예상 도착지점으로부터 한 칸이나 두 칸 정도의 차이가 나게 번호가 나타나는 경우가 있다는 것이다. 그래서, 39를 하2우1 칸으로 움직이면 12로 되는데, 추가로 2칸 떨어진 14가 함께 출현했다고 생각하면 되겠다.

두 번째 방법으론, 이동 시에 발생할 수도 있는 타방 법칙을 사용하는 것이다. 따라서, 1을 하2좌1 칸으로 옮기거나 27을 상2우1 칸으로 이동시켜 보면 14를 만들어 낼 수가 있다.

이렇게 해서 마지막으로 구해야 할 번호 14를 찾았다. (6개)

마지막으로, 906회를 살펴보자. 911회를 기준으로 보면 5회 전 회차다.

906회, 911회 당첨번호를 한번 살펴보길 바란다. 어떤가. 같은 번호가 3개 있고, 여기에 번호 하나를 붙이면 4개를 구하는 셈이다. 즉 5, 14, 32를 그대로 선택하고(사실, 이렇게 고르기도 쉬운 작업이 아닐 것이다.), 이어서 5에 4를 붙여 놓는다. 여기까지 4개 번호를 만들었다.

끝으로, 두 번호를 구하면 된다. 어떤 식으로 작업하면 좋을까? 이렇게 해보자.

28, 32 두 번호를 아래로 2칸 내려보면 4와 42가 나오는 것을 알 수 있다. 앞에서 4를 당첨번호로 만들어 두었었다. 따라서 4가 나타나는 것을 확인함으로써, 자연스럽게 42를 찾아내게 되었다. 즉, 특수이동이라는 것이다. (5개)

지금, 번호 하나만 남았다. 역시, 바로 앞에서 작업했던 방법으로 진행하려고 한다. 2, 14를 왼쪽으로 2칸 옮겨본다. 그러면 12, 42가 나오는데, 여기서도 42가 출현하는 것을 확인함으로써, 12를 무난하게 구할 수 있게 되었다. (6개)

끝으로, 소스 회차에서 찾아낸 번호 쪽으로 복권번호를 조정하면 될 것이다.

918회 당첨번호: 7, 11, 12, 31, 33, 38

2020/07/03(금)

A:	19,	27,	28,	30,	31,	34
B:	11,	13,	16,	25,	31,	40
C:	10,	12,	16,	31,	36,	37

〈눈〉

A, B, C 각 L에 31이 나와 있다. 당첨번호다.

B-L과 C-L 양쪽에서, 31 외에도 미세조정을 통해 어떤 공통번호를 만들 수도 있을 것 같은 느낌이 든다.

B-L 및 C-L에서 16이 보이는데, 이 번호를 잘 피해야만 한다.

A-L에서 31을 그대로 선택한다. 이어서 34를 좌로 1칸 옮겨 33으로 해둔다. B-L에서 11을 그대로 선택한다.

이어서 13을 좌로 1칸 옮겨 12로 만든다. 또는 11에 붙인다. 마찬가지다. 계속해서 31을 그대로 선택한다. 또, 40을 좌로 2칸 보내서 38로 되게 한다. C-L에서 10을 우로 1칸 움직여 11로 만든다. 이어서 12를 그대로 선택한다. 또, 31을 뽑아내고 동시에 우로 2칸 해서 33으로 생성해둔다. 마지막으로, 37을 차분히 우로 1칸 옮겨 38로 만들어 놓는다. (5개)

참고로, B-L과 C-L에 16이 공통번호로 나와 있는데, 만일 이 번호를 선택하면 좋은 결과를 얻지 못할 것이다. 16은 일종의 미끼 번호라고 생각하면 되겠다. 지금부터, 어떤 작업을 거쳐야만 복권번호 쪽으로 나올 수 있는지 탐색해보자.

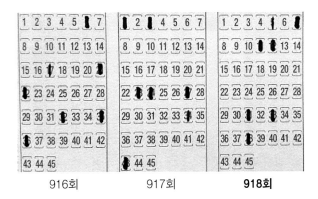

916회　　　　917회　　　　**918회**

전회차인 917회를 분석하려고 한다. 1, 23, 24, 43 네 개의 번호를 상2우2 칸으로 움직여보자. 그러면 11, 12, 31, 38이 나온다. (4개)

이때, 인력으로 31로부터 2칸 떨어져 있는 33까지 같이 출현한 것으로 생각할 수도 있고, 또는 보34를 침착하게 왼쪽으로 1칸 옮겨서 33으로 만들 수도 있다. 여기까지 5개 번호를 구했다.

자, 나머지 번호 1개만 찾으면 되는데, 어떻게 작업해야 할까. 바로, 타방 법칙을 이용하는 것이다. 앞에서 이동에 참여했던 번호 가운데 23을 상2좌2 칸으로 보내보면 7을 얻을 수 있게 된다는 점이다. (6개)

참고로, 여기에서 타입을 한번 살펴보려고 한다.
917회 3, 23, 24와 918회 11, 12, 33은 같은 타입이고,
917회 3, 27, 보34와 918회 7, 31, 38도 같은 타입이다.

916회 6, 보17, 22와 918회 7, 33, 38은 같은 타입이고,
917회 23, 24, 43과 918회 11, 12, 31도 같은 타입이다.

917회 1, 23, 43과 918회 11, 31, 38은 같은 타입이고,

917회 3, 24, 43과 918회 7, 12, 33도 같은 타입이다.

916회 6, 보17, 22와 918회 7, 12, 38은 같은 타입이고,

917회 1, 3, 23과 918회 11, 31, 33도 같은 타입이다.

916회를 살펴보자. 6, 보17, 21, 22를 상1좌3 칸으로 이동시켜 보면 7, 11, 12, 38이 나온다. (4개)

이어서, 32를 좌우로 1칸씩 이동시켜서 각각 31과 33으로 만들면 된다. (6개)

마지막으로, 각 소스 회차에서 작업을 거쳐 나온 번호들 쪽으로 복권번호를 조정하면 되겠다.

■ 921회 (20)

921회 당첨번호: 5, 7, 12, 22, 28, 41

2020/07/24(금)

A: 01, 13, 27, 28, 30, 44
B: 13, 15, 18, 22, 25, 40
C: 07, 08, 19, 23, 30, 41

〈눈〉

복권이 까다로운 번호를 보여주고 있다. 공통번호로 나온 것이 있는데, A-L과 B-L에선 13이, A-L과 C-L에선 30이 각각 나타났다. 이 두 공통번호를 당첨번호로 확정해도 되는 것일까? 사실, 쉬운 작업이 아니지만 두 번호를 잘 피해야만 한다.

A-L에서 13을 좌로 1칸 옮겨 12로 만든다. 이어서 차분히 28을 선택한다.

B-L에서 13을 왼쪽으로 1칸 움직여 12로 해둔다. 계속해서 22를 그대로 선택해서 12와 22의 끝수를 일치하게 해놓는다. 끝으로 40을 우로 1칸 보내서 41로 만들어 놓는다. (3개)

C-L에서 7을 그대로 선택한다. (1개)

이어서 23을 좌로 1칸 보내 22로 만들어 놓는다. (2개)

또 30을 좌로 2칸 이동시켜서 28로 정해둔다. (3개)

끝으로 41을 그대로 뽑아낸다. (4개)

참고로, A-L에서 28을 골랐는데, C-L의 30을 좌로 2칸 보내서 일치시켰다. 또, B-L에서 22

를 선택했었는데, C-L에서 23을 좌로 1칸 옮겨서 역시 같은 22로 맞추는 작업을 했다는 것이다. 이런 점들을 유심히 잘 살펴보길 바란다.

그런데, 추가로 작업할 게 있다. 바로 7을 좌로 2칸 옮겨 5로 만드는 것이다. 이렇게 해놓고 보니, C-L에서만 5개 번호를 찾아낼 수 있었다. 전체적으로, 각 L의 복권번호를 살펴보면 A-L에서 28이, B-L에선 22가, C-L에선 7과 41이 각각 당첨번호로 나타났다. 한마디로, 각 L로부터 당첨번호가 중복으로 나오지 않았고, 각 L이 1개 이상의 당첨번호를 내주었고, 복권 전체로는 4개 당첨번호를 가져다주었다. 일반적으로, 복권번호를 다루기가 쉬운 일이 아니지만, 여기에선 각 L에서 한두 개의 번호를 뽑아내는 게 주요 관심 사항이라고 말할 수 있겠다.

마무리 작업으로, 위의 각 L에서 미세조정한 번호들을 중복이 되지 않게 모아 보면, 921회 당첨번호로 된다는 것을 확인할 수 있다.

자, 어디서 어떤 방법으로 작업해야, 복권번호 쪽으로 나오게 되는지 알아보자.

917회   918회   **921회**

918회를 탐색해보자. 7, 12, 31, 33, 38을 하2우2 칸으로 이동시키자. 그러면 5, 7, 12, 23, 28 다섯 개 번호가 나오는데, 이때 미차 운동으로 23이 22로 된다. (5개)

마지막 한 개 번호를 찾으면 되는데, 어떤 번호일까? 번호그룹 이동 시에, 소스 회차에서 한두 개 번호가 다른 방향(타방)으로 움직일 수도 있다고 언급해 왔다. 이른바, 타방 법칙이라는 것이다. 918회에서도 이점을 이용해서 11을 상2우2 칸으로 움직여보면 41이 된다. (6개)

이렇게 해서 918회 번호를 이용해 921회차 당첨번호를 모두 찾아봤다.

917회를 살펴보자.

1, 27, 보34를 상3좌1 칸으로 이동시켜 보면 5, 12, 28이 나타난다. (3개)

이때, RO 법칙으로 1로부터 41이 만들어지고, 또 타방 법칙으로 27을 하3우1 칸으로 움직여 7이 나오게 하면 된다. (5개)

마지막으로, 한 개 번호만 찾으면 된다. 어떻게 해야 할까. 독자들이 자주 봐 왔던 내용인데, 23을 차분히 왼쪽으로 1칸 옮겨 22로 만들어 놓으면 된다는 것이다. (6개)

앞의 내용으로부터 알 수 있듯이 917회에서도 921회 당첨번호 전부를 구할 수 있었다. 마지막으로, 소스 회차에서 찾아낸 번호들 쪽으로 복권번호를 조정하면 되겠다. 이렇게 해서 4장의 '복권이 알고 싶다'를 마치겠다.

이런저런 이야기

인터넷 기사에 올라온 것을 보면, 광주 광산구의 복권 판매점에서 한 명의 구매자가 수동으로 해서 '1등 당첨' 3개를 얻게 되는 대박을 맞았다는 내용이다. 23년 1월 28일 1052회 추첨에서다.

여기서, 독자들에게 말하고 싶은 게 있다.

노트북에 입력해 놓았던 자료를 필자가 전체적으로 죽 살펴보고 있는데, 특히 마지막 복권인 921회차를 검토하고 있는 때였던 23년 2월 1일에 앞의 기사가 인터넷에 올라와 있었다는 점이다. 그런데, 복권 회차(921회)로부터 3회 떨어져 있는 924회 번호들이 눈에 들어왔는데, 굳이 얘기한다면 "이것도 인연인가" 하고 생각이 들었다.

그래서, 924회를 간단하게 알아보려고 한다. 3, 보13, 34, 43, 44를 상2좌3 칸으로 이동시키면 17, 26, 27, 35, 38이라는 5개 번호로 나오는 것을 알 수 있다. 주의할 점은 3은 7행을 거쳐가고 보13은 그렇지 않다는 것이다. 이때, RO 법칙으로 3으로부터 5가 생성되었다. (6개)

이렇게 해서 그야말로 멀리 떨어져 있는 924회로부터 1052회 번호를 만들어냈다. 참고로, 1052회 5, 17, 26, 38은 중복타입으로 이뤄져 있다.

이런 설명을 하는 이유는 '번호들이 그룹을 이뤄, 언젠가 이후 회차에서 이동을 통해 다시 나올 수 있다.'라는 사실을 보여주기 위해서였다. 독자들은 924회를 신경 쓰지 않아도 될 것이다.

필자가 독자들에게 마지막으로 소개하고 싶은 것들

독자들이 처음으로 이 책을 접했을 때 보다는, 이젠 어느 정도 로또에 대한 '감'을 가졌을 것이라고 본다. 마무리해야 하는 지금, 필자에게는 '좀 더 말하고 싶은 것이 있는데'하는 아쉬움이 남아있는 게 사실이다. 그래서, 1000회차 이후의 따끈따끈한 추첨에 관해서 간략하게 설명하고자 한다.

참고로, 밑줄 친 게 목표 회차다.

1014회	1015회	1016회	1017회	1018회

1014회에서 <u>1015회</u> 번호를 찾아보자.

14를 차분히 그대로 선택한다. (1개)

이어서 3, 11, 14, 18, 보21을 하3좌2 칸으로 움직여보면 22, 30, 33, 37, 40으로 된다. 이때, 미차 운동으로 22가 23으로 30이 31로 각각 나타난다. (6개)

1014회로부터 <u>1016회</u> 번호가 나오는 과정을 알아보자.

소스 회차에서 한두 개 번호를 그대로 선택하거나 옆으로 차분히 옮겨서 작업하면 되는데,

여기서도 마찬가지다.

한편, 3을 26으로 이동시켜 1016회 당첨번호로 만들려고 하는데, 그룹이동을 통해 이 번호가 나오게 하려고 한다. 3, 11, 18을 하3우2 칸으로 움직여보자. 그러면 1016회 26, 34, 41이 나타난다. 이렇듯, 1014회의 26이라는 당첨번호가 1016회 추첨에서 다시 출현할 수 있게끔, 이동작업을 했다는 점이다. 이때 41에 42가 붙어 나왔다. (4개)

이제 독자들도 잘 알고 있는 작업으로 하면 되는데 1014회 14와 27을 차분하게 오른쪽으로 1칸씩 옮기면 각각 15와 28을 만들 수 있다. (6개)

이렇게 해서 1014회 번호를 이용해 1016회 당첨번호를 모두 찾아냈다.

1018회
소스 회차 번호를 이용해서 이후 회차의 당첨번호를 어떻게 만들 수 있는지를 소개하는 마지막 예다. 여기서, 개별 번호를 선택하는 과정을 한번 알아보자.

3은 1014회 당번(당첨번호)이다. 1015회에서 31, 37, 보44와 결합해 중복타입을 만든다. 좀 어려워 보이는데 1017회에서 12, 23, 보32와 함께 중타를 이룬다.

19는 1014회에서 중타(중복타입)와 방타(방향성타입)를 생성할 수 있다. 1015회, 1016회, 1017회에서 중복타입으로 나오게 한다. 1016회 26의 위 칸이다. 1017회 12와 18 사이의 직교 칸이다.

21은 1014회 보너스 번호다. 1015회, 1016회, 1017회에서 중복타입을 만든다. 1017회에서 방향성 타입을 만들며 22의 좌1 칸이다. 1018회로 볼 때, 2전 회차 내에 있는 1016회 28의 위 칸이다.

25는 1014회에서 중타와 방타가 나오게 한다. 직교 칸이다. 1015회, 1017회에서도 중복타입이 나타날 수 있도록 한다. 1016회에서 26의 옆 번호다. 1017회에서 방향성 타입을 생성한다. 18과 보32의 사이 칸이다.

37은 1015회 당첨번호다. 1016회 보44의 위 칸이면서 중복타입을 생성한다. 1017회에서 30

의 아래 칸이면서 방타와 중타가 나타나게 할 수 있다.

45는 1014회, 1015회, 1016회, 1017회에서 각각 중복타입을 만들어 낼 수 있다.

먼저, 1014회를 주의 깊게 들여다보길 바란다. 이곳에서 몇 개의 번호(4개)를 미세조정 하려고 한다. 3과 보21을 그대로 선택한다. (2개)

이어서, 방향성 타입과 중복타입을 만들 수 있고, 18과 26 사이의 직교 칸이 될 수 있는 번호가 각각 19와 25임을 알 수 있을 것이다. 따라서, 18을 우로 1칸 옮겨 19로, 26을 좌로 1칸 보내 25로 각각 만든다. (4개)

이렇게 미세조정을 통해 3, 19, 21, 25를 준비해 둔다.

이런 후에 1015회, 1016회, 1017회 3개 회차를 전체로 묶어서, 우리가 흔히 하는 말로 '합동작전'을 전개하면 된다는 것이다. 구체적으로 각 회차에서 어떤 번호들을 이용해 어떤 식으로 처리하는지 아래의 설명을 보길 바란다.

1015회를 알아보자.

이 회차에서 어떤 번호들을 어떻게 움직여야, 앞에서 언급했고 준비해 두었던 밑줄번호 쪽으로 나오게 할 수 있을까.

31, 33, 37을 상2우2 칸으로 이동시켜 보면 19, 21, 25가 나온다. (3개)

참고로, 14를 같은 방향으로 함께 움직여서 44로 만들고, 이때 미차 운동으로 44를 45로 나타나게 하면 총 4개 번호를 구할 수도 있는데, 이 작업을 여기선 생략하기로 했다.

이유는 이렇다. 각 회차에서의 '합동작전'에 동원되는 번호가 3개씩으로 이뤄져 있는데, 이 번호그룹은 독자들도 이제 잘 알고 있는 바로 GT라고 하는 것이다.

이 일반타입을 이용해 번호이동에 관해 설명하려고 하는데, 추가로 다른 번호까지 언급한다면 혹시 독자들에게 복잡하다는 느낌을 줄 수 있을 것 같기에, 일부러 3개 번호로 구성된 일반타입으로 번호이동에 관해 설명하려고 하는 것이다.

참고로, 이동해 나온 번호들을 차분히 살펴보면 1014회 소스 번호 근처로 3개가 나타났음을 알 수 있을 것이다.

정리하면, 후 회차 몇 개 번호가 이동해서 선 소스 회차의 당첨번호 인근으로 또 나왔다는 점이다. 이런 면을 잘 음미해보길 바란다.

이 회차에선 일단 이것으로 마무리하겠다.

1016회를 탐색하자.

여기에서는 어떻게 번호를 다뤄야 할까. 생각 없이 아무 쪽으로나 번호를 보내면 안 된다는 것이다. (천운이 들어오면 몰라도)

자, 어떻게 해야 하나. 프로바둑 기사가 '묘수'를 내기 위해 바둑판을 보면서 장고하듯이, 우리도 1016회 번호들의 위치나 타입들을 주의 깊게 들여다보자.

앞서, 1014회에서 조정작업을 통해 3, 19, 21, 25 네 번호를 마련해 두었었다.

이곳 1016회에서 26, 28, 보44를 그대로 위로 1칸 올려본다. 그러면 19, 21, 37이 나오는 것을 알 수 있다. 이때 함께 이동해 나온 37은 1015회 당첨번호로서 나왔던 번호가 다시 출현하는 경우로, 자연스럽게 37도 선택할 수 있을 것이다.

자세히 보면, 26과 28 두 번호가 위로 1칸 움직여서 앞의 조정 번호인 19와 21로 정확하게 찾아갔다는 것이다. 이렇게 해서 원하는 대로 작업을 마쳤다. 이렇듯, 각 회차의 번호이동(흐름)이 상호 연관되면서 나타난다는 점이다.

이 지점에서, 추가로 설명할 게 있다. 앞의 이동작업을 하면서, 번호 두 개를 더 만들어 낼 수 있다는 것이다. 바로, '좌 또는 우로 1칸 옮기면서 동시에 위 또는 아래로 1칸 이동시키기'를 이용해, 26으로부터 25를 보44로부터 45를 각각 나오게 할 수 있다. (5개)

이렇게 해서 1016회에서의 작업을 일단 마치려고 한다. 그런데, 만일 1014회 소스 번호인 3

과 바로 앞에서 구해 놓은 5개 번호를 함께 모아보면 1018회 당첨번호 전부를 구할 수 있게 된다. 일단, 이 정도로 알아두고 계속 가보자.

1017회를 분석하자.

최근에 출현했던 타입이 다시 나타나는 경향이 있다고 강조해왔다. 여기서도 이런 특성을 이용할 수 있는지를 먼저 알아보자.

1014회 3, 11, 27을 확인한 후 1017회 12, 18, 30을 보면, 같은 타입이라는 것을 알 수 있다. 따라서 이 타입이 우리가 연구하고 있는 1018회 추첨에서 또다시 출현할 가능성을 예상해볼 수 있다는 것이다.

이제 1017회에서 이 타입을 이용해보려고 하는데 어떻게 작업하면 될까?

1017회에서 19, 25, 37이 이 회차에서 각각 중복타입을 이루게 할 수 있다는 것이다. 이점을 활용해 1017회 12, 18, 30타입을 그대로 아래로 1칸 내려본다.

이렇게 하면, 앞에서처럼 중복타입을 만들 수 있는 19, 25, 37이라는 3개 번호로 나오게 할 수 있다. 즉, 1018회 당첨번호를 구하게 되는 셈이다. 1017회에서의 설명은 이런 식으로 해서 마무리하는 것으로 하겠다.

추가로, 좀 더 알아볼 게 있다. 앞서 1016회를 탐색하면서 3을 제외한 다섯 개 번호를 구했었다. 지금은 3이 당첨번호라는 것을 알고 있지만 '모른다고' 가정하고 찾아내 보자는 것이다. 어떻게 생각해야 하나.

이 번호를 구하기 위해 1014회 설명을 다시 보자. 1014회에서 좌우 미세조정을 통해 3, 19, 21, 25 네 번호를 구해두었었다. 여기서 19, 21, 25는 1016회에서도 이미 찾아놓았던 번호들이다. 이렇게 볼 때, 밑줄의 세 번호와 같이 있는 3도 1018회 당첨번호로 생각할 수 있다는 합리적인 판단을 가질 것이다.

이쯤에서, 3을 구할 수 있는 또 다른 방법을 보자. 1014회 3, 11, 18을 주의 깊게 살펴본 후,

이것을 상2좌1 칸으로 옮겨보면 3, 37, 45가 나옴을 알 수 있다. 보다시피 37과 45는 앞에서 이미 구해두었던 번호로 함께 나타난 3을 자연스럽게 선택할 수 있을 것이다. 여기서 알 수 있듯이, 이동해서 나타난 3이 1014회 당첨번호라는 것이다. 한마디로, 나온 번호가 또다시 나타난 경우라 하겠다.

이렇게 해서 3을 찾아내는 방법을 알아봤다.

한편, 밑줄번호를 살펴보면 미세조정으로 구한 네 번호와 바로 앞에서 이동으로 찾아낸 세 번호를 중복 없이 모아 보면, 1018회 당첨번호가 된다는 점이다.

지금까지 1014회에서 작업한 내용을 들여다보면, 당첨번호 근처에서 네 번호를 얻을 수 있었고 나머지 두 번호는 이동을 통해 멀리 떨어져 있는 쪽에서 발견되었다는 것이다.

참고로, 1014회의 이동과 관련된 타입이 1015회, 1016회에서도 각각 나타났다. 결국, 이 타입이 1018회 3, 37, 45로 다시 출현했음을 확인할 수 있었다.

이렇게 해서 1016회에서 작업하면서 번호 하나를 찾지 못하고 남겨 두었었는데, 1014회에서 미세조정과 번호이동이라는 작업을 거쳐서 3이라는 1018회 당첨번호를 구할 수 있게 되었다.

이번엔, 1018회 안에서 자체 타입을 알아보자. 3, 19, 25와 25, 37, 45는 같은 타입이고 19, 25, 37과 21, 37, 45도 같은 타입이다. 같은 타입끼리 엮여 있는데 양쪽 그룹이 각각 5개 번호로 이뤄져 있다. 또 19, 21, 25와 보35, 37, 45는 같은 타입으로서 TT다.

타입을 보자.
1016회 26, 34, 41과 1018회 3, 37, 45는 같은 타입이고,
1017회 22, 30, 보32와 1018회 19, 21, 25도 같은 타입이다.

1017회 12, 18, 30과 1018회 19, 25, 37은 같은 타입이고,
1017회 12, 23, 30과 1018회 3, 21, 45도 같은 타입이다.

1017회 12, 18, 30과 1018회 21, 37, 45는 같은 타입이고,
1017회 12, 18, 34와 1018회 3, 19, 25도 같은 타입이다.

선 회차들의 여러 타입을 이용해, 어떻게 1018회 쪽으로 전개했는지 살펴봤다. 독자들이 이해하는데 어려움은 없을 것이라고 본다.

추가로, 언급하고 싶은 게 있다. 3장, 4장에서 1등 당첨번호에 관해 설명할 때 끝수에 관해서는 기술하지 않았었는데, 여기에서 간단히 한번 작성해보겠다.

1018회 당첨번호: 3, 19, 21, 25, 37, 45
끝수: 1 X 3 X 5 5 X 7 X 9

끝수 전부가 홀수로 나왔다. 순서로 보면 왼쪽에서 1과 3이, 가운데에서 5가 두 번, 오른쪽에서 7과 9가 각각 나타났다. 끝수 순서로 차례대로 나열해보면, 어떤 특징들이 나타나는 것을 알 수 있다.

이러한 끝수의 패턴에도 관심을 가질 필요가 있는데, 번호를 예상할 때 이 특성을 이용해 볼 수도 있다는 점이다.

마무리 하는 마음으로 다음과 같이 비교적 까다로운 복권을 선택했다.

1048회 당첨번호: 06, 12, 17, 21, 32, 39

2022/12/26(월)

A:	07,	10,	16,	22,	25,	38
B:	04,	12,	27,	29,	33,	39
C:	05,	21,	23,	36,	37,	43

〈눈〉

참고하기 위해, 공통번호가 있는지 살펴봤는데 없다. 번호가 전체적으로 분산되어 나와 있다. 각 L에서 몇 개씩의 번호를 미세조정해 모으면 되지만, 어렵다.

A-L에서 7을 좌로 1칸 옮겨 6으로, 10을 우로 2칸 보내 12로, 16을 우로 1칸 밀어 17로, 22를 좌로 1칸 이동시켜 21로, 마지막으로 38을 우로 1칸 움직여 39로 각각 만든다. (5개) 사실, 추첨 전에 이렇게 조정하기가 어려울 것이다. 여기서 구하지 못한 번호는 32인데 이 복권 자체에서 한번 구해본다면, 25를 번호가 없는 빈 행 쪽으로 차분히 1칸 내리거나 38을 대각 방향으로 움직여 32로 만들면 된다는 점이다.

B-L에서 4를 오른쪽으로 2칸 보내서 6으로 해둔다. 12를 그대로 선택한다. 이어서 33을 좌로 1칸 옮겨 32로 만들고, 39를 그대로 뽑아낸다. (4개) 이곳에선, 번호 두 개가 당첨번호로 나왔다.

C-L에서 5를 우로 침착하게 1칸 옮겨 6으로 만들어 놓는다. 이어서 21을 그대로 선택한다. 끝으로, 37을 오른쪽으로 2칸 보내 39로 나오게 한다. (3개)

앞의 각 L에서 구해낸 번호들을 중복 없이 모아보면, 1048회 당첨번호가 나타나는 것을 확인할 수 있다.

이처럼 복권작업으로부터 알 수 있듯이, 가능하면 공통번호로 나올 수 있도록
각 L에서 번호를 조정해 나가는 것이 중요하다. 이에 대한 예를 들어보겠다.

첫 번째로, 각 L에서 6이 나오게끔 조정한다.
두 번째로, A-L의 10을 우로 2칸 옮겨 12로 만들어서, B-L의 12와 같게끔 한다.
세 번째로, A-L의 22를 좌로 1칸 이동시켜 21로 나오게 해서 C-L의 그것과 일치되도록 한다.

전체적으로, 각 L의 복권번호를 살펴보자.
A-L에서, 비록 당첨된 번호는 없지만 아까운 번호가 많이(!) 나왔다.
B-L에선, 당첨번호 두 개(12, 39)와 조정해야 할 번호 두 개가 나타났다.
C-L에선, 당첨번호 한 개(21)와 오른쪽으로 옮겨야 할 번호 두 개가 보인다.

18개 전체 복권번호 가운데, 3개를 당첨번호로 가져다주었다.

일반적으로, 복권번호를 다루는 게 쉬운 일이 아닌데 각 L에서 정확하게 번호를 조정하는 게 주요 핵심 사항이라고 말할 수 있을 것이다.

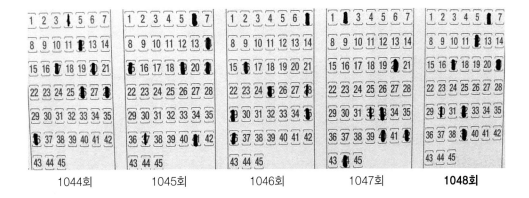

1044회   1045회   1046회   1047회   **1048회**

일단, 1048회 개별 번호를 선택하는 과정을 알아보자.

6은 1045회 당첨번호고, 1046회 7의 옆 번호다. 1047회에서 중타를 만든다.

12는 1044회 당번이고 1045회, 1046회, 1047회에서 중복타입이 되게 한다.

17은 1044회 당번이다. 1045회, 1046회, 1047회에서 역시 중복타입을 생성한다. 1047회에서 방타(방향성 타입)를 이루게 한다.

21은 1045회 당번이다. 1046회에서 방향성 타입이 나오게 한다. 1046회, 1047회에서 중복타입을 만든다.

32는 1044회에서 중복타입과 방타를 이룬다. 1045회에서도 방타를 생성한다. 1046회에서 중타와 방타가 나타나게 한다. 1046회 25의 아래 칸이다. 1047회 보너스 번호다.

39는 1044회, 1045회, 1046회, 1047회에서 각각 중복타입을 만든다. 1045회에서 방향성 타입을 생성한다.

자, 이제 어느 소스 회차에서 어떤 식으로 작업해야 복권번호 쪽으로 나오게 되는지 알아보자.

먼저 말해둘 게 있다. 3장과 4장에서 당첨번호를 설명하는 과정에서는 '번호이동'에 관해 많이 언급했었다. 반면 여기에선, 주로 '타입 활용'을 위주로 기술하려고 한다. 이점 참고하길 바란다.

1043회를 알아보자. (1043회 도표생략)

1등 당첨번호와 보너스 번호를 미세조정하면, 1048회 5개 번호를 구할 수 있게 된다. 도표를 만들어보면 알 수 있듯이, 좌우 조정은 이쯤에서 생략하려고 한다.

타입을 보자.

1043회 22, 26, 31과 1048회 12, 17, 21은 같은 타입이고,

1043회 3, 12, 보19와 1048회 6, 32, 39도 같은 타입이다.

여기서 알 수 있듯이 1043회 타입으로만 1048회 타입을 만들어냈다는 점이다.

1044회를 추적해보자.

먼저, 미세조정으로 4개 더 나아가 우로 3칸 옮기는 것을 포함하면 5개 번호를 구할 수 있게 된다.

보너스 번호 4를 우로 2칸 보내면 6이 된다. (1개)

12와 17을 그대로 선택한다. (3개)

20을 우로 1칸 이동시켜 21로 만든다. (4개)

약간 어렵게 보일 수 있는데, 36을 오른쪽으로 3칸 움직여 39로 해둔다. (5개)

추가로, 여기서 중복타입과 방향성 타입을 이용해 32를 찾아낼 수 있다. (6개)

지금부턴 번호이동이라는 방식으로 기술하려고 한다. 보4, 12, 20, 26 네 번호를 위로 2칸 그대로 올려보면 6, 12, 32, 40이 나온다.

이때 미차 운동으로 40이 39로 된다. (4개)

여기에다, 앞에서 미세조정으로 구했던 17과 21을 함께 모아보면 1048회 당첨번호가 된다.

이렇듯, 미세조정과 이동이라는 양쪽 작업을 통해 나온 번호들을 상호 비교해가면서 1048회 당첨번호를 구할 수 있다는 점이다.

1045회를 탐색하자.

6과 21을 차분하게 그대로 선택한다. (2개)

이어서 14, 21, 41을 하3좌3 칸으로 움직여보면 17, 32, 39가 나타난다. (5개)

이때, RO 법칙으로 14로부터 12를 구할 수가 있다. (6개)

이제 다른 방법으로 당첨번호 6개를 구해보자.

먼저, 앞에서처럼 6과 21을 그대로 선택한다. (2개)

이런 후에 14, 19, 41을 좌로 2칸 옮겨 12, 17, 39로 각각 만들어 둔다. (5개)

자, 번호 한 개만 남았다. 어떻게 찾아야 할까?

지금, 번호 자체만 보면서 해결하려고 하면 힘들 것이다. 앞에서 5개 번호를 구했다. 이 번호를 '번호선택 용지'에 표시한 후, 생각해보자는 것이다.

1047회 20, 33, 40의 타입이 최근에 출현하는 경향이 있음을 알 수 있을 것이다. 따라서 이 타입이 1048회에서 다시 나타나게 하려면 어떤 번호에 표기해야 할까. 여러 후보 번호들 가운데, 앞에서 찾아낸 번호들을 고려해보면 32를 선택하는 것도 무난하리라고 판단할 수 있을 것이다. (6개)

즉, 1047회 20, 33, 40과 1048회 17, 32, 39는 같은 타입이다.

또, 소스 회차(1045회) 타입들로만 1048회 번호(타입)를 만들 수 있다.

1045회 6, 14, 19와 1048회 6, 12, 21은 같은 타입이고,

1045회 6, 21, 41과 1048회 17, 32, 39도 같은 타입이다.

1046회를 음미해보자.

앞에서, 개별 번호를 선택하는 과정을 알아봤었다. 이 내용을 참고하면서,

16, 25, 36을 상1우3 칸으로 옮겨보면 12, 21, 32가 나온다. (3개)

이때, 타방 법칙을 이용해 두 개 번호가 나오게 하려고 한다.

16을 상1좌3 칸으로 보내면 6이 나오는데, 1046회 7의 옆 번호다. (4개)

또, 29를 하1우3 칸으로 보내거나 35를 하1좌3 칸으로 이동시키면 39를 구할 수가 있다. (5개)

마지막으로, 16을 차분하게 오른쪽으로 1칸 옮겨 17로 만들면 된다. (6개)

보다시피, 이동으로 5개 번호를 그리고 미세조정으로 1개 번호를 각각 구했다.

1046회와 1048회 타입을 비교해 보자.

1046회 16, 25, 36과 1048회 12, 21, 32는 같은 타입이고,

1046회 16, 25, 36과 1048회 6, 17, 39도 같은 타입이다.

자세히 들여다보면, 1048회에서 쌍둥이 타입(TT)이 나타난 것을 알 수 있다.

1047회를 분석해보자.

이 소스 회차에서, 몇 개의 번호를 먼저 좌우로 조정해보자. 20을, 좀 거리가 있는 것처럼 보이는 17로 옮겨두자. (1개)

참고로, 17은 중복타입과 방향성 타입을 만들 수 있는 번호다. 이어서 20을 우로 1칸 밀어 21로 나오게 한다. (2개)

또, 보32를 그대로 선택한다. (3개)

마지막으로, 40을 차분히 좌로 1칸 움직여 39로 만들어 놓는다. (4개)

이처럼, 독자들도 잘 알고 있는 '미세조정'으로 작업했다. 번호를 이리저리 아무렇게나 생각 나는 대로 조정하지 말고 위에서처럼 소스 번호 몇 개를 선정해서 인근 번호로 침착하게 옮 겨둔다는 것이다. 각 회차의 소스 번호들의 자체위치와 이동, 타입 등을 상호 유기적으로 고 려하면서 말이다.

앞에서, 조정을 통해 미리 구해두었던 번호는 17, 21, 32, 39 네 개다.

자, 이 네 번호와 함께 출현할 1048회의 나머지 두 번호는 무엇일까.

본문에서는 사실상의 마지막 설명이다. 이쯤에서 독자들에게 당부하고 싶은 게 있는데, 바 로 '번호표시 용지'에 표기해 놓고서 생각해보라는 것이다.

여기서도 마찬가지다. 4개 번호 칸에 표시한 후에 각 회차에서 여러 방법으로 소스 번호를 활용해서 이 네 번호 또는 찾아야 할 나머지 두 번호 쪽으로 나올 수 있는지 확인해보는 것 이다.

어느 특정 소스 회차 내에서, 번호 6개를 모두 찾아내야만 하는 것은 아니다. 여러 회차의 번호를 이용해서 추첨에서 나올만한 번호를 찾으면 되는 것이다.

다음과 같이 예를 들어 보이겠다.

1046회 16, 25, 36을 상1우3 칸으로 이동시키면 12, 21, 32가 나온다. 여기서 1047회에서 미세 조정을 통해 알아낸 네 번호 가운데 21, 32가 있다는 점을 이용해, 이 번호들과 같이 나타난 12를 당첨번호로 예상할 수 있다는 것이다.

한편, 1045회에선 6과 21을 그대로 뽑아내고(2개) 14, 19, 41을 좌로 2칸 옮겨 각각 12, 17, 39로 만든다. (5개)

이렇게 작업한 후에, 마찬가지로 앞에서 준비해 두었던 4개 번호와 비교해보면 바로 앞의 번호 6을 선택해도 무난할 것이라는 생각을 또한 가질 것이다.

정리하면, 1047회에서 미세조정을 통해 네 번호를 얻을 수 있었고, 이후에 다른 회차의 번호들을 활용해 12와 6을 차례대로 찾을 수 있었다는 점이다.

타입에 대해 알아보자.

1045회 6, 19, 41과 1046회 16, 29, 36과 1047회 20, 33, 40과

1048회 17, 32, 39는 모두 같은 타입이고,

1044회 보4, 12, 17과 1045회 6, 14, 19와 1048회 6, 12, 21도 같은 타입이다.

타입에 관해 좀 더 기술하면,

1044회 보4, 17, 26과 1045회 14, 19, 41과 1046회 7, 16, 29와

1047회 20, 33, 42와 1048회 12, 17, 32도 역시 모두 같은 타입이다.

한편, 1048회 12, 17, 32, 39는 중복타입이고, 1048회에서 쌍둥이 타입(TT)이 나타났는데 바로 12, 21, 32와 6, 17, 39라는 타입들이다.

이제 각 소스 회차에서 구해낸 번호들 쪽으로 복권번호를 조정하면 되겠다.

이것만은 반드시 염두에 두길

1. 당첨확률을 고려해보면, '완전자동'으로 복권을 많이 구매하지 말 것

2. 두세 개 번호 정도는 최근(3전 회차까지)에 나왔던 번호 가운데서 선택해볼 것 (본문에 있는 개별 번호 선택과정을 참고하길 바람)

3. 최근에 출현한 타입을 이용해, 여러 예상 타입을 만들어 볼 것

4. 중복타입이 자주 나타나는 경향을 이용해, 네 번호로 이뤄질 수 있는 중복타입을 만들어 볼 것

5. 끝수를 같게 해볼 것 (예: 22, 32 … 7, 27, 37 등)

6. 끝수의 패턴을 예상해볼 것 (본문 설명 참조)
(예: 3 4 5 6 7 8, 0 0 1 2 3 4, 9 X 7 6 X 4 3 2 등)

7. 완전자동으로 3천 원어치 정도를 구매해서 복권번호를 '용지'에 표시한 후, 관련 타입이나 번호를 예상해볼 것

8. '수동' 방식인 번호 6개를 정확히 선택해서 당첨되는 게 어려우므로 3, 4개 정도까지만 용지에 표시하고 '반자동'으로 구매해볼 것

9. 최근의 각 소스 회차 번호를 미세조정이나, 번호이동 등으로 작업해서 공통으로 나올 수

있는 번호가 있는지 파악해볼 것

10. 각 회차의 당첨번호가 어떻게 나타났는지 꾸준히 연구해볼 것 (실력 향상을 위한 지름길)

11. 위의 내용은 절대적이 아닌, 필자가 권고하는 사항이라는 것

| 평가문제 |

〈소스 회차〉

1049회 3, 5, 13, 20, 21, 37, 보17

1050회 6, 12, 31, 35, 38, 43, 보17

1051회 21, 26, 30, 32, 33, 35, 보44

1052회 5, 17, 26, 27, 35, 38 보1

〈1053회 완전자동복권〉

2023/02/01(수)

A : 04, 15, 21, 24, 25, 30

B : 08, 19, 22, 30, 33, 44

C : 12, 14, 18, 21, 34, 45

〈목표 회차〉

1053회 22, 26, 29, 30, 34, 45

앞의 자료를 참고해, 해당 질문에 아는 대로 답안을 작성하길 바란다.

(제한시간 150분, 필수 준비물 : 번호표시 용지 및 필기구, 답안용 종이)

1. 1053회 개별번호 선택과정에 대해 설명하시오. (20점)

2. 소스 회차와 복권 사이에서의 번호 관련성, 즉 소스 회차 번호를 복권번호 쪽으로 나오게 할 수 있는지에 대해 설명하시오. (30점) (단, 1051회 번호를 조정해서 복권번호로 나오게 할 수 있는데, 이 방법을 사용하지 않기로 한다)

3. 1053회 타입에 대해 설명하시오. (20점)

4. 복권번호를 조정하는 것에 대해 설명하시오. (30점)

| 표준 답안 |

서술형이므로, 각 해당 문제에서 부분적인 점수를 매길 수 있다.

4문제에 대한 배점 합계를 100점으로 정해, 70점 이상이면 합격이다.

1. 1053회 개별번호 선택과정에 대해 설명하시오.

22는 1050회에서 중타와 방타를 만든다.

1051회, 1052회에서 중복타입을 이루게 한다.

26은 1051회, 1052회 당첨번호다.

1049회, 1050회에서 중복타입이 나오게 한다.

29는 1049회, 1050회, 1051회, 1052회에서 중타를 만든다.

30은 1049회, 1050회, 1052회에서 역시 중타가 되게 한다.

1051회 당첨번호다.

34는 1049회, 1051회, 1052회에서 중타가 나타나게 한다.

1052회 27, 35 사이의 직교 칸이다.

45는 1049회, 1051회(보44 포함), 1052회에서 중복타입이 형성되게 한다.

1050회에서 방향성 타입을 만든다.

목표 회차(1053회) 기준으로 전 회차인 1052회 38의 아래 칸이다.

2. 소스 회차와 복권 사이에서의 번호 관련성에 대해 설명하시오.

각 소스 회차와 복권 사이의 번호 관련성을 분석해보면, 1051회 번호와 복권번호가 좀 더 상호 근접해 있다고 생각할 수 있을 것이다.

이렇게 판단한 후에는, 이제 어느 소스 회차 번호를 복권번호 쪽으로 즉 1051회 번호 쪽으로 이동시켜야 하는가가 문제인 것이다. 이에 대해 생각해보자.

1049회 소스 회차를 보자.

13, 보17, 20, 21, 37 다섯 개 번호를 하1우2 칸으로 이동시켜 본다. 그러면 22, 26, 29, 30, 가46이 나타나는 것을 알 수 있다. 이때, 미차 운동으로 가상번호 46이 45로 된다는 것이다. (이동 후의 번호)

이렇게 이동해 나온 번호들과 1051회 번호나 복권번호와 비교해보면 상호 거의 근접해 있다는 것을 확인할 수 있을 것이다. 일단, 여기까지 5개 번호를 찾은 것으로 생각하자.

이제, 나머지 1개 번호를 구하면 되는데 일반이동과 특수이동으로 탐색해보자.

일반이동이다.

1050회 31, 38, 43을 상1좌2 칸으로 보내면 22, 29, 34가 나온다.

앞에서 5개를 구했었는데 이 번호들에 22와 29가 포함돼 있음을 알 수 있다. 따라서 바로 앞에서 22, 29와 함께 나타난 34가 '우리가 찾고자 하는 번호다'라는 합리적인 판단을 할 수가 있을 것이다.

특수이동이다.

1049회 보17을 하2좌1 칸으로 이동시켜 보면 30이 나타나는 데, 30은 앞에서 구해두었던 번호다. 이때, 1049회 21을 같은 방향으로 옮겨 보면 34가 나오는 것을 알 수 있다.

1052회에서 38을 아래로 1칸 내리면 45로 된다. 45도 역시 앞에서 이미 찾아두었던 번호다.

여기서, 1052회 27을 하1 칸 하면 34가 나타나는 것을 알 수 있다. 앞에서와같이 특수이동으로도 34를 구할 수 있게 되었다.

정리하면, 번호이동으로 22, 26, 29, 30, 34, 45라는 6개 번호를 구했는데, 이 번호들은

1051회 소스 회차나 복권번호들에 근접해 나타났다고 볼 수 있다.

3. 1053회 타입에 대해 설명하시오.

1049회 13, 20, 21과 1053회 22, 29, 30은 같은 타입이고,

1050회 6, 12, 31과 1053회 26, 34, 45도 같은 타입이다.

연결 타입으로는 1053회 29, 30, 45가 있는데, 1049회 5, 20, 21과 타입이 같다.

1050회 6, 12, 35와 1053회 22, 30, 45는 같은 타입이고,

1051회 26, 32, 35와 1053회 26, 29, 34도 같은 타입이다.

연결 타입으로는 1053회 22, 26, 29가 있는데, 1051회 26, 30, 33과 타입이 같다.

타입을 보면 알 수 있듯이, 목표 회차 1053회에서 나타난 일반타입이 3개 번호씩으로 이뤄져 있는데 2개 GT가 서로 결합 돼 있음을 알 수 있다. 1053회에서 4개 번호로 형성된 중복타입이 있는데, 바로 22, 26, 30, 34다. 이 가운데 일부인 1053회 22, 26, 34는 1050회 6, 12, 38과 타입이 같다.

4. 복권번호를 조정하는 것에 대해 설명하시오.

A : 04, 15, 21, 24, 25, 30

B : 08, 19, 22, 30, 33, 44

C : 12, 14, 18, 21, 34, 45

앞에서 제시된 '자동 복권' 번호에 대해 조정작업을 해보자. 2번 문항에서 22, 26, 29, 30, 34, 45라는 번호를 구했었다.

이제 복권번호를 앞의 6개 번호 쪽으로 나오도록 조정해보자.

A-L, C-L의 21을 우로 1칸 옮기거나 B-L의 22를 그대로 선택한다. (1개)

A-L의 25를 우로 1칸 보내 26으로 만든다. (2개)

A-L, B-L의 30에 29를 붙여 놓는다. (3개)

A-L, B-L의 30을 그대로 선택한다. (4개)

B-L의 33을 우로 1칸 보내거나 C-L의 34를 그대로 선택한다. (5개)

B-L의 44를 우로 1칸 이동시키거나 C-L의 45를 그대로 선택한다. (6개)

이제, 앞에서 조정한 번호들을 정리해보면 1053회 번호로 된다는 것을 확인할 수가 있다.

참고로, 4번 문제에서 조정된 번호들이 제대로 구해진 것인지 일종의 검증작업을 해봐야 한다. 3번 문제에서 타입을 살펴봤듯이 소스 회차 타입들이 1053회로 무난하게 전개되고 상호 결합이 잘 되어있는 것으로 볼 수 있겠다.

또, 1번 문제인 '개별번호 선택과정'에서도 1053회 번호들을 확인할 수가 있다.

따라서, 최종적으로 복권번호 조정작업이 잘 이뤄진 것으로 볼 수 있을 것이다.

에필로그

'로또 여객선'이 어느덧 마지막 도시를 방문하기 위해 입항한다.

출발 시부터 지금까지 지나온 과정을 통해서 승객들은 45개 세계적 도시들에 대한 다양한 경험과 안목을 갖게 될 것이다. 마찬가지로, 이젠 독자들도 로또에 관한 전체적인 특성을 잘 들여다볼 수 있을 것이다.

다른 사람이 만든 내용을 읽고 이해하기는 비교적 쉽지만, 본인이 직접 생각하고 결정하는 것은 만만치 않음을 우리는 잘 알고 있다. 만일 시간이 조금씩 난다면, 그때마다 부담 없이 쉬엄쉬엄 음미하면서 이 책을 보기 바란다. 이런 과정에서 서서히 실력이 향상되고, 특히 어떤 영감을 얻을 수도 있다. 열심히 생각하다 보면, 행운이 독자들에게 다가올지도 모를 일이다.

이 책은 필자가 지은 첫 작품이다. 번호 선택 시에 고려해야 할 기본 사항들에 대해 중점적으로 기술했다. 독자들이 쉽게 이해할 수 있도록 내용을 구성하기 위해 필자는 노력했다.

로또에 대해 많이 생각하고, 관심을 보이는 사람마다 각자 나름의 방법을 갖고 있을 것이다. 특히 필자는 필자만의 다양하고 창의적인 시각과 방법을 독자들과 함께 나누고자 몇 년간 집필해왔다. 향후, 기회가 생기면 새로운 내용으로 다시 한번 독자들과 만나기를 기대해 본다.

이 책을 이해하는 정도가 독자마다 조금씩 다를 것이다. 특히 60, 70대 고령층 독자들이 잘 이해했는지 필자는 궁금하다.

본문에서 보석 같은 기술(노하우)을 소개했다. 어떤 감이 독자들에게 왔으리라고 본다. 로또는 과학이 아니고, '운에 의해서 이뤄지는 추첨'이라는 것을 우리는 잘 알고 있다. 하지만 한두 개 번호라도 예상할 수 있다면, 당첨될지 안 될지는 나중에 봐야겠지만, '번호 고르기'가 좀 더 수월해질 수 있을 것이다.

이 책이 독자들에게 좋은 안내자가 되길 바란다. 한번 읽고 책장에 두는 그런 책이 아닌 독자들이 평생 꾸준히 보면서 즐기는 책이 되길 필자는 희망해본다.

독자 여러분, 건강하시고 행복하시고 늘 행운과 함께하시길.

끝으로, 출간을 위해 물심양면으로 많은 지원을 해주신 출판사 여러분에게 깊은 감사의 글을 드린다.

2023. 06